经济类院校基础课程本科系列教材

微积分 [上册]

WEIJIFEN

（第二版）

王建忠　孙西芃　涂晓青　编著

图书在版编目(CIP)数据

微积分. 上册/王建忠,孙西芃,涂晓青编著. —2版. 成都:西南财经大学出版社,2008.9(2010.9重印)
ISBN 978-7-81138-070-5

Ⅰ.微… Ⅱ.①王…②孙…③涂… Ⅲ.微积分—高等学校—教材
Ⅳ.O172

中国版本图书馆CIP数据核字(2008)第108323号

微积分(上册)(第二版)
王建忠 孙西芃 涂晓青 编著

责任编辑:于海生
封面设计:杨红鹰
责任印制:封俊川

出版发行	西南财经大学出版社(四川省成都市光华村街55号)
网　　址	http://www.bookcj.com
电子邮件	bookcj@foxmail.com
邮政编码	610074
电　　话	028-87353785　87352368
印　　刷	郫县犀浦印刷厂
成品尺寸	170mm×240mm
印　　张	16.5
字　　数	340千字
版　　次	2008年9月第2版
印　　次	2010年9月第2次印刷
印　　数	4001—7000册
书　　号	ISBN 978-7-81138-070-5
定　　价	32.00元

第二版前言

本书第二版作者对原书做了一些修订,除纠正了第一版中的错漏之外, 主要是补充、调整了一些定理和应用的例子,个别地方的讲解也有所改变,目的是为了使学生更容易理解。此外,一些数学表达式也做了改变,使教材内容更严谨。另外,为了教学方便,本书配有教学光盘。

在本书第一版的使用中,西南财经大学经济数学学院的老师们给予了大力的支持和帮助,提出了许多宝贵的意见。原西南财经大学经济信息工程学院李永福教授认真审阅了本书第一版,就检查第一版中的错漏之处提供了很多的帮助,作者在此一并表示由衷地谢忱!同时,感谢西南财经大学出版社对本书第二版的出版所给予的支持。

本次修订是编者通力合作的结果:孙西芃修订第一、二章,王建忠修订第三、四章并负责全书的统稿,涂晓青修订第五、六章。

再版后本书可能还会有许多不妥之处,希望各位同仁专家和读者批评指正,以便再版时做得更为完善。

编者

2008 年 8 月

前 言

本书的编写依据是教育部颁布的高等学校财经类专业核心课程《经济数学基础——微积分》教学大纲,同时参考了近年来经济管理类硕士研究生入学统一考试数学考试大纲。因此,它可以作为高等财经院校本科各专业的《微积分》课程教材使用,亦可供有志学习本课程的自学者选用。

本书在内容取舍上尤其注重数学与经济学的有机结合,强调微积分的概念及有关原理在经济学中的应用,强调本书用到的有关经济学的概念的严密性与规范性,力图在保持传统教材优点的基础上,把微积分的基本原理和经济学的相关知识恰当结合,以更有利于课程的讲授与学习,并为学生以后的经济学学习打下良好的数学基础。

本书充分注意到数学基本概念和原理的逻辑性与严密性,同时也考虑了一些数学基本概念在经济学中的特殊应用。

本书是编者通力合作的结果:孙西芃执笔第一、二章,王建忠执笔第三、四章并负责全书的统稿,涂晓青执笔第五、六章。

本书的写作得到了西南财经大学经济数学学院领导和老师们的大力支持和帮助,西南财经大学经济数学学院副院长孙疆明教授、经济数学学院刘丽教授审阅了书稿并提供了很多有益的建议,在此一并致谢。同时,感谢西南财经大学出版社对本书的出版所给予的支持。

由于编者水平有限,加之时间也比较仓促,书中难免存在不妥之处,恳请各位同仁专家和读者批评指正,以便再版时做得更为完善。

编者

2007.7

目 录

目录

目 录

目录

目 录

第 1 章 函数

函数是对变量之间的相互关系的一种抽象，是微积分学研究的基本对象．本章将介绍集合映射、函数、函数特性、基本初等函数、初等函数等概念．

1.1 集合

1.1.1 集合的概念

所谓**集合**是指具有某种确定性质的对象的全体，组成集合的每一个对象称为该集合的**元素**．

通常用大写的拉丁字母 $A,B,C\cdots$ 表示集合，用小写拉丁字母 $a,b,c\cdots$ 表示集合的元素．如果 a 是集合 A 的元素，则用 $a\in A$ 来表示；如果 a 不是 A 的元素，则用 $a\notin A$（或 $a\overline{\in}A$）来表示．含有有限个元素的集合称为**有限集**；含有无限多个元素的集合称为**无限集**．

表示集合的方法通常有两种：一种是列举法，就是把集合的全体元素一一列举出来，例如，由元素 $a_1,a_2,\cdots,a_n$ 组成的集合 A，可以表示为

$$A=\{a_1,a_2,\cdots,a_n\}$$

另一种方法是描述法，就是指出集合的元素所具有的性质，如果集合 A 由具有某性质的元素 x 所组成的，则 A 表示为

$$A=\{x|x\text{ 具有的某种性质}\}$$

例如，设集合 A 是方程 $x^2-1=0$ 的解集，则

$$A=\{x|x^2-1=0\}$$

本课程中涉及到的集合为数集（其元素是数），常用的数集有：

全体自然数构成的数集，

$$N=\{0,1,\cdots\}$$

全体整数构成的集合，

$$Z=\{\cdots,-2,-1,0,1,2,\cdots\}$$

全体有理数构成的集合，

$$Q=\{\frac{p}{q}|p,q\in Z,\text{且 }q\neq0,p\text{ 与 }q\text{ 互质}\}$$

全体实数构成的集合记为 R.

设 A、B 是两个集合,如果集合 A 的元素都是集合 B 的元素,则称 A 是 B 的**子集**,记做 $A\subset B$(或 $B\supset A$);如果集合 A 与集合 B 互为子集,则称集合 A 与集合 B **相等**,记做

$$A=B$$

不含任何元素的集合称为**空集**,记做 ϕ,有时我们研究某个问题限定在一个大的集合 Ω 中进行,所研究的其他集合都是 Ω 的子集. 此时,我们称 Ω 为**全集或基本集**.

1.1.2 集合的运算

集合的运算有以下三种:并、交、差.

设 A、B 是两个集合,由所有属于 A 或者属于 B 的元素组成的集合,称为 A 与 B 的**并集**,记做 $A\cup B$,即

$$A\cup B=\{x\mid x\in A \text{ 或 } x\in B\}$$

由所有既属于 A 又属于 B 的元素组成的集合,称为 A 与 B 的**交集**,记做 $A\cap B$,即

$$A\cap B=\{x\mid x\in A \text{ 且 } x\in B\}$$

由所有属于 A 而不属于 B 的元素组成的集合,称为 A 与 B 的**差集**,记做$A\backslash B$,即

$$A\backslash B=\{x\mid x\in A \text{ 且 } x\notin B\}$$

集合 $\Omega\backslash A$ 称为集合 A 的补集或余集,记做 $\bar{A}$.

集合的并、交,补满足下列规律:

交换律 $A\cup B=B\cup A$, $A\cap B=B\cap A$;

结合律 $(A\cup B)\cup C=A\cup(B\cup C)$,

$(A\cap B)\cap C=A\cap(B\cap C)$;

分配律 $(A\cup B)\cap C=(A\cap C)\cup(B\cap C)$,

$(A\cap B)\cup C=(A\cup C)\cap(B\cup C)$;

对偶律 $\overline{A\cup B}=\bar{A}\cap\bar{B}$,

$\overline{A\cap B}=\bar{A}\cup\bar{B}$;

吸收律 $A\cup A=A$, $A\cap A=A$, $A\cup\phi=A$, $A\cap\phi=\phi$.

在两个集合之间还可以定义**直积**(或**笛卡儿乘积**). 设 A、B 是任意两个集合,在集合 A 中任意取一个元素 x,在集合 B 中任意取一个元素 y,由 x,y 组成一个有序对(x,y),把这样的有序对作为新的元素,它们全体组成的集合称为集合 A 与 B 的笛卡儿**乘积**,记做 $A\times B$,即

$$A\times B=\{(x,y)\mid x\in A \text{ 且 } y\in B\}$$

例如,若 $A=\{x\mid 0\leqslant x\leqslant 1\}$,$B=\{y\mid 0\leqslant y\leqslant 2\}$,则 A 与 B 的**笛卡儿乘积**

$$A\times B=\{(x,y)\mid 0\leqslant x\leqslant 1, 0\leqslant y\leqslant 2\}$$

为 xOy 平面上的一个矩形.

1.1.3 区间与邻域

区间是微积分中使用较多的一类数集. 设 a 和 b 都是实数,且 $a<b$,数集

$$\{x|a<x<b\}$$

称为**开区间**,记做 (a,b),即

$$(a,b)=\{x|a<x<b\}$$

类似地有**闭区间**,记做 $[a,b]$,

$$[a,b]=\{x|a\leqslant x\leqslant b\}$$

半开区间

$$(a,b]=\{x|a<x\leqslant b\}$$
$$[a,b)=\{x|a\leqslant x<b\}$$

无限区间

$$[a,+\infty)=\{x|x\geqslant a\}$$
$$(a,+\infty)=\{x|x>a\}$$
$$(-\infty,b]=\{x|x\leqslant b\}$$
$$(-\infty,b)=\{x|x<b\}$$
$$(-\infty,+\infty)=R$$

注 $-\infty$ 和 $+\infty$ 分别读作"负无穷大"和"正无穷大",它们不表示数值,仅是记号.

以后在不需要辨明所论区间是否开、闭,以及有限还是无限的场合,我们就简单称为区间,常用 I 表示.

区间可以在数轴上表示出来(如图 1-1 所示).

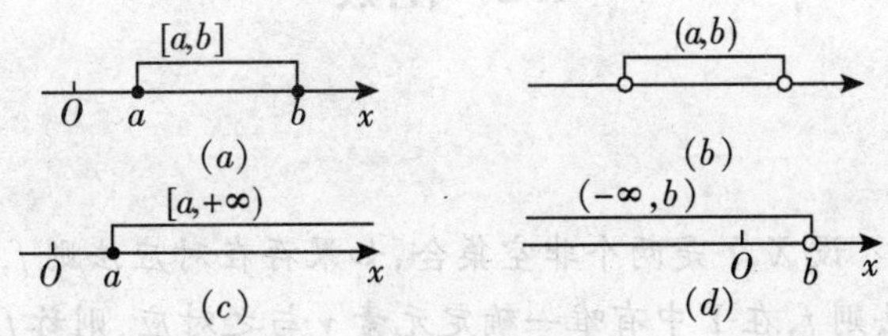

图 1-1

设 $a,\delta\in R$,其中 $\delta>0$,数集

$$\{x||x-a|<\delta\}$$

称为点 a 的 **δ 邻域**,记做 $U(a,\delta)$,即

$$U(a,\delta)=\{x||x-a|<\delta\}=\{x|a-\delta<x<a+\delta\}$$

点 a 称为这邻域的**中心**,δ 称为这邻域的**半径**,在数轴上表示如图

1 -2(a)所示.

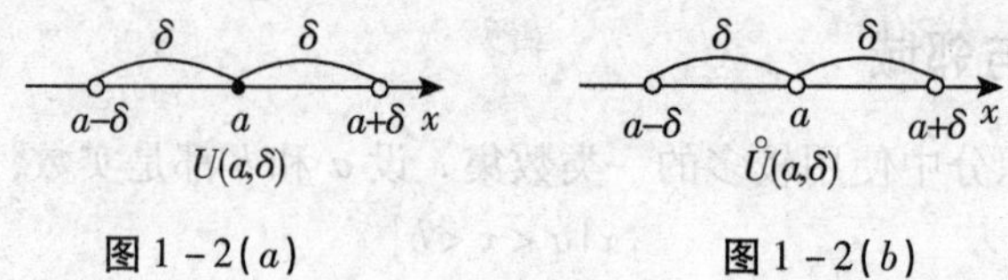

图 1 -2(a)　　图 1 -2(b)

从邻域 $U(a,\delta)$ 中去掉中心 a 而得的数集,称为点 a 的去心 δ 邻域,记做 $\mathring{U}(a,\delta)$,即

$$\mathring{U}(a,\delta)=\{x|0<|x-a|<\delta\}=(a-\delta,a)\cup(a,a+\delta)$$

点 a 的去心 δ 邻域数轴表示见图 1.2(b).

有时把开区间$(a-\delta,a)$称为 a 的 δ **左邻域**,开区间$(a,a+\delta)$称为 a 的 δ **右邻域**.

习题 1.1

1. 如果集合 $A=\{x|3<x<5\}$,$B=\{x|x>4\}$. 求:

(1)$A\cup B$;　(2)$A\cap B$;　(3)$A\backslash B$.

2. 解下列不等式:

(1)$x^2<4$;　(2)$|x-4|<7$;　(3)$x^2-5x+6<0$.

3. 用区间表示下列不等式的解集合:

(1)$|x-2|<3$;　(2)$0<(x-2)^2<4$;

(3)$|x-a|<\delta$,(a 常数,$\delta>0$);　(4)$|x+1|>2$.

1.2　函数

1.2.1　映射

定义 1.2.1　设 X,Y 是两个非空集合,如果存在对应法则 f,使得对 X 中的每个元素 x,按法则 f,在 Y 中有唯一确定元素 y 与之对应,则称 f 为从 X 到 Y 的一个**映射**,记做

$$f:X\to Y$$

称元素 y 为在映射 f 下元素 x 的**像**,并记做 $f(x)$,即

$$y=f(x)$$

称元素 x 为在映射 f 下元素 y 的**原像**;集合 X 称为映射 f 的**定义域**,记做 D_f,即 $D_f=X$;

X 的所有元素的像 $f(x)$ 所组成的集合称为映射 f 的**值域**,记做 R_f,即

$$R_f=\{y\mid y\in Y, y=f(x), x\in X\}$$

在上述映射的定义中,应当注意:

(1)构成一个映射必须具备三个要素:集合 X,即定义域 $D_f=X$;集合 Y,即值域 $R_f\subset Y$;对应法则 f,使得对每个 $x\in X$,有唯一确定的 $y=f(x)$ 与之对应.

(2)对每个 $x\in X$,元素 x 的像 y 是唯一的;而对每个 $y\in R_f$,元素 y 的原像不一定是唯一的;映射 f 的值域 R_f 是 Y 的一个子集,即 $R_f\subset Y$,不一定有 $R_f=Y$.

(3)f 与 $f(x)$ 的意义不同,前者是 X 到 Y 的一种对应关系,后者是在法则 f 下 x 的像,是 Y 的一个元素.

例 1.2.1 设集合 X 是红、黄、绿、蓝四个球所成的集合,$Y=\{1,2,3,4\}$,如果将红、黄、绿、蓝,由红至蓝依次对应数 1、2、3、4,这个对应关系构成了一个映射.

例 1.2.2 设 $f:R\to R$,对每个 $x\in R$, $f(x)=x^2$. 则 f 是一个映射,f 的定义域 $D_f=R$,值域 $R_f=\{y\mid y\geqslant 0\}$. 对 R_f 的元素 y,除 $y=0$ 外,其他 y 的原像是不唯一的. 如 $y=4$ 的原像为 $x=-2$ 和 $x=2$.

例 1.2.3 设 $f:X\to Y, X=R, Y=\{y\mid |y|\leqslant 1\}$, $f(x)=\sin x$, f 是 X 到 Y 的一个映射,定义域 $D_f=R$,值域 $R_f=\{y\mid |y|\leqslant 1\}$.

如果 X 到 Y 的一个映射 f 满足:$R_f=Y$,即 Y 的任一元素 y 都是 X 的某元素的像,则称 f 为**满射**. 如果对 X 任意两个不同元素 $x_1\neq x_2$,它们的像 $f(x_1)\neq f(x_2)$,则称 f 为 X 到 Y 的**单射**. 如果映射 f 既是单射又是满射,则称 f 为**一一映射**.

例 1.2.3 是满射但不是单射;例 1.2.2 既非满射,又非单射;例 1.2.1 是一一映射.

设 f 是 X 到 Y 的单射,由单射的概念知,对每个 $y\in R_f$,有唯一的 $x\in X$,满足 $f(x)=y$. 于是,我们可以定义一个从 R_f 到 X 的新映射,记为 f^{-1},即

$$f^{-1}:R_f\to X$$

对每个 $y\in R_f$,规定 $x=f^{-1}(y)$(其中 x 满足 $y=f(x)$),这个映射 f^{-1} 称为 f 的**逆映射**,其定义域 $D_{f^{-1}}=R_f$,值域 $R_{f^{-1}}=X$.

设有两个映射

$$g:X\to Y_1;\qquad f:Y_2\to Z$$

其中 $Y_1\subset Y_2$,则对每个 $x\in X$,有

$$x\xrightarrow{g}y\xrightarrow{f}z\qquad (y\in Y_1, z\in Z)$$

即对每个 $x\in X$,通过 y,都存在唯一的 $z\in Z$ 与 x 对应,这就确定了一个由 X 到 Z 的映射,我们称这个映射为映射 g 与映射 f 的**复合映射**,记为 $f\circ g$,即

$$f\circ g:X\to Z$$

1.2.2 函数的概念

定义 1.2.2 设非空数集 $X \subset R, Y = R$，称 X 到 Y 的映射

$$f: X \to Y$$

为定义在 X 上的函数，集合 X 称为函数 f 的**定义域**．记做 D_f，即 $D_f = X$；集合 $R_f = \{y \mid y = f(x), x \in X\}$ 称为函数 f 的值域．称 x 为**自变量**，称 y 为**因变量**（或 f 在 x 处的**函数值**）．为了叙述方便，以后常用记号"$y = f(x), x \in D_f$"或"$f(x), x \in D_f$"来表示定义在 X 上的函数 f，即

$$y = f(x), x \in D_f$$

若 $x_0 \in D_f$，则称函数 $f(x)$ 在 x_0 处有定义．函数 $f(x)$ 在 x_0 处的函数值记为

$$f(x_0) = y \Big|_{x = x_0}$$

由函数的定义可以看出，函数是从实数集到实数集的映射，其值域总在 R 内，因此构成函数的要素是：定义域及对应法则 f. 如果两个函数的定义域相同，对应法则也相同，那么这两个函数是相同的，否则就是不同的．

函数的定义域通常按以下两种情形来确定：

(1)对有实际背景的函数，应根据实际背景中的变量的实际意义确定．例如，某商品的成本 y 是其产量 Q 的函数，即 $y = f(Q)$，由实际意义知，$Q \geqslant 0$.

(2)对抽象地用算式表达的函数，如果没有附加条件，通常约定这个函数的定义域是使得算式有意义的一切实数组成的集合．例如函数 $f(x) = x^2$ 的定义域是一切实数，函数 $f(x) = \frac{1}{x}$ 的定义域是 $x \neq 0$；若函数 $f(x) = \frac{1}{x}$ 的附加条件为 $x > 0$，即 $f(x) = \frac{1}{x}, x > 0$，则得到是另外一个函数．

例 1.2.4 求函数 $y = \sqrt{16 - x^2} + \frac{1}{\lg(x-2)}$ 的定义域．

解 要使函数有意义，必须有

$$\begin{cases} 16 - x^2 \geqslant 0 \\ x - 2 > 0 \\ x - 2 \neq 1 \end{cases}$$

即

$$\begin{cases} -4 \leqslant x \leqslant 4 \\ x > 2 \\ x \neq 3 \end{cases}$$

其解为

$$2 < x < 3 \text{ 或 } 3 < x \leqslant 4$$

因此函数的定义域为 $(2,3) \cup (3,4]$.

函数的表示法主要有三种：**表格法**、**图形法**、**解析法**（公式法）．在图形法中，函数 $y=f(x)$ 用直角坐标平面上的点集

$$\{(x,y)\mid y=f(x),x\in D_f\}$$

来表示，称这个点集为函数的图形（图 1－3）．

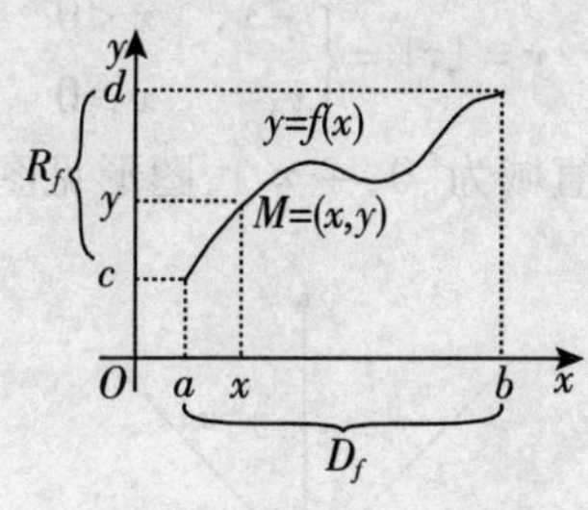

图 1－3

在用函数的解析法表示一个函数时，表示方式是不唯一的，例如函数

$$y=\sqrt{x^2}$$

它又可以表示为

$$y=\begin{cases}-x, & x<0\\ 0, & x=0\\ x, & x>0\end{cases}$$

遇到这种用几个式子表示一个函数的情形时，这个函数称为**分段表示的函数**，简称**分段函数**．因此，当我们说一个函数是分段函数时，我们是指这个函数的表达方式，而不是指函数的性质．

下面再举几个例子．

例 1.2.5 函数

$$y=1$$

的定义域为 $(-\infty,+\infty)$，值域为单点集 $\{1\}$，其图形是一条平行于 x 轴的直线，如图 1－4 所示．

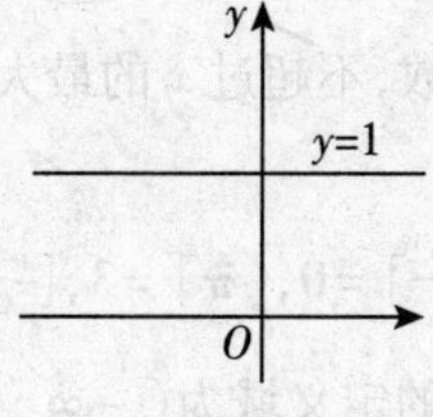

图 1－4

它又可以表示为

$$y=\begin{cases}\cos^2 x+\sin^2 x, & x\leqslant 1\\ \log_x x, & 1<x<+\infty\end{cases}$$

这时,我们称这个函数为分段函数.

例 1.2.6　绝对值函数

$$y=|x|=\begin{cases}-x, & x<0\\ x, & x\geqslant 0\end{cases}$$

的定义域为$(-\infty,+\infty)$,值域为$[0,+\infty)$,图形见图 1-5.

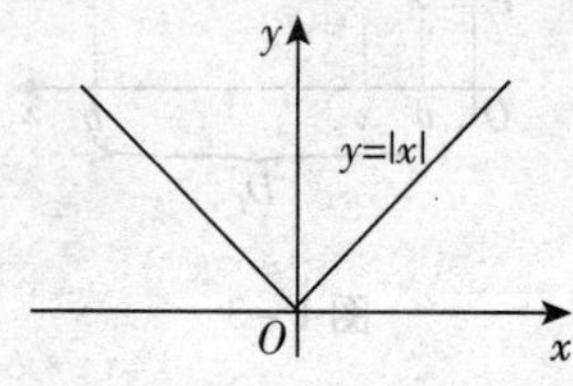

图 1-5

例 1.2.7　符号函数

$$y=\operatorname{sgn}x=\begin{cases}-1, & x<0\\ 0, & x=0\\ 1, & x>0\end{cases}$$

的定义域为$(-\infty,+\infty)$,值域为$\{-1,0,1\}$,图形见图 1-6.

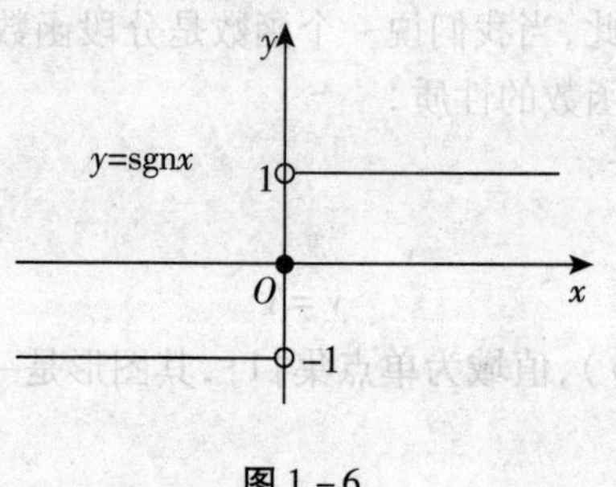

图 1-6

例 1.2.8　设 x 为任一实数,不超过 x 的最大整数称为 x 的整数部分,记做 $[x]$. 例如,

$$[3]=3,\left[\frac{3}{4}\right]=0,[\pi]=3,[-2.1]=-3$$

则 $y=[x]$是 x 的一个函数,它的定义域为$(-\infty,+\infty)$,值域为{整数}.

这个函数可用分段函数表示为

$$y=[x]=n,\ n\leqslant x<n+1\quad(n=0,\pm 1,\pm 2,\cdots)$$

其图形如图 1-7.

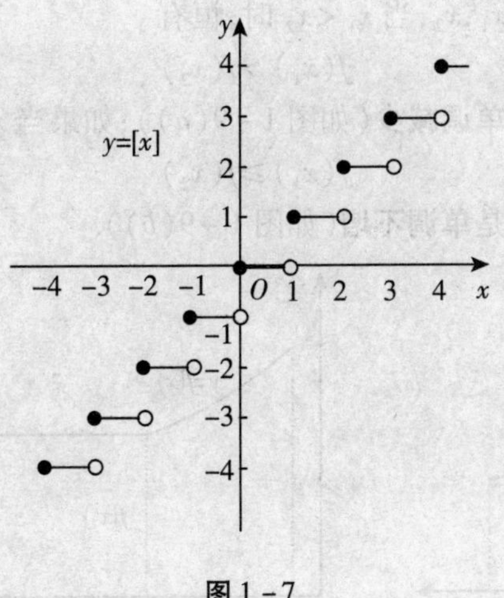

图 1－7

例 1.2.9　*Dirichlet* 函数

$$y=\begin{cases}1, & x\text{ 为有理数}\\ 0, & x\text{ 为无理数}\end{cases}$$

它的定义域为$(-\infty,+\infty)$，值域为$\{0,1\}$.

1.2.3　函数的几种特性

1. 单调性

设函数 $y=f(x)$ 的定义域为 D_f，$X\subset D_f$，在 X 上任取两点 x_1,x_2，当 $x_1<x_2$ 时，恒有

$$f(x_1)<f(x_2)$$

则称函数 $f(x)$ 在 X 上**单调增加**（如图 1－8(*a*)）；如果当 $x_1<x_2$ 时，恒有

$$f(x_1)\leqslant f(x_2)$$

则称函数 $f(x)$ 在 X 上**单调不减**（如图 1－8(*b*)）.

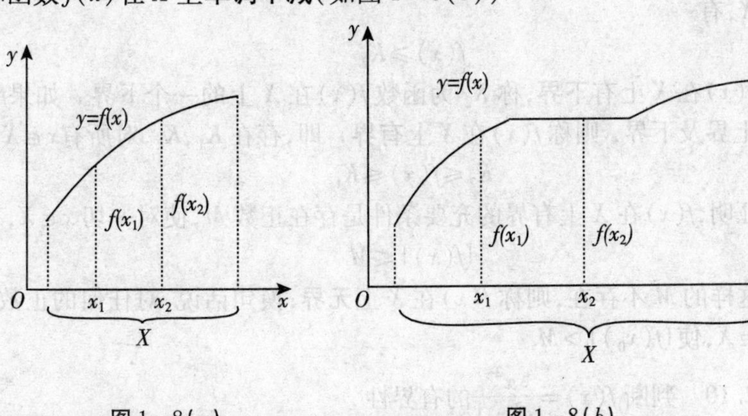

图 1－8(*a*)　　图 1－8(*b*)

在 X 上任取两点 x_1, x_2，当 $x_1 < x_2$ 时，恒有

$$f(x_1) > f(x_2)$$

则称函数 $f(x)$ 在 X 上**单调减少**（如图 1－9(*a*)）；如果当 $x_1 < x_2$ 时，恒有

$$f(x_1) \geqslant f(x_2)$$

则称函数 $f(x)$ 在 X 上是**单调不增**（如图 1－9(*b*)）.

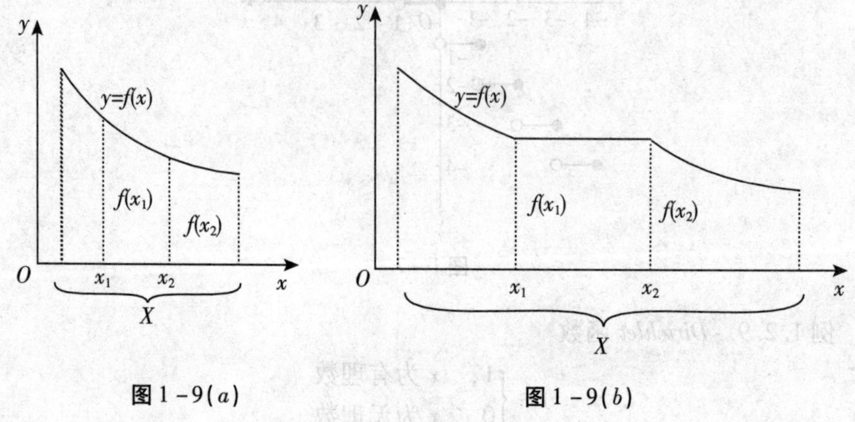

图 1－9(*a*)　　　**图** 1－9(*b*)

单调增加（单调不减）和单调减少（单调不增）函数，统称为单调函数．有些非单调函数 $y=f(x)$ $(x \in X)$，若能将集合 X 划分为若干个不重叠的子集，且函数在这些子集上是单调的，若这些子集是区间，则称为单调区间．例如，在 $y=x^2$ 在 $X=(-\infty,+\infty)$ 上不是单调的，但在 $[0,+\infty)$ 上是单调增加的，在 $(-\infty,0)$ 上是单调减少的.

2. 有界性

设函数 $y=f(x)$ 的定义域为 D_f，实数集 $X \subset D_f$. 如果存在数 K_1，使对一切 $x \in X$，有

$$f(x) \leqslant K_1$$

则称函数 $f(x)$ 在 X 上有**上界**，称 K_1 为函数 $f(x)$ 在 X 上的一个上界．如果存在 K_2，对 $x \in X$，有

$$f(x) \geqslant K_2$$

则称函数 $f(x)$ 在 X 上有**下界**，称 K_2 为函数 $f(x)$ 在 X 上的一个下界．如果 $f(x)$ 在 X 上有上界及下界，则称 $f(x)$ 在 X 上**有界**．即，存在 K_1, K_2，对所有 $x \in X$，有

$$K_2 \leqslant f(x) \leqslant K_1$$

可以证明，$f(x)$ 在 X 上有界的充要条件是存在正数 M，使对一切 $x \in X$，有

$$|f(x)| \leqslant M$$

如果这样的 M 不存在，则称 $f(x)$ 在 X 上**无界**；换句话说，对任何的正数 M，总存在 $x_0 \in X$，使 $|f(x_0)| > M$.

例 1.2.10　判断 $f(x)=\dfrac{x^2}{x^2+1}$ 的有界性.

解 因为对任意 $x \in (-\infty, +\infty)$ 有

$$0 \leqslant \frac{x^2}{x^2+1} < 1 \quad (\text{或} \left|\frac{x^2}{x^2+1}\right| < 1)$$

所以 $f(x)$ 在 $(-\infty, +\infty)$ 是有界的.

例 1.2.11 判断 $f(x) = \frac{1}{x}$ 在区间 $(0,1)$ 的有界性.

解 设 M 为任意的正数，令 $x_0 = \frac{1}{1+M}$，则有

$$0 < x_0 < 1 \quad \text{且} \quad f(x_0) = 1 + M > M$$

即对任何的正数 M，总存在 $x_0 \in (0,1)$，使得 $|f(x_0)| = f(x_0) > M$. 故 $f(x)$ 在 $(0,1)$ 内无界.

3. 奇偶性

设函数 $f(x)$ 的定义域 D_f 关于坐标原点对称，如果对任何 $x \in D_f$，都有

$$f(-x) = f(x)$$

则称 $f(x)$ 为**偶函数**. 如果对任何 $x \in D_f$，都有

$$f(-x) = -f(x)$$

则称 $f(x)$ 为**奇函数**.

偶函数的图形关于 y 轴对称（如图 1－10）. 奇函数的图形关于坐标原点对称（如图 1－11）.

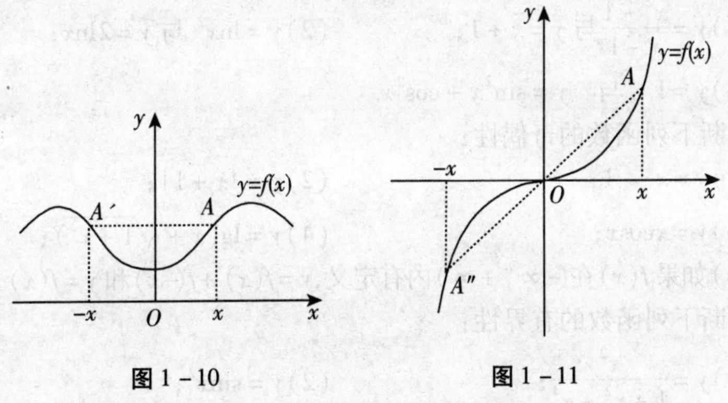

图 1－10　　　　图 1－11

4. 周期性

设函数 $f(x)$ 的定义域为 D_f. 如果存在一个正数 T，使得对任意 $x \in D_f$，有 $(x \pm T) \in D_f$，且

$$f(x+T) = f(x)$$

恒成立，则称 $f(x)$ 为**周期函数**，T 称为 $f(x)$ 的**一个周期**.

如果 T 是 $f(x)$ 的一个周期，则 nT 也是 $f(x)$ 的周期（n 为正整数）.

注 习惯上，我们说周期函数的周期是指最小正周期.

若函数 $y=f(x)$ 是以 T 为周期的周期函数，则在每个长度为 T 的相邻区间上，函数的图形有相同的形状(如图 1－12).

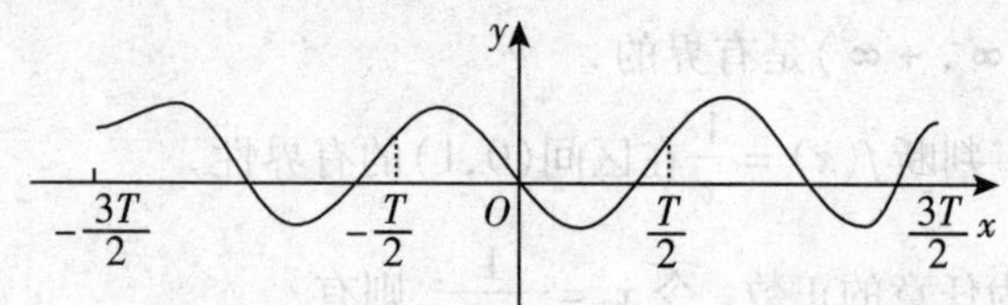

图 1－12

习题 1.2

1. 求下列函数的定义域：

(1) $y=\sqrt{9-x^2}$；　　(2) $y=\frac{1}{1-x^2}+\sqrt{x+2}$；

(3) $y=\sqrt{\lg\frac{5x-x^2}{4}}$；　　(4) $y=\sqrt{3-x}+\arcsin\frac{1}{x}$；

(5) $y=\frac{\sqrt{x}}{\lg(x+1)}$；　　(6) $y=\begin{cases}x^2, & -3\leqslant x\leqslant 0\\ 2^x, & 0<x<3\end{cases}$.

2. 下列各题中的函数是否相同？为什么？

(1) $y=\frac{x^2-1}{x-1}$ 与 $y=x+1$；　　(2) $y=\ln x^2$ 与 $y=2\ln x$；

(3) $y=1$　与　$y=\sin^2x+\cos^2x$.

3. 判断下列函数的奇偶性：

(1) $y=x^2-1$；　　(2) $y=|x+1|$；

(3) $y=x\cos x$；　　(4) $y=\lg(x+\sqrt{1+x^2})$；

(5) 如果 $f(x)$ 在 $(-\infty,+\infty)$ 内有定义，$y=f(x)+f(-x)$ 和 $y=f(x)-f(-x)$.

4. 判断下列函数的有界性：

(1) $y=\frac{x^2}{1+x^2+x^4}$；　　(2) $y=\sin x^2$；

(3) $y=x\sin x$.

5. 设下面所考虑的函数都是定义在区间 $(-l,l)$ 内的．证明：

(1) 两个偶函数的和是偶函数，两个奇函数的和是奇函数；

(2) 两个偶函数的乘积是偶函数，两个奇函数的乘积是偶函数，偶函数与奇函数的乘积是奇函数．

1.3 复合函数与反函数

1.3.1 复合函数

定义 1.3.1 已知两个函数

$$y=f(u), u\in D_f; \qquad u=\varphi(x), x\in D_\varphi$$

若 $D=\{x\mid\varphi(x)\in D_f, x\in D_\varphi\}\neq\phi$，即函数 $y=f(u)$ 的定义域与函数 $u=\varphi(x)$ 的值域交集非空，则对任意 $x\in D$，有 $u\in D_f\cap R_\varphi$ 与之对应，而 u 由法则 f 与 y 对应，因此 x 通过 u 与 y 对应，这样我们得到 y 关于 x 的一个函数，称这个函数为由 $y=f(u)$ 与 $u=\varphi(x)$ 构成的**复合函数**，记做

$$y=f[\varphi(x)]$$

通常称 $y=f(u)$ 是外层函数，称 $u=\varphi(x)$ 是内层函数，称 u 为**中间变量**

例如，对两个函数 $y=f(u)=2^u$，$u=\varphi(x)=\sqrt{x}$，$f(u)$ 的定义域为 $D_f=(-\infty,+\infty)$，$\varphi(x)$ 的值域为 $R_\varphi=[0,+\infty)$ 因 $D_f\cap R_\varphi=[0,+\infty)\neq\phi$，故由 $y=f(u)$ 与 $u=\varphi(x)$ 复合成的复合函数为

$$y=f[\varphi(x)]=2^{\sqrt{x}}$$

再看下面的例子

很明显 $y=f(u)=\arcsin u$ 的定义域为 $[-1,1]$，$u=\varphi(x)=-x^2-2$ 的值域为 $(-\infty,-2]$ 其交为空集，故不能构成一个复合函数．

例 1.3.1 设函数 $f(x)=x^2$，$\varphi(x)=2x$，求 $f[\varphi(x)]$，$\varphi[f(x)]$．

解 取 $f(u)=u^2$，$u=2x$，则

$$f[\varphi(x)]=4x^2$$

同理有

$$\varphi[f(x)]=2x^2$$

1.3.2 反函数

定义 1.3.2 设函数 $f:D_f\to R_f$ 是单射，（其中 D_f 为定义域，R_f 为值域），则它存在逆映射

$$f^{-1}:R_f\to D_f$$

则称此映射 f^{-1} 为函数 f 的**反函数**．即对每个 $y\in R_f$（且有 $y=f(x)$）有唯一的 $x\in D_f$，使得

$$x=f^{-1}(y)$$

这里，反函数 f^{-1} 的对应法则完全是由函数 f 的对应法则所确定的．

例如，函数 $y=3x+1$，$(x\in R)$ 是单射，其反函数存在且为 $x=f^{-1}(y)=\dfrac{y-1}{3}$

$(y\in R)$.

由于习惯是用 x 表示自变量，y 表示因变量，因此常把反函数 $x=f^{-1}(y)$ 记为 $y=f^{-1}(x)$. 于是函数 $y=3x+1,(x\in R)$ 的反函数记为 $y=f^{-1}(x)=\frac{x-1}{3}$.

应该注意函数的反函数有两种不同的情况，一种是由定义得到的 $(x=f^{-1}(y))$，一种是由习惯得到的 $(y=f^{-1}(x))$. 以后在不声明的情况下，函数 $y=f(x)$ 的反函数均指 $y=f^{-1}(x)$.

函数 $y=f(x)$ 的图形与它的反函数 $y=f^{-1}(x)$ 的图形，在同一直角坐标系中，关于直线 $y=x$ 是对称的(如图 1-13).

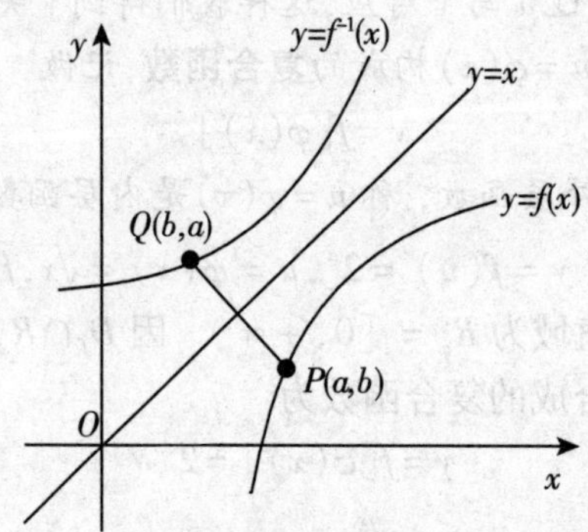

图 1-13

习题 1.3

1. 已知 $f(x)=x^2-3x+2$，求：$f(0)$，$f(-x)$，$f(\frac{1}{x})$，$f(x+1)$.

2. 已知 $f(x)=\frac{x}{1-x}$，求：$f[f(x)]$，$f\{f[f(x)]\}$.

3. 已知 $f(x)=\begin{cases}1, & |x|\leqslant 1\\ 0, & |x|>1\end{cases}$ 求 $f[f(x)]$.

4. 若函数 $f(x+\frac{1}{x})=x^2+\frac{1}{x^2}$，求 $f(x)$.

5. 求下列函数的反函数：

(1) $y=\frac{x+2}{x-2}$；　　(2) $y=x^3+2$；

(3) $y=2\sin 3x$，$-\frac{\pi}{6}\leqslant x\leqslant\frac{\pi}{6}$；　　(4) $y=\frac{2^x}{2^x+1}$；

(5) $y=\begin{cases}x, & x<1\\ x^2, & 1\leqslant x\leqslant 4.\\ 2^x, & x>4\end{cases}$

1.4　基本初等函数与初等函数

1.4.1　基本初等函数

下面六类函数统称为基本初等函数.

1. 常量函数　$y=C$(C 为常数)

此函数的定义域为$(-\infty,+\infty)$,值域为单点集$\{C\}$,图形为平行 x 轴的直线(如图 1－14).

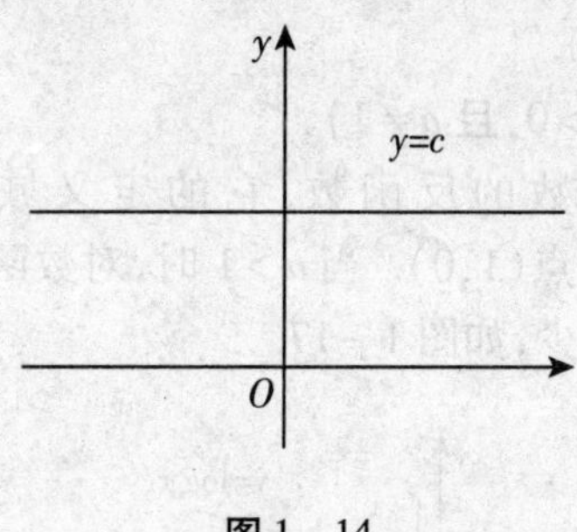

图 1－14

2. 幂函数　$y=x^{\mu}$($\mu\in R$, $\mu\neq 0$ 为常数)

随 μ 的不同,幂函数的定义域不尽相同,但无论 μ 为何值, 区间$(0,+\infty)$都在定义域内, 而且图形都经过点$(1,1)$. 如图 1－15 所示.

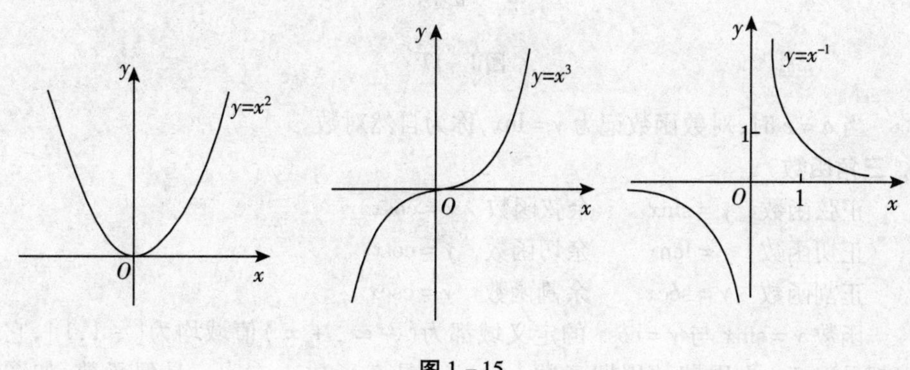

图 1－15

3. 指数函数　$y=a^x$($a>0$ 且 $a\neq 1$)

它的定义域为$(-\infty,+\infty)$,值域为$(0,+\infty)$. 因为对任意实数 x, 总有

$a^x>0$,又 $a^0=1$,所以,指数函数的图形总在 x 轴的上方,且通过点(0,1). 当 $a>1$ 时,指数函数单调增加,当 $0<a<1$ 时,指数函数单调减少,如图 1-16 所示.

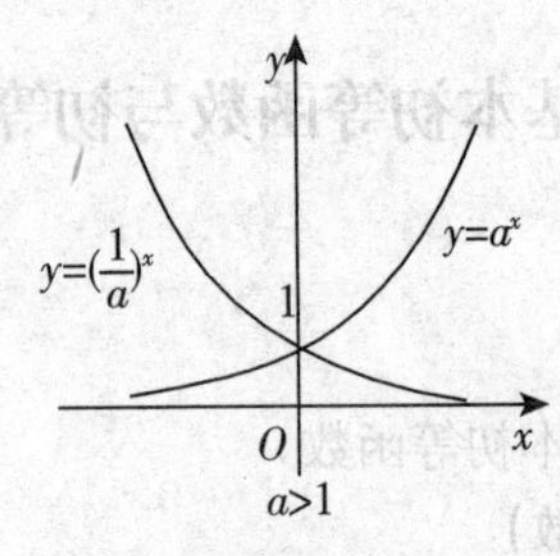

图 1-16

在微积分中常用到以 e 为底的指数函数 $y=e^x$,其中 e 是无理数,$e\approx 2.71828$(见本教材 4.7 节).

4. 对数函数 $y=\log_a x$($a>0$,且 $a\neq 1$)

对数函数是指数函数的反函数,它的定义域为$(0,+\infty)$,值域为$(-\infty,+\infty)$,其图形经过点(1,0). 当 $a>1$ 时,对数函数是单调增加的,当 $0<a<1$ 时,对数函数单调减少,如图 1-17.

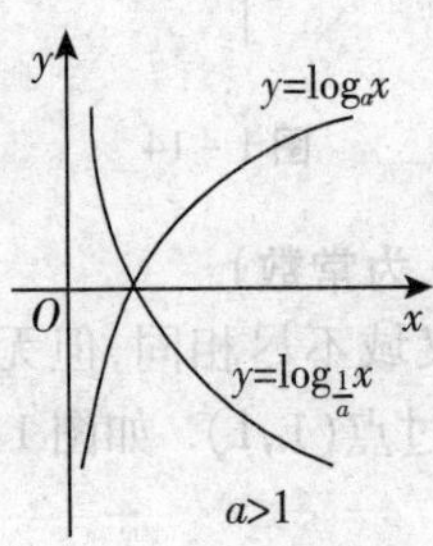

图 1-17

当 $a=e$ 时,对数函数记为 $y=\ln x$,称为自然对数.

5. 三角函数

正弦函数 $y=\sin x$　　余弦函数 $y=\cos x$

正切函数 $y=\tan x$　　余切函数 $y=\cot x$

正割函数 $y=\sec x$　　余割函数 $y=\csc x$

函数 $y=\sin x$ 与 $y=\cos x$ 的定义域都为$(-\infty,+\infty)$值域均为$[-1,1]$,它们都是以 2π 为周期的周期函数,$y=\sin x$ 是奇函数,$y=\cos x$ 是偶函数,如图 1-18.

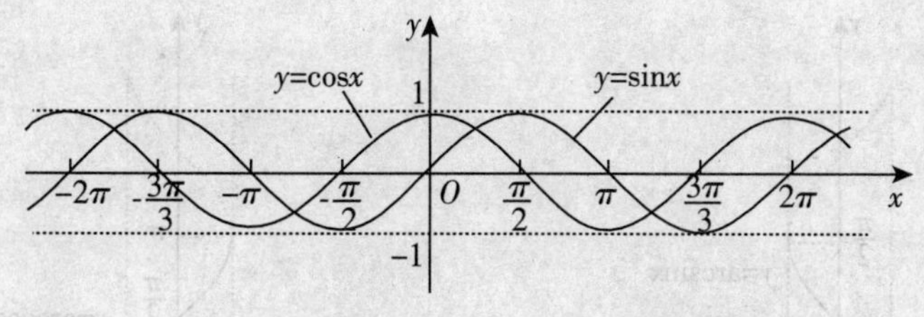

图 1 – 18

$y=\tan x$ 的定义域为 $\{x \mid x \in R, x \neq k\pi+\dfrac{\pi}{2}, k \in Z\}$，$y=\cot x$ 的定义域为 $\{x \mid x \in R, x \neq k\pi, k \in Z\}$，$\tan x$ 和 $\cot x$ 均是奇函数，它们都是以 π 为周期的周期函数，并且在其定义域内都是无界函数，如图 1 – 19.

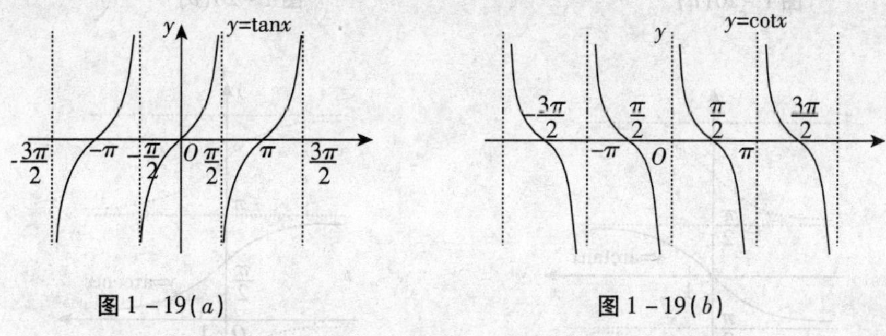

图 1 – 19(*a*)　　　图 1 – 19(*b*)

正割函数 $y=\sec x=\dfrac{1}{\cos x}$，余割函数 $y=\csc x=\dfrac{1}{\sin x}$

6. 反三角函数

反正弦函数 $y=\arcsin x$，如图 1 – 20(*a*)所示，定义域为 $[-1,1]$，值域为 $[-\dfrac{\pi}{2},\dfrac{\pi}{2}]$.

反余弦函数 $y=\arccos x$，如图 1 – 20(*b*)所示，定义域为 $[-1,1]$，值域为 $[0,\pi]$.

反正切函数 $y=\arctan x$，如图 1 – 21(*a*)所示，定义域为 $(-\infty,+\infty)$，值域为 $(-\dfrac{\pi}{2},\dfrac{\pi}{2})$.

反余切函数 $y=\text{arccot}\,x$，如图 1 – 21(*b*)所示，定义域为 $(-\infty,+\infty)$，值域为 $(0,\pi)$.

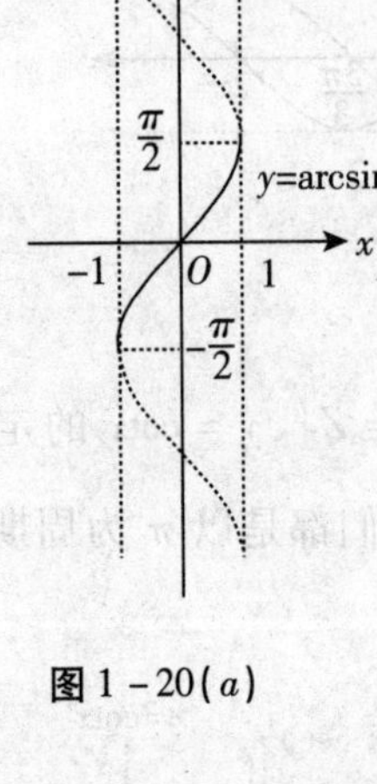

图 1-20(*a*)

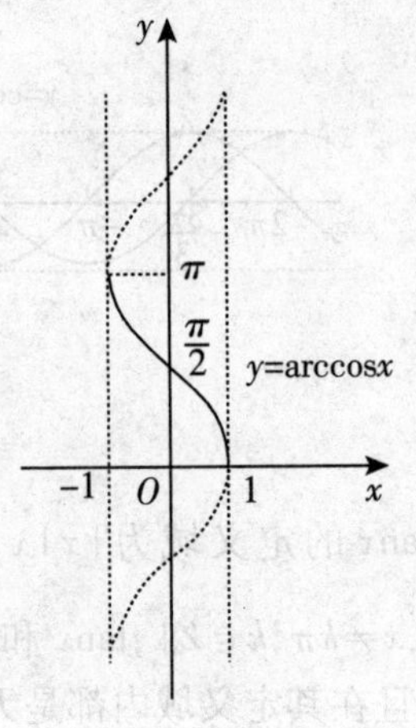

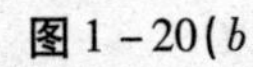

图 1-20(*b*)

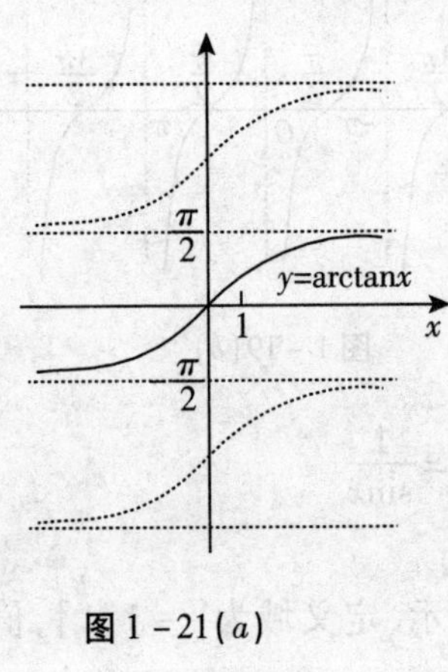

图 1-21(*a*)

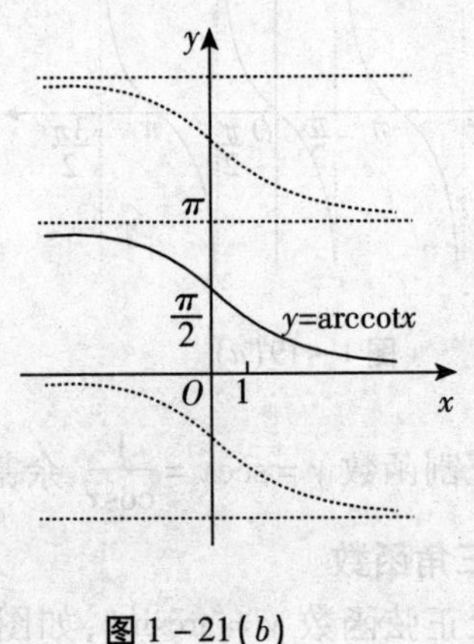

图 1-21(*b*)

1.4.2 初等函数

由基本初等函数经过有限次四则运算和有限次复合运算所构成的函数,称为初等函数. 例如

$$y = e^{\sin x}, y = \ln(x + \sqrt{1 + x^2}), y = \sin\sqrt{x} + x^3 - 2$$

都是初等函数.

函数 $y = \sin^2 e^x$ 可分解为基本初等函数, $y = u^2, u = \sin v, v = e^x$.

习题 1.4

1. 指出下列函数是由哪些基本初等函数复合或四则运算而成：

(1) $y=e^{\arcsin x^2}$；　(2) $y=\left(\frac{x}{1+x}\right)^2$；　(3) $y=\sin x^2+\cos x^2$.

2. 下列函数中哪些是初等函数?

(1) $y=1-\sqrt{2x-1}$；　(2) $y=\sqrt{\ln(x^2-3)}$；

(3) $y=\begin{cases}x^2+1, & -1<x\leqslant 2\\ 2+\sin x, & 2<x\leqslant 4\end{cases}$；　(4) $y=|\sin x|+2x$.

1.5　经济学中常用的几个函数

1.5.1　需求函数与供给函数

1. 需求函数

一种商品的需求量是指消费者在某一时期、某种价格下、愿意购买并且有能力购买的该商品的数量．影响商品需求量有许多因素，例如，商品自身的价格、其他商品的价格、消费者的收入、消费者的嗜好、人口的结构和规模等等．设 Q 是商品的需求量,P 为商品的价格，在其他条件保持不变的情况下，需求量 Q 与价格 P 之间的函数关系称为需求函数，记做

$$Q=f(P),\qquad P\geqslant 0$$

一般情况下，价格越高，商品需求量越小．因此，通常假设需求函数是单调减少的．在经济分析中，称其为需求规律．

需求函数的反函数

$$P=f^{-1}(Q),\qquad Q\geqslant 0$$

称为反需求函数,有时也简称为需求函数．

2. 供给函数

一种商品的供给量是指厂商在某一时期、某种价格下、愿意出售并且有能力出售的该商品的数量．影响商品供给量有许多因素，例如，商品自身的价格、生产要素的价格、其他商品的价格、生产技术与工艺、生产厂商的数量等等．设 Q 是商品的供给量,P 为商品的价格，在其他条件保持不变的情况下，供给量 Q 与价格 P 之间的函数关系称为供给函数，记做

$$Q=\varphi(P),\qquad P\geqslant 0$$

一般情况下，价格越高，商品供给量越大．因此，通常假设供给函数是单调增加的．在经济分析中，称其为供给规律．

3. **均衡价格与均衡数量**

商品供求相等时的市场状况称为市场均衡．达到市场均衡时的商品价格为**均衡价格**，达到市场均衡时的商品数量称为**均衡数量**．由市场需求函数与供给函数可以求出均衡价格与均衡数量．例如，由线性需求函数（Q_d）和供给函数（Q_s）构成的市场均衡模型为

$$\begin{cases} Q_d = a - bP \\ Q_s = -c + dP \\ Q_d = Q_s \end{cases}$$

其中，$a>0,b>0,c>0,d>0$ 为常数．解这个方程组，可得均衡价格 $\bar{P}$ 与均衡数量 $\bar{Q}$：

$$\bar{P} = \frac{a+c}{b+d}, \quad \bar{Q} = \frac{ad-bc}{b+d}$$

为了使这个市场均衡模型有经济意义，我们要求 $\bar{Q}>0$，所以应对 a,b,c,d 加限制条件 $ad-bc>0$.

1.5.2 成本函数、收益函数、利润函数

1. **成本函数**

成本是厂商在生产活动中的支出．成本函数是在给定生产技术和生产要素价格的条件下，最小的支出与产量之间的函数关系．

成本包括两部分：固定成本和可变成本．在某时期内，称不随产量变动而变动的支出为固定成本，称随产量变动而变动的支出为可变成本．

设总成本为 C，固定成本为 C_0，产量为 Q 时的可变成本为 $C_1(Q)$，则成本函数为

$$C = C_0 + C_1(Q), \quad Q \geqslant 0$$

平均成本是平均每一单位产品的成本，记为 $\bar{C}$，于是

$$\bar{C} = \frac{C}{Q}$$

例 1.5.1 已知某产品的总成本函数为（单位：元）

$$C(Q) = 1000 + 2Q + 0.1Q^2$$

求当生产 100 个该产品时的总成本和平均成本．

解 产量为 100 的总成本为

$$C(100) = (1000 + 2Q + 0.1Q^2)\Big|_{100} = 2200(\text{元})$$

产量为 100 的平均成本为

$$\bar{C}(100) = \frac{C(Q)}{Q}\Big|_{100} = \frac{2200}{100} = 22(\text{元})$$

2. **总收益函数**

收益是厂商出售产品的收入,总收益是厂商出售产品后的全部收入. 设 R 是总收益,Q 是销售量, 则 R 与 Q 之间的函数关系称为总收益函数, 记为

$$R=R(Q),Q\geqslant 0$$

若市场对该厂商的需求函数为

$$Q=f(P)$$

则总收益函数表示为

$$R=PQ=f^{-1}(Q)Q$$

平均收益是平均每一单位产品的销售收入, 记为 $\bar{R}$, 于是

$$\bar{R}=\frac{R}{Q}=\frac{PQ}{Q}=P$$

即平均收益等于价格.

例 1.5.2 设某商品的需求量 Q 与价格 P 的函数关系为

$$Q=80-0.2P$$

求商品的总收益函数.

解 因为 $P=400-5Q$

所以商品的总收益函数为

$$R=PQ=(400-5Q)Q=400Q-5Q^2$$

3. **利润函数**

利润等于总收益减总成本,即

$$\pi=R-C$$

其中,π 为利润,R 为总收益,C 为总成本. 当销售量等于产量时,用 Q 同时表示销售量与产量,则利润函数为

$$\pi=R(Q)-C(Q)$$

例 1.5.3 设某商品的成本关于需求量的函数为

$$C(Q)=20+2Q+0.5Q^2\text{(元)}$$

若每售出一件该商品收益为 20 元,求该商品的总利润函数.

解 因为 $R=PQ=20Q$

所以利润函数为

$$\begin{aligned}\pi&=R-C=20Q-(20+2Q+0.5Q^2)\\&=-0.5Q^2+18Q-20\text{(元)}\end{aligned}$$

习题 1.5

1. 某化肥厂生产某产品 1000 吨,每吨定价 130 元,销量在 700 吨以内时,产品按原价出售,超过 700 吨时,超过部分需打 9 折出售. 试将销售总收益表示

为总销售量的函数.

2. 某手表厂生产一只手表可变成本为 15 元,每天的固定成本为 2000 元,如果每只手表出厂价为 20 元,为了不亏本,该厂每天至少应生产多少手表.

3. 设玩具厂的成本是产量的线性函数,如果每天生产 60 个玩具成本为 300 元,每天生产 80 个成本为 340 元.求:成本函数及每天的固定成本和生产一个玩具的变动成本.

4. 已知下列需求函数和供给函数,求相应的市场均衡价格 p_0.

(1) $Q=\frac{100}{3}-\frac{2}{3}p, S=-20+p$;

(2) $p^2+2Q^2=114, S=p-3$.

总习题 1

1. 填空题:

(1) 若 $f(x)=\frac{1}{1+x^2}$,则 $f(\frac{1}{x})=$________.

(2) 设 $f(x)$ 的定义域是区间 $[0,1]$,则 $f(x+1)$ 的定义域是________.

(3) 设函数 $f(x)=x^3-x^2-1$. 则 $f[f(1)]=$________.

(4) 函数 $y=\frac{\sqrt{x-3}}{(x+1)(x+2)}$ 的定义域是________.

2. 选择题:

(1) 设函数 $f(x)$ 在 $(-\infty,+\infty)$ 内有定义,下列函数中一定为偶函数的是(　　).

(A) $y=|f(x)|$　　(B) $y=f(-x)$

(C) $y=f(|x|)$　　(D) $y=f^{-1}(x)$

(2) 设函数 $f(x)$ 为偶函数, $g(x)$ 为奇函数,则下列中(　　)为奇函数.

(A) $f[g(x)]$　　(B) $g[f(x)]$

(C) $f[f(x)]$　　(D) $g[g(x)]$

(3) 下列函数在给定的区间内有界的是(　　).

(A) $f(x)=\frac{e^x}{1+e^x}$　　(B) $f(x)=e^{\frac{1}{x}}\quad x\in(0,1)$

(C) $f(x)=x\sin x$　　(D) $f(x)=\ln x\quad x\in(0,1)$

3. 设函数 $f(x)$ 的定义域是区间 $[0,1]$,试求下列函数的定义域:

(1) $f(x^2)$;　　(2) $f(x-a)+f(x+a)\quad(a>0)$.

4. 设 $f(x)=e^x, g(x)=\begin{cases}-1, & |x|>1\\ 0, & |x|=1\\ 1, & |x|<1\end{cases}$,求 $g[f(x)], f\{g(x)\}$.

5. 设$f(x)=2\ln x$，且$f[\varphi(x)]=\ln(1-\ln x)$，求$\varphi(x)$及其定义域.

6. 设函数$f(x)$满足方程$af(x)+bf(\frac{1}{x})=\frac{c}{x}$($a,b,c$为常数)，且$|a|\neq|b|$. 求$f(x)$并判断其奇偶性.

7. 求函数$y=\sqrt[3]{x+\sqrt{1+x^2}}+\sqrt[3]{x-\sqrt{1+x^2}}$的反函数.

8. 设$f(x)=\begin{cases}e^x, & x<1\\ x, & x\geqslant 1\end{cases}$，$\varphi(x)=\begin{cases}x+2, & x<0\\ x^2-1, & x\geqslant 0\end{cases}$，求$f[\varphi(x)]$.

9. 设$f(x)$在$(0,+\infty)$内有定义，$a>0$，$b>0$，证明：

(1)若$\frac{f(x)}{x}$在$(0,+\infty)$内单调减少，则

$$f(a+b)<f(a)+f(b)$$

(2)若$\frac{f(x)}{x}$在$(0,+\infty)$内单调增加，则

$$f(a+b)>f(a)+f(b)$$

第2章　极限与连续

微积分研究的对象是函数，关注的是变动的量，而不是静止的量；关注的是变化和运动；处理的是一些量趋近另一些量的问题．因此，极限是微积分最基本、最重要的概念．

微积分中另外两个重要的概念微分和积分都是建立在极限概念上的．本章介绍数列极限与函数极限的定义、性质及计算方法，在此基础上介绍连续函数的概念和闭区间上连续函数的性质．

2.1　数列的极限

2.2.1　数列概念

定义 2.1.1　设 $x_n=f(n)$ 是定义在正整数集上的函数，当自变量 n 按正整数的顺序取值时，称函数值 x_n 相应排列成的一串数：

$$x_1,x_2,\cdots,x_n,\cdots$$

为**数列**，简记为 $\{x_n\}$．数列中的每个数叫做数列的**项**，第 n 项 x_n 叫做数列的**一般项**（或通项）．例如：

$\{1+\frac{1}{n}\}$： $2,\frac{3}{2},\frac{4}{3},\cdots,1+\frac{1}{n},\cdots$；

$\{(-1)^n\frac{1}{2^n}\}$： $-\frac{1}{2},\frac{1}{4},-\frac{1}{8},\cdots,(-1)^n\frac{1}{2^n},\cdots$；

$\{(-1)^{n+1}\}$： $1,-1,1,-1,\cdots,(-1)^{n+1},\cdots$；

$\{2n\}$： $2,4,6,\cdots,2n,\cdots$.

若数列 $\{x_n\}$ 满足

$$x_1\leqslant x_2\leqslant\cdots\leqslant x_n\leqslant\cdots,$$

则称 $\{x_n\}$ 是**单调不减数列**；如果数列 $\{x_n\}$ 满足

$$x_1\geqslant x_2\geqslant\cdots\cdots\geqslant x_n\geqslant\cdots,$$

则称 $\{x_n\}$ 是**单调不增数列**．单调不减和单调不增的数列统称为**单调数列**．

如果存在常数 $M>0$，使得对一切 $n\in Z^+$（正整数）都有

$$|x_n|\leqslant M$$

则称$\{x_n\}$是**有界数列**.

将数列$\{x_n\}$在保持原有的顺序情况下,任取其中无穷多项所构成的新数列称为数列$\{x_n\}$的子数列,简称子列. 如

$$x_1, x_3, x_5, \cdots, x_{2n-1}, \cdots$$

$$x_2, x_4, x_6, \cdots, x_{2n}, \cdots$$

均为数列$\{x_n\}$的子列,子数列一般记为$\{x_{n_k}\}$

$$x_{n_1}, x_{n_2}, \cdots, x_{n_k}, \cdots$$

其中$n_1 < n_2 < \cdots < n_k < n_{k+1} < \cdots$.

2.1.2　数列极限

对于数列$\{x_n\}$,我们需要研究的问题是:当n无限增大时(即$n \to \infty$),数列的一般项x_n的变化趋势,特别是,当n无限增大时,x_n能与某个确定的常数a无限接近,常数a称为数列$\{x_n\}$当$n \to \infty$时的极限.

考察数列$\{\frac{1}{n}\}$,不难看出,当$n \to \infty$时,$x_n = \frac{1}{n}$以0为极限. x_n与常数0的接近程度可用$|x_n - 0| = \frac{1}{n}$小于某个正数ε来表示,若令$\varepsilon_1 = \frac{1}{10}$,要使$|x_n - 0| = \frac{1}{n} < \varepsilon_1$,则当$n > 10$时,$x_n$都能满足与0的距离小于$\frac{1}{10}$,即对于$x_{10}$以后的任一项$x_{11}, x_{12}, \cdots$都能满足$\left|\frac{1}{n} - 0\right| < \frac{1}{10}$;若再取一个更小的正数$\varepsilon_2 = \frac{1}{100}$,要使$|x_n - 0| = \frac{1}{n} < \varepsilon_2$,则当$n > 100$时,自第100项后的任一项$x_{101}, x_{102}, \cdots$都满足$\left|\frac{1}{n} - 0\right| < \frac{1}{100}$;……由此可见,对于数列$\{x_n\} = \left\{\frac{1}{n}\right\}$,无论给定多么小的正数,在$n$无限增大的变化过程中,总有那么一个时刻,在那个时刻以后(即n充分大以后),$|x_n - 0| = \left|\frac{1}{n} - 0\right|$都小于那个正数. 一般地对于任意小的正数$\varepsilon$,要使$|x_n - 0| = \left|\frac{1}{n} - 0\right| = \frac{1}{n} < \varepsilon$,则当$n > \left[\frac{1}{\varepsilon}\right] = N$时,数列$\left\{\frac{1}{n}\right\}$从第$N+1$项起所有的$x_n$都能满足$\left|\frac{1}{n} - 0\right| < \varepsilon$,无一项例外,此时,我们说数列$\{x_n\} = \left\{\frac{1}{n}\right\}$以0为极限.

定义 2.1.2　设$\{x_n\}$为一数列,如果存在常数a,对于任意给定的$\varepsilon > 0$,总存在正整数N,使得当$n > N$时,不等式

$$|x_n - a| < \varepsilon$$

恒成立,则称当$n \to \infty$时,数列$\{x_n\}$收敛于a,称常数a是数列$\{x_n\}$的**极限**,称数

列$\{x_n\}$收敛,记为

$$\lim_{n\to\infty} x_n = a \quad 或 \quad x_n \to a\ (n\to\infty)$$

如果不存在这样的常数a,则称数列$\{x_n\}$没有极限,或者说数列$\{x_n\}$是发散的.

数列极限定义的几何意义

若$\lim\limits_{n\to\infty} x_n = a$,则对于任意给定的$\varepsilon>0$,都存在正整数$N$,使得当$n>N$时,$|x_n-a|<\varepsilon$,即从第$N+1$项开始,数列$\{x_n\}$的所有项全部落在$a$的$\varepsilon$邻域$(a-\varepsilon,a+\varepsilon)$内,在这个邻域外,最多只有数列$\{x_n\}$的有限项$x_1,x_2,\cdots,x_N$(如图2-1).

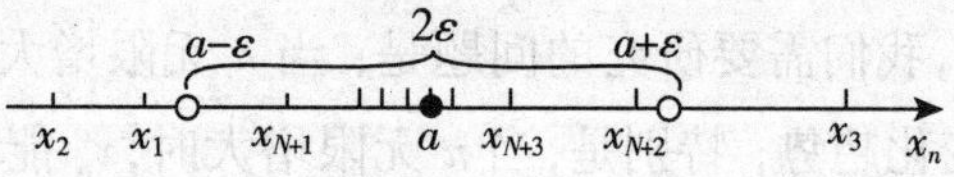

图2-1

例2.1.1 用极限定义证明

$$\lim_{n\to\infty}\frac{1+(-1)^n}{n}=0$$

证明 对于任意给定的$\varepsilon>0$,要使不等式

$$|x_n-a|=\left|\frac{1+(-1)^n}{n}-0\right|\leqslant\frac{2}{n}<\varepsilon$$

成立,只需

$$\frac{2}{n}<\varepsilon \quad 即 \quad n>\frac{2}{\varepsilon}$$

成立. 取$N=\max\left\{\left[\frac{2}{\varepsilon}\right],1\right\}$,则当$n>N$时,恒有

$$\left|\frac{1+(-1)^n}{n}-0\right|\leqslant\varepsilon$$

故

$$\lim_{n\to\infty}\frac{1+(-1)^n}{n}=0$$

注 (1) 在数列极限定义中,ε可以任意给定是很重要的,如果让正数ε任意小,不等式$|x_n-a|<\varepsilon$则充分表达出x_n与a无限接近的意思.

(2)正整数N是与ε有关的,它随着ε的给定而选定.

(3)数列极限定义只能验证某一个数是否为数列的极限,但不能用于求数列的极限.

例2.1.2 用极限定义证明

$$\lim_{n\to\infty}(\sqrt{n+1}-\sqrt{n})=0$$

证明 对于任意给定的 $\varepsilon>0$,要使不等式

$$\left|(\sqrt{n+1}-\sqrt{n})-0\right|=\frac{1}{\sqrt{n+1}+\sqrt{n}}<\frac{1}{\sqrt{n}}<\varepsilon$$

成立,只需

$$\frac{1}{\sqrt{n}}<\varepsilon \quad 即 \quad n>\frac{1}{\varepsilon^2}$$

成立. 取 $N=\max\left\{\left[\frac{1}{\varepsilon^2}\right],1\right\}$,则当 $n>N$ 时,恒有

$$\left|(\sqrt{n+1}-\sqrt{n})-0\right|<\varepsilon$$

故

$$\lim_{n\to\infty}(\sqrt{n+1}-\sqrt{n})=0$$

2.1.3 数列极限的性质

定理 2.1.1(极限的唯一性) 如果数列 $\{x_n\}$ 收敛,则其极限唯一.

证明 设 $\lim\limits_{n\to\infty}x_n=a$ 及 $\lim\limits_{n\to\infty}x_n=b$. 则对任意给定的 $\varepsilon>0$,存在自然数 N_1 和 N_2, 当 $n>N_1$ 时,有

$$|x_n-a|<\frac{\varepsilon}{2}$$

当 $n>N_2$ 时,有

$$|x_n-b|<\frac{\varepsilon}{2}$$

取 $N=\max\{N_1,N_2\}$,则当 $n>N$ 时,上面两个式子同时成立,于是

$$|a-b|=|x_n-b+a-x_n|\leqslant|x_n-a|+|x_n-b|<\frac{\varepsilon}{2}+\frac{\varepsilon}{2}=\varepsilon$$

由于 a,b 是常数,所以,$|a-b|$ 也是常数. 据上述不等式,常数 $|a-b|$ 可以比任意小的正数还小,则必有 $|a-b|=0$,即 $a=b$. 故,收敛的数列其极限唯一.

定理 2.1.2(有界性) 如果数列 $\{x_n\}$ 收敛,则 $\{x_n\}$ 一定有界.

证明 设 $\lim\limits_{n\to\infty}x_n=a$, 根据数列极限的定义,对于 $\varepsilon=1$,存在正整数 N,当 $n>N$ 时,有

$$|x_n-a|<1$$

成立. 于是,当 $n>N$ 时,

$$|x_n|=|x_n-a+a|\leqslant|x_n-a|+|a|<1+|a|$$

取 $M=\max\{|x_1|,|x_2|,\cdots,|x_N|,1+|a|\}$,则对数列 $\{x_n\}$ 的所有项都有

$$|x_n|\leqslant M$$

成立,故数列 $\{x_n\}$ 是有界的.

注 上述定理的逆不成立. 数列有界是数列收敛的必要条件,有界数列不一定

收敛，例如，$\{(-1)^n\}$是有界数列，但其极限不存在．

定理 2.1.3（保号性） 如果$\lim\limits_{n\to\infty}x_n=a$，且$a>0$（或$a<0$），则存在正整数$N$，当$n>N$时，恒有$x_n>0$（或$x_n<0$）.

证明 下面给出$a>0$时的证明．

因为$\lim\limits_{n\to\infty}x_n=a$，由极限的定义，取$\varepsilon\in(0,a)$，存在正整数$N$，当$n>N$时，

$$|x_n-a|<\varepsilon$$

即
$$a-\varepsilon<x_n<a+\varepsilon$$

从而有，$x_n>a-\varepsilon>0$.

推论 如果$\lim\limits_{n\to\infty}x_n=a$，且存在正整数$N$，当$n>N$时，有$x_n\geqslant 0$（或$x_n\leqslant 0$），则$a\geqslant 0$（或$a\leqslant 0$）.

定理 2.1.4（收敛数列与其子列间的关系） 如果数列$\{x_n\}$收敛于a，那么它的任一子列也收敛，且极限也是a.

如果数列$\{x_n\}$有子数列收敛于不同的极限，则数列$\{x_n\}$是发散的．例如数列

$$1,-1,1,-1,\cdots,(-1)^{n+1},\cdots$$

其子数列$\{x_{2k-1}\}$收敛于1，子数列$\{x_{2k}\}$收敛于-1，因此数列$\{(-1)^{n+1}\}$是发散的．

习题 2.1

1. 观察下列数列当$n\to\infty$时，极限是否存在，如存在，请写出其极限值：

(1) $x_n=1+\dfrac{(-1)^n}{n}$； (2) $x_n=\sin\dfrac{1}{n}$；

(3) $x_n=\dfrac{1+(-1)^n}{2}$； (4) $x_n=\dfrac{n-1}{n+1}$.

2. 用极限的定义证明：

(1) $\lim\limits_{n\to\infty}\dfrac{1+(-1)^n}{n+1}=0$； (2) $\lim\limits_{n\to\infty}\dfrac{2n}{3n+1}=\dfrac{2}{3}$.

3. 若数列$\{x_n\}$有界，且$\lim\limits_{n\to\infty}y_n=0$，证明$\lim\limits_{n\to\infty}x_ny_n=0$.

4. 证明：当$n\to\infty$时，数列$\{x_n\}$收敛到常数a的充分必要条件是数列$\{x_n\}$的两个子数列$\{x_{2k}\}$和$\{x_{2k+1}\}$都收敛到常数a.

5. 证明：当$n\to\infty$时，数列$\{x_n\}$收敛到数0的充分必要条件是数列$\{|x_n|\}$收敛到数0.

2.2 函数的极限

2.2.1 函数极限的概念

我们知道数列是自变量为正整数的函数,将上节对数列极限的讨论推广,就引出函数极限的一般概念.

1. 当 $x\to\infty$ 时,函数 $f(x)$ 的极限

定义 2.2.1 设函数 $f(x)$ 当 $|x|$ 大于某一正数时有定义,如果存在常数 A,对于任意给定的 $\varepsilon>0$,总存在 $X>0$,使得当 x 满足不等式 $|x|>X$ 时,不等式

$$|f(x)-A|<\varepsilon$$

恒成立. 则称常数 A 为当 $x\to\infty$ 时函数 $f(x)$ 的**极限**,或称当 $x\to\infty$ 时 $f(x)$ 收敛于 A,记做

$$\lim_{x\to\infty}f(x)=A \quad 或\ f(x)\to A(当\ x\to\infty)$$

当 $x\to\infty$ 时 $f(x)$ 收敛于 A 的几何意义是:对于任意给定的 $\varepsilon>0$,总存在正数 X,当 $|x|>X$ 时,曲线 $y=f(x)$ 的图形位于直线 $y=A-\varepsilon$ 和 $y=A+\varepsilon$ 之间(如图 2-2).

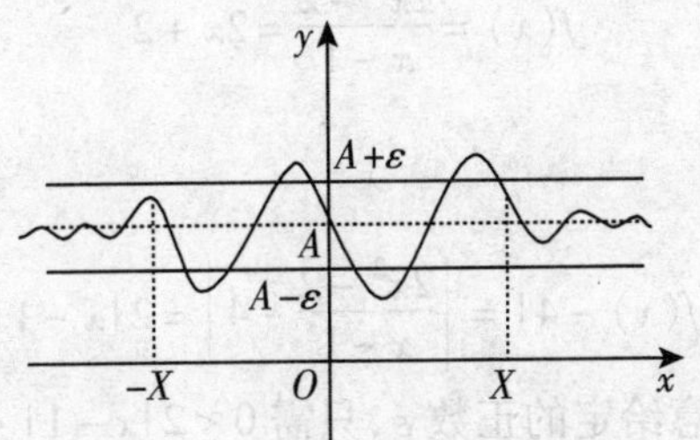

图 2-2

例 2.2.1 证明 $\lim\limits_{x\to\infty}\dfrac{1}{x}=0$.

证明 对任意给定的 $\varepsilon>0$,要使

$$|f(x)-A|=\left|\frac{1}{x}-0\right|=\frac{1}{|x|}<\varepsilon$$

成立,只需 $|x|>\dfrac{1}{\varepsilon}$. 因此,对任意给定的正数 ε,取 $X=\dfrac{1}{\varepsilon}$,当 $|x|>X$ 时,有

$$|f(x)-A|=\left|\frac{1}{x}-0\right|<\varepsilon$$

所以

$$\lim_{x\to\infty}\frac{1}{x}=0$$

如果 $x>0$ 且无限增大(记做 $x\to+\infty$),那么只要把上面定义中的 $|x|>X$

改为 $x>X$,就可得 $\lim\limits_{x\to+\infty}f(x)=A$ 的定义. 同样,$x<0$ 而 $|x|$ 无限增大(记做 $x\to-\infty$),那么只要把 $|x|>X$ 改为 $x<-X$,便得 $\lim\limits_{x\to-\infty}f(x)=A$ 的定义.

由定义 2.2.1 可以证明:$\lim\limits_{x\to\infty}f(x)=A$ 的充要条件是

$$\lim_{x\to+\infty}f(x)=\lim_{x\to-\infty}f(x)=A$$

我们将证明留给读者.

例 2.2.2 证明极限 $\lim\limits_{x\to\infty}\arctan x$ 不存在.

证明 由反正切函数的性质可知,

$$\lim_{x\to+\infty}\arctan x=\frac{\pi}{2};\qquad \lim_{x\to-\infty}\arctan x=-\frac{\pi}{2}$$

所以 $\lim\limits_{x\to\infty}\arctan x$ 不存在.

2. 自变量趋于有限值时(记做 $x\to x_0$),函数 $f(x)$ 的极限

先看一个例子,考虑 $x\to1$ 时函数

$$f(x)=\frac{2x^2-2}{x-1}$$

的变化趋势. 容易看出,当 $x\to1$ 时(且 $x\neq1$),函数

$$f(x)=\frac{2x^2-2}{x-1}=2x+2$$

无限接近于 4.

由于

$$|f(x)-4|=\left|\frac{2x^2-2}{x-1}-4\right|=2|x-1|$$

要使 $|f(x)-4|$ 小于任意给定的正数 ε,只需 $0<2|x-1|<\varepsilon$,即

$$0<|x-1|<\frac{\varepsilon}{2}.$$

通过上述分析,我们可以给出当 $x\to x_0$ 时函数 $f(x)$ 的极限的定义如下

定义 2.2.2 设函数 $f(x)$ 在点 x_0 的某个去心邻域内有定义,如果存在常数 A,对任意给定的 $\varepsilon>0$,总存在 $\delta>0$,使得当 $0<|x-x_0|<\delta$ 时,有

$$|f(x)-A|<\varepsilon$$

恒成立. 那么常数 A 就叫做当 $x\to x_0$ 时函数 $f(x)$ 的**极限**,或称当 $x\to x_0$ 时 $f(x)$ 收敛于 A,记做

$$\lim_{x\to x_0}f(x)=A \text{ 或 } f(x)\to A(\text{当 } x\to x_0)$$

注 $0<|x-x_0|$ 表示 $x\neq x_0$,所以 $x\to x_0$ 时 $f(x)$ 有没有极限,与 $f(x)$ 在点 x_0 是否有定义并无关系,我们关心的是 $x\to x_0$ 时,$f(x)$ 的变化趋势而不是 $f(x)$ 在点 x_0 处是否有意义.

当 $x\to x_0$ 时 $f(x)$ 收敛于 A 的几何意义是:对任意给定的 ε,作平行于 x 轴

的两条直线 $y=A+\varepsilon$ 和 $y=A-\varepsilon$，存在着 x_0 的去心邻域 $\mathring{U}(x_0,\delta)$，当 $x\in\mathring{U}(x_0,\delta)$ 时，函数 $f(x)$ 的图形介于上述两直线之间（如图 2－3）.

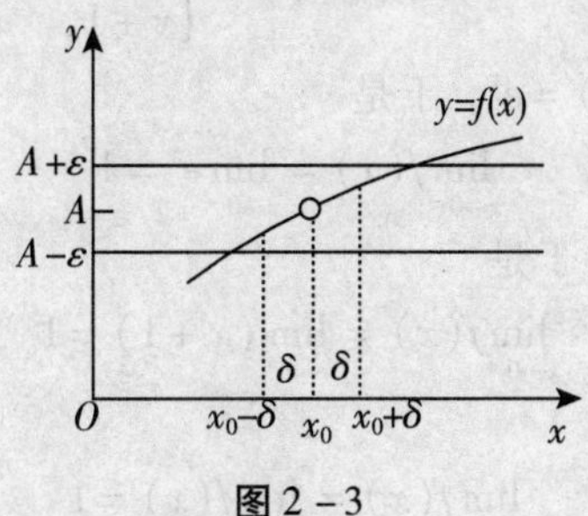

图 2－3

例 2.2.3　证明 $\lim\limits_{x\to 2}(2x+1)=5$

证明　对任意给定的 $\varepsilon>0$，要使

$$|f(x)-5|=|(2x+1)-5|=2|x-2|<\varepsilon$$

成立，只需 $2|x-2|<\varepsilon$，即 $|x-2|<\dfrac{\varepsilon}{2}$ 即可．所以，对任意给定的 $\varepsilon>0$，取 $\delta=\dfrac{\varepsilon}{2}$，当 $0<|x-2|<\delta$ 时，有

$$|f(x)-5|=2|x-2|<\varepsilon$$

恒成立，所以

$$\lim_{x\to 2}(2x+1)=5$$

在 $x\to x_0$ 时函数 $f(x)$ 的极限概念中，x 是以任何方式无限的接近于 x_0 的．但有时只能或只需考虑 x 仅从 x_0 的右侧趋于 x_0（记做 $x\to x_0^+$）情形，例如函数 $y=\sqrt{x-2}$，x 只能从 2 的右侧趋于 2；或 x 仅从 x_0 的左侧趋于 x_0（记做 $x\to x_0^-$）的情形．由此引出下面的概念：

左极限与右极限

定义 2.2.3　设函数 $f(x)$ 在点 x_0 右侧某个去心邻域内有定义，如果存在常数 A，对于任意给定的 $\varepsilon>0$，总存在 $\delta>0$，使得当 x 满足不等式 $0<x-x_0<\delta$ 时，有

$$|f(x)-A|<\varepsilon$$

恒成立，那么常数 A 就叫做函数 $f(x)$ 当 $x\to x_0$ 时的**右极限**，记做

$$\lim_{x\to x_0^+}f(x)=A \quad 或\ f(x_0^+)=A$$

类似地，在 $\lim\limits_{x\to x_0^+}f(x)=A$ 的定义中，把 $0<x-x_0<\delta$ 改为 $0<x_0-x<\delta$，就可得到在点 x_0 处 $f(x)$ 的**左极限**的定义．左极限右极限统称为**单侧极限**．

定理 2.2.1　极限 $\lim\limits_{x\to x_0}f(x)=A$ 的充分必要条件是

$$\lim_{x\to x_0^-}f(x)=\lim_{x\to x_0^+}f(x)=A$$

证明从略.

例 2.2.4 讨论当 $x\to 0$ 时,函数 $f(x)=\begin{cases}e^x, & x<0\\ x+1, & x\geqslant 0\end{cases}$ 的极限.

解 当 $x<0$ 时, $f(x)=e^x$, 于是

$$\lim_{x\to 0^-}f(x)=\lim_{x\to 0^-}e^x=1$$

当 $x>0$ 时, $f(x)=x+1$, 于是

$$\lim_{x\to 0^+}f(x)=\lim_{x\to 0^+}(x+1)=1$$

因为

$$\lim_{x\to 0^-}f(x)=\lim_{x\to 0^+}f(x)=1$$

所以

$$\lim_{x\to 0}f(x)=1$$

例 2.2.5 设函数 $f(x)=\begin{cases}x, & x<1\\ 2x, & x\geqslant 1\end{cases}$, 讨论 $\lim\limits_{x\to 1}f(x)$ 是否存在.

解 当 $x<1$ 时, $f(x)=x$, 于是

$$\lim_{x\to 1^-}f(x)=\lim_{x\to 1^-}x=1$$

当 $x>1$ 时, $f(x)=2x$, 于是

$$\lim_{x\to 1^+}f(x)=\lim_{x\to 1^+}2x=2$$

因为

$$\lim_{x\to 1^-}f(x)\neq\lim_{x\to 1^+}f(x)$$

所以 $\lim\limits_{x\to 1}f(x)$ 不存在.

例 2.2.6 设函数 $f(x)=e^{\frac{1}{x}}$,讨论 $\lim\limits_{x\to 0}f(x)$ 是否存在.

解 当 $x<0$ 时,有

$$\lim_{x\to 0^-}f(x)=\lim_{x\to 0^-}e^{\frac{1}{x}}=0$$

当 $x>0$ 时,有

$$\lim_{x\to 0^+}f(x)=\lim_{x\to 0^+}e^{\frac{1}{x}}=+\infty$$

因此 $\lim\limits_{x\to 0}f(x)$ 不存在.

2.2.2 函数极限的性质

由于函数极限的定义按自变量的变化过程不同有各种形式,下面仅以“$\lim\limits_{x\to x_0}f(x)$”这种形式给出关于函数极限性质的一些定理. 至于其他形式的极限的性质,只要相应地作一些修改即可得出.

定理 2.2.2(唯一性) 如果 $\lim\limits_{x\to x_0}f(x)$ 存在,则极限唯一.

定理 2.2.3（局部有界性） 如果$\lim\limits_{x\to x_0}f(x)=A$，那么存在常数$M>0$和$\delta>0$，使得当$0<|x-x_0|<\delta$时，有

$$|f(x)|\leqslant M$$

证明 取$\varepsilon=1$，因为$\lim\limits_{x\to x_0}f(x)=A$，则存在$\delta>0$，当$0<|x-x_0|<\delta$时

$$|f(x)-A|<1$$

于是，当$0<|x-x_0|<\delta$时，有

$$|f(x)|=|f(x)-A+A|\leqslant|f(x)-A|+|A|\leqslant 1+|A|$$

取$M=1+|A|$，当$0<|x-x_0|<\delta$时，有

$$|f(x)|\leqslant M$$

定理 2.2.4（局部保号性） 若$\lim\limits_{x\to x_0}f(x)=A$，且$A>0$（或$A<0$），则存在$\delta>0$，使得当$0<|x-x_0|<\delta$时，有$f(x)>0$（或$f(x)<0$）.

证明 设$A>0$，（$A<0$类似可证）

取$\varepsilon=\dfrac{A}{2}$，因为$\lim\limits_{x\to x_0}f(x)=A>0$，则存在$\delta>0$，当$0<|x-x_0|<\delta$时，有

$$|f(x)-A|<\frac{A}{2}$$

即

$$f(x)>A-\frac{A}{2}=\frac{A}{2}>0$$

由定理3，易得以下推论.

推论 如果在x_0的某去心邻域内$f(x)\geqslant 0$（或$f(x)\leqslant 0$），而且$\lim\limits_{x\to x_0}f(x)=A$，那么$A\geqslant 0$（或$A\leqslant 0$）.

下面我们给出复合函数极限运算的性质.

定理 2.2.5（复合函数的极限法则） 设函数$y=f[g(x)]$是由$y=f(u)$和$u=g(x)$复合而成的. 若

$$\lim_{u\to u_0}f(u)=A,\quad \lim_{x\to x_0}g(x)=u_0$$

且x在x_0的某去心邻域内有$g(x)\neq u_0$，则

$$\lim_{x\to x_0}f[g(x)]=A$$

证明 由极限$\lim\limits_{u\to u_0}f(u)=A$知，对任给$\varepsilon>0$，存在$\eta>0$，当$0<|u-u_0|<\eta$时，

$$|f(u)-A|<\varepsilon$$

又因为$\lim\limits_{x\to x_0}g(x)=u_0$，故对上述$\eta>0$，存在$\delta>0$，当$0<|x-x_0|<\delta$时，

$$|g(x)-u_0|<\eta$$

由于$x\neq x_0$时，$g(x)\neq u_0$，所以，当$0<|x-x_0|<\delta$时，

$$|f[g(x)]-A|=|f(u)-A|<\varepsilon$$

故$\lim\limits_{x\to x_0}f[g(x)]=A$.

习题 2.2

1. 用极限定义证明：

(1) $\lim\limits_{x\to 1}(2x-1)=1$；　　(2) $\lim\limits_{x\to 2}\dfrac{x^2-4}{x-2}=4$；

(3) $\lim\limits_{x\to\infty}\dfrac{2x+3}{x}=2$.

2. 讨论 $x\to 0$ 时，下列函数的极限是否存在：

(1) $f(x)=\begin{cases}x-1, & x<0\\ 0, & x=0\\ x+1, & x>0\end{cases}$；　　(2) $f(x)=\begin{cases}\sin x, & -\pi<x<0\\ x, & 0<x<1\end{cases}$.

3. 设函数 $f(x)=\dfrac{3x+|x|}{5x-3|x|}$，求：

(1) $\lim\limits_{x\to+\infty}f(x)$；　　(2) $\lim\limits_{x\to-\infty}f(x)$；

(3) $\lim\limits_{x\to 0^+}f(x)$；　　(4) $\lim\limits_{x\to 0^-}f(x)$；

(5) $\lim\limits_{x\to 0}f(x)$.

4. 若函数 $f(x)=\begin{cases}x+a, & x<0\\ x^3+2, & x\geqslant 0\end{cases}$ 在点 $x=0$ 处极限存在，求常数 a.

2.3 无穷小与无穷大

本节将讨论在理论和应用上都比较重要的两种变量，**无穷小量和无穷大量**.为叙述简便，我们用 $\lim f(x)$ 来表示在自变量各种变化过程中，函数的极限. 自变量的变化过程，包括 $x\to x_0$，$x\to x_0^+$，$x\to x_0^-$，$x\to\infty$，$x\to+\infty$，$x\to-\infty$，$n\to\infty$ 等.

2.3.1 无穷小

定义 2.3.1 如果在自变量的某个变化过程中 $\lim f(x)=0$，则称函数 $f(x)$ 为 x 在该变化过程中的**无穷小量**，简称**无穷小**.

对自变量不同变化过程下的无穷小，可给出极限形式的定义.

下面，以 $x\to x_0$ 时，$f(x)$ 为无穷小（即 $\lim\limits_{x\to x_0}f(x)=0$）为例：

如果对于任意的 $\varepsilon>0$，总存在 $\delta>0$，当 $0<|x-x_0|<\delta$ 时，有

$$|f(x)|<\varepsilon$$

恒成立，则称当 $x\to x_0$ 时，$f(x)$ 为无穷小.

注 (1) 一个变量$f(x)$是否为无穷小与其自变量的变化过程有关．如$f(x)=x^2-1$,当$x\to\pm1$时为无穷小;当x不趋于±1时则不是无穷小．

(2)如果$f(x)$等于一个非零常数，无论它的绝对值多么小，都不是无穷小．

例 2.3.1 自变量x在何变化过程中，下列变量$f(x)$为无穷小．

(1)$f(x)=\dfrac{x^2-1}{x-1}$;　(2)$x_n=\dfrac{1}{n+1}$;　(3)$f(x)=x^2+1$．

解 (1)当$x\to-1$时,$\dfrac{x^2-1}{x-1}$为无穷小;

(2)当$n\to\infty$时,$\dfrac{1}{n+1}$为无穷小;

(3)无论x趋于何值,$f(x)=x^2+1$都不是无穷小．

2.3.2 无穷大

定义 2.3.2 如果在自变量x的某个变化过程中对应的函数$f(x)$的绝对值无限增大(即$\lim f(x)=\infty$)，则称函数$f(x)$为x在该变化过程中的**无穷大量**，简称**无穷大**．

例 2.3.2 自变量在何变化过程中，下列变量为无穷大．

(1)$f(x)=\ln x$;　(2)$f(x)=e^{-x}$;　(3)$x_n=n^2+1$;　(4)$f(x)=\sin x$.

解 (1)当$x\to0^+$或$x\to+\infty$时$f(x)=\ln x$为无穷大;

(2)当$x\to-\infty$时e^{-x}为无穷大;

(3)当$n\to\infty$时n^2+1为无穷大;

(4)无论x趋于何值,$\sin x$都不是无穷大．

2.3.3 无穷小的性质

定理 2.3.1 有限个无穷小的代数和仍为无穷小．

定理 2.3.2 有界变量与无穷小的积仍为无穷小．

证明从略．

由上面定理容易得到下面的推论．

推论 2.3.1 常数与无穷小的乘积仍为无穷小．

推论 2.3.2 有极限的变量与无穷小的乘积仍为无穷小．

推论 2.3.3 无穷小与无穷小的乘积仍为无穷小．

定理 2.3.3 在自变量x的某个变化过程中,函数$f(x)$收敛于常数A(即$\lim f(x)=A$)的充分必要条件是$f(x)=A+\alpha(x)$,其中$\alpha(x)$是在该自变量变化过程中的无穷小量．

证明 下面仅证明$x\to x_0$时的情况．

必要性　设$\lim\limits_{x\to x_0}f(x)=A$,则对任意$\varepsilon>0$,存在$\delta>0$,使得当$0<|x-x_0|<\delta$时,有

$$|f(x)-A|<\varepsilon$$

令$\alpha(x)=f(x)-A$,$\alpha(x)$是无穷小(当$x\to x_0$),有$f(x)=A+\alpha(x)$,$f(x)$被表示为常数与无穷小之和.

充分性　设$f(x)=A+\alpha(x)$,其中A是常数,$\alpha(x)$是$x\to x_0$时的无穷小,故对任意$\varepsilon>0$,存在$\delta>0$,当$0<|x-x_0|<\delta$时,有

$$|\alpha(x)|<\varepsilon$$

即

$$|f(x)-A|=|\alpha(x)|<\varepsilon$$

所以

$$\lim_{x\to x_0}f(x)=A$$

无穷小与无穷大有下述关系:

定理2.3.4　在自变量x某个变化过程中,如果$f(x)$为无穷大,则$\dfrac{1}{f(x)}$为无穷小;如果$f(x)$为无穷小且$f(x)\neq 0$,则$\dfrac{1}{f(x)}$为无穷大.

例如,$x\to1$时,$\lim\limits_{x\to1}\dfrac{x-1}{x}=0$,$\dfrac{x-1}{x}$为无穷小;因此$x\to1$时,$\dfrac{x}{x-1}$为无穷大,即$\lim\limits_{x\to\infty}\dfrac{x}{x-1}=\infty$.

习题2.3

1. 下列变量在何种情况下为无穷小,又在什么情况下为无穷大?

(1)$\dfrac{1}{1-x}$;　　(2)$\dfrac{x-1}{x^2-1}$;

(3)$\ln(x-1)$.

2. 求下列极限:

(1)$\lim\limits_{x\to\infty}\dfrac{\sin x}{x}$;　　(2)$\lim\limits_{x\to2}\dfrac{x+1}{x^2-5x+6}$.

2.4　极限四则运算法则

定理2.4.1　在自变量x的同一变化过程中有,如果$\lim f(x)=A$,$\lim g(x)=B$,那么

(1) $\lim[f(x)\pm g(x)]=\lim f(x)\pm\lim g(x)=A\pm B$;

(2) $\lim[f(x)\cdot g(x)]=\lim f(x)\cdot\lim g(x)=A\cdot B$;

(3) 当 $B\neq0$ 时，则

$$\lim\frac{f(x)}{g(x)}=\frac{\lim f(x)}{\lim g(x)}=\frac{A}{B}$$

下面仅证明(1)，其他类似可证．

证明

因为 $\lim f(x)=A,\lim g(x)=B$，由定理 2.3.2 有

$$f(x)=A+\alpha(x),g(x)=B+\beta(x)$$

其中 $\alpha(x)$ 及 $\beta(x)$ 为无穷小．于是

$$\begin{aligned}f(x)\pm g(x)&=(A+\alpha(x))\pm(B+\beta(x))\\&=(A\pm B)+(\alpha(x)\pm\beta(x))\end{aligned}$$

即 $f(x)\pm g(x)$ 可表示为常数 $A\pm B$ 与无穷小 $(\alpha(x)\pm\beta(x))$ 之和，由定理 2.3.3，得

$$\lim[f(x)\pm g(x)]=A\pm B=\lim f(x)\pm\lim g(x)$$

定理 2.4.1 的结论(1)和(2)可以推广到有限个函数的代数和及乘积的极限情况．

例如，如果在自变量 x 的同一变化过程中，$\lim f(x)$，$\lim g(x)$，$\lim h(x)$，都存在，则有

$$\lim[f(x)\pm g(x)\pm h(x)]=\lim f(x)\pm\lim g(x)\pm\lim h(x);$$

$$\lim[f(x)\cdot g(x)\cdot h(x)]=\lim f(x)\cdot\lim g(x)\cdot\lim h(x)$$

推论 2.4.1 如果 $\lim f(x)$ 存在，而 C 为常数，则

$$\lim[Cf(x)]=C\lim f(x)$$

推论 2.4.2 如果 $\lim f(x)$ 存在，且 n 是正整数，则

$$\lim[f(x)]^n=[\lim f(x)]^n$$

例 2.4.1 求极限 $\lim\limits_{x\to1}(x^2-3x+6)$.

解 由极限的四则运算法则，有

$$\begin{aligned}\lim_{x\to1}(x^2-3x+6)&=\lim_{x\to1}x^2-\lim_{x\to1}(3x)+\lim_{x\to1}6\\&=\lim_{x\to1}x^2-3\lim_{x\to1}(x)+\lim_{x\to1}6=4\end{aligned}$$

例 2.4.2 求极限 $\lim\limits_{x\to2}\dfrac{x^2-1}{x+2}$.

解 因为

$$\lim_{x\to2}(x+2)=4\neq0,\lim_{x\to2}(x^2-1)=3$$

由极限的四则运算法则，有

$$\lim_{x\to2}\frac{x^2-1}{x+2}=\frac{\lim\limits_{x\to2}(x^2-1)}{\lim\limits_{x\to2}(x+2)}=\frac{3}{4}$$

例 2.4.3　求极限$\lim\limits_{x\to1}\frac{x^2-1}{x-1}$.

解　因为

$$\lim_{x\to1}(x-1)=0$$

极限$\lim\limits_{x\to1}\frac{x^2-1}{x-1}$不能直接应用商的极限运算法则．当 $x\to1$ 时，分子和分母都含有因式 $x-1$，约去这个因式得

$$\lim_{x\to1}\frac{x^2-1}{x-1}=\lim_{x\to1}\frac{(x-1)(x+1)}{x-1}=\lim_{x\to1}(x+1)=2$$

例 2.4.4　求极限$\lim\limits_{x\to1}\frac{\sqrt{3-x}-\sqrt{x+1}}{x-1}$.

解　将分子有理化，得

$$\begin{aligned}\lim_{x\to1}\frac{\sqrt{3-x}-\sqrt{x+1}}{x-1}&=\lim_{x\to1}\frac{(3-x)-(x+1)}{(x-1)(\sqrt{3-x}+\sqrt{x+1})}\\&=\lim_{x\to1}\frac{-2}{\sqrt{3-x}+\sqrt{x+1}}=-\frac{\sqrt{2}}{2}\end{aligned}$$

例 2.4.5　求极限$\lim\limits_{x\to\infty}\frac{x^2-x+1}{2x^2+3}$.

解　因为

$$\lim_{x\to\infty}(x^2-x+1)=\infty,\lim_{x\to\infty}(2x^2+2)=\infty,$$

极限$\lim\limits_{x\to\infty}\frac{x^2-x+1}{2x^2+3}$不能直接使用商的极限运算法则，从分子和分母约去 x 的最高次幂 x^2，有

$$\lim_{x\to\infty}\frac{x^2-x+1}{2x^2+3}=\lim_{x\to\infty}\frac{1-\frac{1}{x}+\frac{1}{x^2}}{2+\frac{3}{x^2}}=\frac{1}{2}$$

例 2.4.6　求极限$\lim\limits_{n\to\infty}\frac{n^3-3n+1}{n^3+n+2}$.

解　分子和分母约去 n^3，有

$$\lim_{n\to\infty}\frac{n^3-3n+1}{n^3+n+2}=\lim_{n\to\infty}\frac{1-\frac{3}{n^2}+\frac{1}{n^3}}{1+\frac{1}{n^2}+\frac{2}{n^3}}=1$$

例 2.4.7　求极限$\lim\limits_{x\to1}\left(\frac{1}{x-1}-\frac{3}{x^3-1}\right)$.

解　因为

$$\lim_{x\to1}\frac{1}{x-1}=\infty,\lim_{x\to1}\frac{3}{x^3-1}=\infty$$

极限和的运算法则不能直接应用. 将$\frac{1}{x-1}-\frac{3}{x^3-1}$通分得,

$$\begin{aligned}\lim_{x\to1}\left(\frac{1}{x-1}-\frac{3}{x^3-1}\right)&=\lim_{x\to1}\frac{x^2+x-2}{x^3-1}\\&=\lim_{x\to1}\frac{x^2-1+x-1}{x^3-1}\\&=\lim_{x\to1}\frac{(x-1)(x+2)}{(x-1)(x^2+x+1)}\\&=\lim_{x\to1}\frac{x+2}{x^2+x+1}=1\end{aligned}$$

例 2.4.8 求极限 $\lim_{n\to\infty}\left(\frac{1}{n^2}+\frac{2}{n^2}+\cdots+\frac{n}{n^2}\right)$.

解

$$\begin{aligned}\lim_{n\to\infty}\left(\frac{1}{n^2}+\frac{2}{n^2}+\cdots+\frac{n}{n^2}\right)&=\lim_{n\to\infty}\left(\frac{1+2+\cdots+n}{n^2}\right)\\&=\lim_{n\to\infty}\frac{\frac{n(n+1)}{2}}{n^2}\\&=\lim_{n\to\infty}\frac{1+\frac{1}{n}}{2}=\frac{1}{2}\end{aligned}$$

例 2.4.9 求极限$\lim_{x\to\infty}\frac{\sin x}{x}$.

解 当 $x\to\infty$ 时,$\frac{1}{x}$是无穷小,$\sin x$ 是有界的,所以$\frac{\sin x}{x}$是无穷小,即

$$\lim_{x\to\infty}\frac{\sin x}{x}=0$$

例 2.4.10 求极限$\lim_{x\to2}\frac{x}{x-2}$.

解 因为

$$\lim_{x\to2}\frac{x-2}{x}=0$$

所以,$\frac{x-2}{x}$是无穷小,则$\frac{x}{x-2}=\frac{1}{\frac{x-2}{x}}$是无穷大,于是

$$\lim_{x\to2}\frac{x}{x-2}=\infty$$

习题 2.4

1. 求下列极限：

(1) $\lim\limits_{n\to\infty}\dfrac{2^n+3^n}{2^{n+1}+3^{n+1}}$；　　(2) $\lim\limits_{n\to\infty}\dfrac{(\sqrt{n^2+1}+n)^2}{\sqrt[3]{n^6+1}}$；

(3) $\lim\limits_{n\to\infty}(\sqrt{n^2+1}-\sqrt{n^2-1})$；　　(4) $\lim\limits_{n\to\infty}\dfrac{1+\frac{1}{2}+\frac{1}{4}+\cdots+\frac{1}{2^n}}{1+\frac{1}{3}+\frac{1}{9}+\cdots+\frac{1}{3^n}}$；

(5) $\lim\limits_{n\to\infty}\left(\dfrac{1}{1\cdot 3}+\dfrac{1}{3\cdot 5}+\cdots+\dfrac{1}{(2n-1)(2n+1)}\right)$.

2. 求下列函数的极限：

(1) $\lim\limits_{x\to 0}\dfrac{4x^3-2x^2+x}{3x^2+x}$；　　(2) $\lim\limits_{x\to\infty}\dfrac{x^3+2}{x^3-x+1}$；

(3) $\lim\limits_{x\to 4}\dfrac{\sqrt{2x+1}-3}{\sqrt{x-2}-\sqrt{2}}$；　　(4) $\lim\limits_{x\to+\infty}(\sqrt{x^2+x}-x)$；

(5) $\lim\limits_{x\to 1}\dfrac{x}{1-x}$；　　(6) $\lim\limits_{x\to\infty}\dfrac{(2x-3)^{20}(3x+2)^{30}}{(2x+1)^{50}}$；

(7) $\lim\limits_{x\to 1}\dfrac{x^3-3x+2}{x^4-4x+3}$；　　(8) $\lim\limits_{\Delta x\to 0}\dfrac{\frac{1}{x+\Delta x}-\frac{1}{x}}{\Delta x}$.

3. 已知$\lim\limits_{x\to 2}\dfrac{x^2+ax+b}{x^2-x-2}=2$，求常数 a,b.

4. 已知 $\lim\limits_{x\to+\infty}(x-\sqrt{ax^2+bx+1})=1$，求常数 a,b.

5. 已知$\lim\limits_{x\to 1}\dfrac{f(x)}{x-1}=3$，求$\lim\limits_{x\to 1}f(x)$.

6. 设$\lim\limits_{x\to 1}f(x)$存在，且 $f(x)=x^2+2x\lim\limits_{x\to 1}f(x)$，求$\lim\limits_{x\to 1}f(x)$和 $f(x)$.

7. 简要回答下列问题：

(1)若数列$\{x_n\}$收敛，而数列$\{y_n\}$发散，那么数列$\{x_n\pm y_n\}$和数列$\{x_ny_n\}$是否收敛？

(2)若数列$\{x_n\}$，$\{y_n\}$均发散，那么数列$\{x_n\pm y_n\}$及数列$\{x_ny_n\}$是否发散？

2.5 极限存在准则及两个重要极限

2.5.1 极限存在准则

本节给出判定极限存在的两个准则，以及利用这两个准则得到的两个重要极限.

准则 I

定理2.5.1 如果数列$\{x_n\}$,$\{y_n\}$,$\{z_n\}$满足下列条件:

(1)$y_n\leqslant x_n\leqslant z_n\quad(n=1,2,3,\cdots)$,

(2)$\lim\limits_{n\to\infty}y_n=\lim\limits_{n\to\infty}z_n=a$

则数列$\{x_n\}$的极限存在,且$\lim\limits_{n\to\infty}x_n=a$.

证明 因为$\lim\limits_{n\to\infty}y_n=a$,根据数列极限的定义,对任意给定$\varepsilon>0$,存在正整数$N_1$,当$n>N_1$时,有

$$|y_n-a|<\varepsilon$$

又由$\lim\limits_{n\to\infty}z_n=a$,对上述$\varepsilon$,存在正整数$N_2$,当$n>N_2$时,有

$$|z_n-a|<\varepsilon$$

取$N=\max\{N_1,N_2\}$,则当$n>N$时,有

$$|y_n-a|<\varepsilon,\qquad|z_n-a|<\varepsilon$$

同时成立,即

$$a-\varepsilon<y_n<a+\varepsilon,\qquad a-\varepsilon<z_n<a+\varepsilon$$

同时成立.于是,当$n>N$时,有

$$a-\varepsilon<y_n\leqslant x_n\leqslant z_n<a+\varepsilon,$$

即

$$|x_n-a|<\varepsilon$$

成立.所以$\lim\limits_{n\to\infty}x_n=a$.

上述数列极限存在准则可以推广到函数的情况.

准则 I' 设函数$f(x)$,$g(x)$,$h(x)$满足

(1)当$x\in\mathring{U}(x_0,\delta)$ (或$|x|>M$)时,

$$g(x)\leqslant f(x)\leqslant h(x)$$

(2)$\lim\limits_{\substack{x\to x_0\\(x\to\infty)}}g(x)=\lim\limits_{\substack{x\to x_0\\(x\to\infty)}}h(x)=A$

则$\lim\limits_{\substack{x\to x_0\\(x\to\infty)}}f(x)$存在,且等于$A$,即$\lim\limits_{\substack{x\to x_0\\(x\to\infty)}}f(x)=A$

其证明与数列的情况完全类似.准则I及准则I'称为夹逼准则.

准则 II

定理2.5.2 单调有界数列必有极限.

这个定理的证明超出本书要求,在此从略.

例如,数列$x_n=\dfrac{n}{n+1}$是单调有界的,其极限存在.

2.5.2 两个重要极限

1. $\lim\limits_{x\to 0}\frac{\sin x}{x}=1$

下面应用准则 I' 推出这个重要的极限.

首先考虑 $0<x<\frac{\pi}{2}$,在图 2-4 的单位圆中,设圆心角 $\angle AOB=x(0<x<\frac{\pi}{2})$,点 A 处的切线与 OB 的延长线相交于 D,又 $BC\perp OA$,则

$$\sin x=CB,\tan x=AD.$$

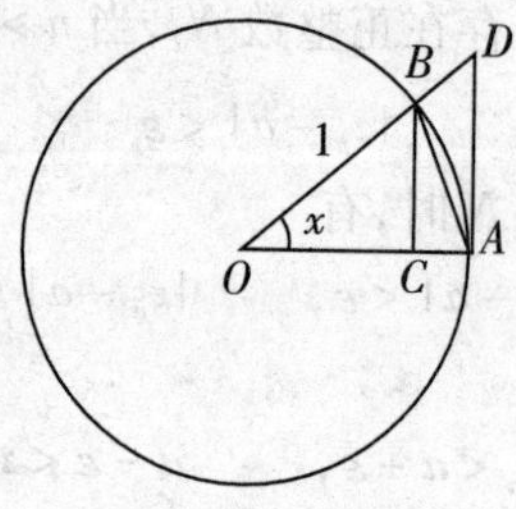

图 2-4

因为

$\triangle AOB$ 的面积 < 圆扇形 AOB 的面积 < $\triangle AOD$ 的面积

所以

$$\frac{1}{2}\sin x<\frac{1}{2}x<\frac{1}{2}\tan x$$

即

$$\sin x<x<\tan x$$

不等号各边都除以 $\sin x(\sin x>0)$,有

$$1<\frac{x}{\sin x}<\frac{1}{\cos x},$$

从而有

$$\cos x<\frac{\sin x}{x}<1$$

因为当 x 用 $-x$ 代替时,$\cos x$ 与 $\frac{\sin x}{x}$ 的值都不变,所以上面的不等式对于开区间 $(-\frac{\pi}{2},0)$ 内的一切 x 也是成立的. 由于 $\lim\limits_{x\to 0}1=1,\lim\limits_{x\to 0}\cos x=1$

由准则 I' 有,

$$\lim_{x\to 0}\frac{\sin x}{x}=1$$

例 2.5.1　求极限$\lim\limits_{x\to 0}\dfrac{\tan x}{x}$.

解

$$\lim_{x\to 0}\frac{\tan x}{x}=\lim_{x\to 0}\frac{\sin x}{x}\cdot\frac{1}{\cos x}=\lim_{x\to 0}\frac{\sin x}{x}\cdot\lim_{x\to 0}\frac{1}{\cos x}=1$$

例 2.5.2　求极限$\lim\limits_{x\to 0}\dfrac{1-\cos x}{x^2}$.

解

$$\lim_{x\to 0}\frac{1-\cos x}{x^2}=\lim_{x\to 0}\frac{2\sin^2\frac{x}{2}}{x^2}=\frac{1}{2}\lim_{x\to 0}\frac{\sin^2\frac{x}{2}}{(\frac{x}{2})^2}$$

$$=\frac{1}{2}\lim_{x\to 0}\left(\frac{\sin\frac{x}{2}}{\frac{x}{2}}\right)^2=\frac{1}{2}$$

例 2.5.3　求极限$\lim\limits_{x\to 0}\dfrac{\arcsin x}{x}$.

解　令 $t-\arcsin x$，则 $x=\sin t$，当 $x\to 0$ 时，$t\to 0$.

$$\lim_{x\to 0}\frac{\arcsin x}{x}=\lim_{t\to 0}\frac{t}{\sin t}=1$$

2. $\lim\limits_{x\to\infty}(1+\dfrac{1}{x})^x=e$

令 $x_n=(1+\dfrac{1}{n})^n$，我们证明数列$\{x_n\}$满足准则 II 的条件.

(1)证明数列$\{x_n\}$是单调增加的.

由牛顿二项公式，有

$$x_n=(1+\frac{1}{n})^n$$

$$=1+\frac{n}{1!}\cdot\frac{1}{n}+\frac{n(n-1)}{2!}\cdot\frac{1}{n^2}+\frac{n(n-1)(n-2)}{3!}\cdot\frac{1}{n^3}+\cdots$$

$$+\frac{n(n-1)\cdots(n-n+1)}{n!}\cdot\frac{1}{n^n}$$

$$=1+1+\frac{1}{2!}(1-\frac{1}{n})+\frac{1}{3!}(1-\frac{1}{n})(1-\frac{2}{n})+\cdots$$

$$+\frac{1}{n!}(1-\frac{1}{n})(1-\frac{2}{n})\cdots(1-\frac{n-1}{n})$$

类似地，有

$$x_{n+1}=(1+\frac{1}{n+1})^{n+1}$$

$$=1+1+\frac{1}{2!}(1-\frac{1}{n+1})+\frac{1}{3!}(1-\frac{1}{n+1})(1-\frac{2}{n+1})+\cdots$$

$$+\frac{1}{n!}(1-\frac{1}{n+1})(1-\frac{2}{n+1})\cdots(1-\frac{n-1}{n+1})$$

$$+\frac{1}{(n+1)!}(1-\frac{1}{n+1})(1-\frac{2}{n+1})\cdots(1-\frac{n}{n+1})$$

比较 x_n 与 x_{n+1} 中相同位置的项,可知它们的前两项相同,从第三项到第 $n+1$ 项, x_{n+1} 的每项都大于 x_n 中对应的项,且 x_{n+1} 还多了最后一个正项,因此

$$x_n < x_{n+1}$$

这就说明数列 $\{x_n\}$ 是单调增加的.

(2)证明数列 $\{x_n\}$ 是有界的.

显然, $x_n > 0$.

因为 $1-\frac{1}{n},1-\frac{2}{n},\cdots 1-\frac{n-1}{n}$ 都小于 1, 所以

$$\begin{aligned} x_n &= (1+\frac{1}{n})^n \\ &= 1+1+\frac{1}{2!}(1-\frac{1}{n})+\frac{1}{3!}(1-\frac{1}{n})(1-\frac{2}{n})+\cdots \\ &\quad +\frac{1}{n!}(1-\frac{1}{n})(1-\frac{2}{n})\cdots(1-\frac{n-1}{n}) \\ &< 1+1+\frac{1}{2!}+\frac{1}{3!}+\cdots+\frac{1}{n!} \\ &< 1+1+\frac{1}{2}+\frac{1}{2^2}+\cdots+\frac{1}{2^{n-1}} \\ &= 1+\frac{1-\frac{1}{2^n}}{1-\frac{1}{2}} = 3-\frac{1}{2^{n-1}} < 3 \end{aligned}$$

于是, $0 < x_n < 3$, 即数列 $\{x_n\}$ 有界. 根据准则 *II*,数列 $\{x_n\}$ 的极限存在.

应当指出, 根据准则 *II*, 我们只是定性的说明数列 $\{x_n\}$ 的极限存在,并未给出数列 $\{x_n\}$ 的极限值是哪个确定的数值. 由于推导超出本书范围,这里仅给出其结果. 数列 $\{x_n\}$ 的极限值是无理数 e.

综上所述,有

$$\lim_{n\to\infty}(1+\frac{1}{n})^n = e.$$

由这个结果及利用夹逼准则,我们可以证明(证明从略):

$$\lim_{x\to\infty}(1+\frac{1}{x})^x = e.$$

如果做变量替换,令 $t=\frac{1}{x}$,则当 $x\to\infty$ 时, $t\to 0$,于是有

$$\lim_{t\to 0}(1+t)^{\frac{1}{t}}=e$$

例 2.5.4　求极限$\lim\limits_{x\to\infty}(1+\dfrac{2}{x})^x$.

解　令 $t=\dfrac{2}{x}$,则当 $x\to\infty$ 时,$t\to 0$,因此

$$\lim_{x\to\infty}(1+\frac{2}{x})^x=\lim_{t\to 0}(1+t)^{\frac{2}{t}}=[\lim_{t\to 0}(1+t)^{\frac{1}{t}}]^2=e^2.$$

此题也可按下面的过程求解.

$$\lim_{x\to\infty}(1+\frac{2}{x})^x=\lim_{x\to\infty}(1+\frac{1}{\frac{x}{2}})^{\frac{x}{2}\cdot 2}=\left[\lim_{x\to\infty}(1+\frac{1}{\frac{x}{2}})^{\frac{x}{2}}\right]^2=e^2.$$

例 2.5.5　求极限$\lim\limits_{x\to\infty}(\dfrac{2x+1}{2x-3})^{3x-1}$.

解　令 $t=\dfrac{4}{2x-3}$

$$\begin{aligned}\lim_{x\to\infty}(\frac{2x+1}{2x-3})^{3x-1}&=\lim_{x\to\infty}(1+\frac{4}{2x-3})^{3x-1}\\&=\lim_{t\to 0}(1+t)^{\frac{6}{t}+\frac{7}{2}}\\&=\lim_{t\to 0}(1+t)^{\frac{6}{t}}(1+t)^{\frac{7}{2}}\\&=\lim_{t\to 0}[(1+t)^{\frac{1}{t}}]^6\lim_{t\to 0}(1+t)^{\frac{7}{2}}=e^6\end{aligned}$$

例 2.5.6　求极限$\lim\limits_{x\to 0}\sqrt[x]{1-5x}$.

解
$$\begin{aligned}\lim_{x\to 0}\sqrt[x]{1-5x}&=\lim_{x\to 0}(1-5x)^{\frac{1}{x}}\\&\overset{\text{令 }t=-5x}{=\!=\!=\!=}\lim_{t\to 0}(1+t)^{-\frac{5}{t}}=e^{-5}\end{aligned}$$

例 2.5.7　连续复利问题

设有一笔初始本金 A_0 存入银行,年利率为 r,则一年末结算时,其本利和为

$$A_1=A_0+rA_0=A_0(1+r)$$

如果一年分两期计息,每期利率为$\dfrac{1}{2}r$,且前一期的本利和作为后一期的本金,则一年末本利和为

$$A_2=A_0(1+\frac{r}{2})+A_0(1+\frac{r}{2})\frac{r}{2}=A_0(1+\frac{r}{2})^2$$

如果一年分 n 期计息,每期利率为$\dfrac{r}{n}$,且前一期的本利和作为后一期的本金,则一年末本利和为

$$A_n = A_0(1+\frac{r}{n})^n$$

于是到 t 年末共结算 nt 期(每期利率为$\frac{r}{n}$),其本利和为

$$A_n(t) = A_0(1+\frac{r}{n})^{nt}$$

令 $n\to\infty$,则表示利息随时计入本金. 这样,t 年末的本利和为

$$A(t) = \lim_{n\to\infty} A_n(t) = \lim_{n\to\infty} A_0(1+\frac{r}{n})^{nt}$$

$$= A_0 \lim_{n\to\infty}\left[(1+\frac{r}{n})^{\frac{n}{r}}\right]^{rt} = A_0 e^{rt}$$

这种将前一期利息计入本金再计算利息的方法称为复利;当一年内计息期数 $n\to\infty$ 时的复利称为连续复利.

一般地,设 A_0 为初始本金(称为现在值或现值),年利率为 r,按连续复利计算,t 年末的本利和记为 A_t(称为未来值或终值),则有如下结论:

(1)已知现值 A_0,求终值 A_t,有连续复利公式

$$A_t = A_0 e^{rt}$$

(2)已知终值 A_t,求现值 A_0,有贴现公式(这时利率称为贴现率)

$$A_0 = A_t e^{-rt}$$

习题 2.5

1. 求下列极限:

(1) $\lim\limits_{x\to 0}\dfrac{\tan 2x}{\sin 5x}$; (2) $\lim\limits_{x\to 0^+}\dfrac{x}{\sqrt{1-\cos x}}$;

(3) $\lim\limits_{x\to 0}\dfrac{2\arcsin x}{3x}$; (4) $\lim\limits_{n\to\infty} 2^n \sin\dfrac{x}{2^n}\quad(x\neq 0)$;

(5) $\lim\limits_{x\to 0}\dfrac{x^2}{\sin^2\dfrac{x}{3}}$.

2. 求下列极限:

(1) $\lim\limits_{n\to\infty}(1+\dfrac{1}{n})^{n+5}$; (2) $\lim\limits_{x\to\infty}(\dfrac{x}{1+x})^x$;

(3) $\lim\limits_{x\to\infty}(\dfrac{2x-1}{2x+3})^x$; (4) $\lim\limits_{x\to 0}(\dfrac{2-x}{2})^{\frac{2}{x}}$;

(5) $\lim\limits_{x\to 0}(1+2\sin x)^{\frac{1}{x}}$; (6) $\lim\limits_{x\to\frac{\pi}{2}}(1+\cos x)^{3\sec x}$.

3. 设 $\lim\limits_{x\to\infty}(\dfrac{x+1001}{x-5})^{2x} = e^c$,求 c.

2.6 无穷小的比较

2.6.1 无穷小的比较

定义 2.6.1 设在自变量的同一变化过程中，α,β 是无穷小.

(1)如果 $\lim\frac{\beta}{\alpha}=0$，则称 β 是 α 的**高阶无穷小**，记做 $\beta=o(\alpha)$；

(2)如果 $\lim\frac{\beta}{\alpha}=\infty$，则称 β 是 α 的**低阶无穷小**；

(3)如果 $\lim\frac{\beta}{\alpha}=c\neq0$，则称 β 与 α 是**同阶无穷小**；

特别，当 $c=1$ 时，即 $\lim\frac{\beta}{\alpha}=1$，则称 β 是 α 的**等价无穷小**，记做 $\alpha\sim\beta$；

(4)如果 $\lim\frac{\beta}{\alpha^k}=c\neq0,k>0$，则称 β 是 α 的 k **阶无穷小**.

例 2.6.1 因为

$$\lim_{x\to0}\frac{\sin x}{x}=1,\lim_{x\to0}\frac{\tan x}{x}=1$$

所以，当 $x\to0$ 时，$\sin x,\tan x$ 都是 x 的等价无穷小，即 $\sin x\sim x,\tan x\sim x$.

例 2.6.2 因为

$$\lim_{x\to0}\frac{1-\cos x}{x^2}=\frac{1}{2}$$

所以，当 $x\to0$ 时，$1-\cos x$ 与 x^2 是同阶无穷小(或 $1-\cos x$ 是 x 的 2 阶无穷小).

例 2.6.3 因为

$$\lim_{x\to0}\frac{\ln(1+x)}{x}=\lim_{x\to0}\ln(1+x)^{\frac{1}{x}}=\ln e=1$$

所以，当时，$x\to0$ 时，$\ln(1+x)\sim x$.

又

$$\lim_{x\to0}\frac{e^x-1}{x}\xlongequal{令 t=e^x-1}\lim_{t\to0}\frac{t}{\ln(1+t)}=\lim_{t\to0}\frac{1}{\ln(1+t)^{\frac{1}{t}}}=1$$

所以，$x\to0$ 时，$e^x-1\sim x$.

2.6.2 等价无穷小代换原理

关于等价无穷小，有下面两个定理.

定理 2.6.1 β 与 α 是等价无穷小的充分必要条件为

$$\beta=\alpha+o(\alpha)$$

证明 必要性 设 $\alpha \sim \beta$,则

$$\lim \frac{\beta-\alpha}{\alpha}=\lim\left(\frac{\beta}{\alpha}-1\right)=\lim \frac{\beta}{\alpha}-1=0$$

因此 $\beta-\alpha=o(\alpha)$,即 $\beta=\alpha+o(\alpha)$.

充分性 设 $\beta=\alpha+o(\alpha)$,则

$$\lim \frac{\beta}{\alpha}=\lim \frac{\alpha+o(\alpha)}{\alpha}=\lim\left(1+\frac{o(\alpha)}{\alpha}\right)=1$$

因此,$\alpha \sim \beta$.

定理 2.6.2(等价无穷小代换原理) 如果在自变量的同一变化过程中,α,β,α',β',都是无穷小,且 $\alpha \sim \alpha'$,$\beta \sim \beta'$,$\lim \frac{\beta'}{\alpha'}$,存在,则有

$$\lim \frac{\beta}{\alpha}=\lim \frac{\beta'}{\alpha'}$$

证明 根据极限运算法则

$$\begin{aligned}\lim \frac{\beta}{\alpha} &= \lim \frac{\beta}{\beta'}\frac{\beta'}{\alpha'}\frac{\alpha'}{\alpha} \\ &= \lim \frac{\beta}{\beta'} \lim \frac{\beta'}{\alpha'} \lim \frac{\alpha'}{\alpha} \\ &= \lim \frac{\beta'}{\alpha'}\end{aligned}$$

例 2.6.4 求极限 $\lim\limits_{x \to 0} \frac{\sin 5x}{\tan 3x}$.

解 因为 当 $x \to 0$ 时,$\sin 5x \sim 5x$,$\tan 3x \sim 3x$,所以

$$\lim_{x \to 0} \frac{\sin 5x}{\tan 3x}=\lim_{x \to 0} \frac{5x}{3x}=\frac{5}{3}$$

例 2.6.5 求极限 $\lim\limits_{x \to 0} \frac{\cos x-1}{e^x-1}$.

解 因为 当 $x \to 0$ 时,$1-\cos x \sim \frac{x^2}{2}$,$e^x-1 \sim x$,

所以

$$\lim_{x \to 0} \frac{\cos x-1}{e^x-1}=\lim_{x \to 0} \frac{-\frac{x^2}{2}}{x}=\lim_{x \to 0}\left(-\frac{x}{2}\right)=0$$

常用的等价无穷小有:

当 $x \to 0$ 时,

$\sin x \sim x$;　　$\tan x \sim x$;　　$\arcsin x \sim x$

$\arctan x \sim x$　　$\ln(1+x) \sim x$;　　$e^x-1 \sim x$;

$1-\cos x \sim \frac{x^2}{2}$;　　$(1+x)^a-1 \sim ax\ (a \neq 0)$.

例 2.6.6 求极限$\lim\limits_{x\to 0}\dfrac{\cos\dfrac{x}{2}-1}{e^{x^2}-1}$.

解 运用等价无穷小代换,有

$$\lim_{x\to 0}\frac{\cos\dfrac{x}{2}-1}{e^{x^2}-1}=\lim_{x\to 0}\frac{-\dfrac{\left(\dfrac{x}{2}\right)^2}{2}}{x^2}=\lim_{x\to 0}\left(-\frac{1}{8}\frac{x^2}{x^2}\right)=-\frac{1}{8}$$

习题 2.6

1. 当$x\to 1$时,两个无穷小$\dfrac{1-x}{1+x}$和$1-\sqrt{x}$中哪个是高阶的?

2. 当$x\to 1$时,无穷小$1-x$和下列无穷小是否同阶,是否等价:

(1)$1-\sqrt[3]{x}$,　　(2)$2(1-\sqrt{x})$.

3. 利用等价无穷小代换原理求下列极限:

(1)$\lim\limits_{x\to 0}\dfrac{\arctan 3x}{\sin 2x}$;　　(2)$\lim\limits_{x\to 0}\dfrac{\sin x^m}{(\sin x)^n}$($m,n$ 正数);

(3)$\lim\limits_{x\to 0}\dfrac{e^{x^2}-1}{1-\cos x}$;　　(4)$\lim\limits_{x\to 0}\dfrac{e^x-1}{x^2+3x}$;

(5)$\lim\limits_{x\to 1}\dfrac{\arcsin(x-1)^2}{(x-1)\ln(2x-1)}$;　　(6)$\lim\limits_{x\to 0}\dfrac{\tan x-\sin x}{\ln(1+x^3)}$;

(7)$\lim\limits_{x\to 0}\dfrac{2x}{\sqrt{1+x+x^2}-1}$.

4. 当$x\to 0$时,变量$(1+kx^2)^{\frac{1}{2}}-1$与变量$\cos x-1$为等价无穷小,求常数k的值.

2.7 连续函数

2.7.1 连续函数的概念

下面我们首先引入变量的增量的概念,然后给出函数连续的定义.

定义 2.7.1 设变量x从它的一个初值x_0变到终值x,终值与初值的差$x-x_0$,称为变量x在x_0处的增量(或改变量),记做Δx,即

$$\Delta x=x-x_0$$

如果函数$y=f(x)$在点x_0的某一个邻域内有定义,当$x+\Delta x$属于这邻域内时,函数y相应地从$f(x_0)$变到$f(x_0+\Delta x)$,称

$$\Delta y=f(x_0+\Delta x)-f(x_0)$$

为函数对应的增量.

定义 2.7.2 设函数 $y=f(x)$ 在点 x_0 的某一邻域内有定义,如果

$$\lim_{\Delta x\to 0}\Delta y=\lim_{\Delta x\to 0}[f(x_0+\Delta x)-f(x_0)]=0$$

则称函数 $y=f(x)$ 在点 x_0 处**连续**.

由于 $x=x_0+\Delta x$,当 $\Delta x\to 0$ 时,有 $x\to x_0$;故定义 2.7.2 有如下的等价形式:

设函数 $y=f(x)$ 在点 x_0 的某一邻域内有定义,如果

$$\lim_{x\to x_0}f(x)=f(x_0)$$

则称函数 $y=f(x)$ 在点 x_0 处**连续**.

例如, $f(x)=x^2$,对任意点 $x_0\in(-\infty,+\infty)$;根据极限运算法则,

$$\lim_{x\to x_0}f(x)=\lim_{x\to x_0}x^2=[\lim_{x\to x_0}x]^2=x_0^2=f(x_0)$$

所以, $f(x)=x^2$ 在任意点 x_0 处**连续**.

由函数的左极限和右极限我们引出函数的左连续和右连续的概念:如果

$$\lim_{x\to x_0^-}f(x)=f(x_0)$$

则称 $f(x)$ 在点 x_0 处**左连续**;如果

$$\lim_{x\to x_0^+}f(x)=f(x_0)$$

则称 $f(x)$ 在点 x_0 处**右连续**.

我们知道, $\lim\limits_{x\to x_0}f(x)$ 存在的充要条件是

$$\lim_{x\to x_0^-}f(x)=\lim_{x\to x_0^+}f(x)$$

故有

定理 2.7.1 函数 $f(x)$ 在 x_0 点处连续的充要条件是 $f(x)$ 在点 x_0 处左连续且右连续.

例 2.7.1 讨论函数

$$f(x)=\begin{cases}x-1, & x<0\\ x+1, & 0\leqslant x\leqslant 1\\ 2x, & 1<x\end{cases}$$

在点 $x=0$, $x=1$ 处是否连续.

解 因为在点 $x=0$ 处,

$$\lim_{x\to 0^-}f(x)=\lim_{x\to 0^-}(x-1)=-1\neq f(0)=1$$

所以 $f(x)$ 在点 $x=0$ 处不连续.

因为在点 $x=1$ 处,

$$\lim_{x\to 1^-}f(x)=\lim_{x\to 1^-}(x+1)=2=f(1)$$

即 $f(x)$ 在点 $x=1$ 处是左连续的.

又

$$\lim_{x\to1^+}f(x)=\lim_{x\to1^+}2x=2=f(1)$$

即 $f(x)$ 在点 $x=1$ 处是右连续的，所以 $f(x)$ 在点 $x=1$ 处连续.

如果函数 $f(x)$ 在开区间 (a,b) 内每一点都连续，则称 $f(x)$ 在开区间 (a,b) 内连续；如果函数 $f(x)$ 在开区间 (a,b) 内连续，在左端点右连续，在右端点左连续，则称 $f(x)$ 在闭区间 $[a,b]$ 上连续. 如果函数在区间 I 上连续，则称函数是 I 上的**连续函数**. 连续函数的图形是一条点点相连无断点的曲线.

可以证明，**基本初等函数在其定义域内都是连续的**，例如，$y=\sin x$，$y=e^x$，在其定义域内都是连续函数.

2.7.2 函数的间断点

设函数 $f(x)$ 在点 x_0 的某去心邻域内有定义. 当下列条件之一成立时，

(1) 在点 x_0 处 $f(x)$ 没有定义；

(2) $f(x)$ 在点 x_0 处有定义，但 $\lim\limits_{x\to x_0}f(x)$ 不存在；

(3) $f(x)$ 在点 x_0 处有定义，且 $\lim\limits_{x\to x_0}f(x)$ 存在，但 $\lim\limits_{x\to x_0}f(x)\neq f(x_0)$.

则函数 $f(x)$ 在点 x_0 处不连续，称点 x_0 为函数 $f(x)$ 的不连续点或**间断点**.

例 2.7.2 函数 $y=\dfrac{1}{x}$ 在 $x=0$ 处没有定义，所以，点 $x=0$ 为函数 $y=\dfrac{1}{x}$ 的间断点. 又

$$\lim_{x\to0}\frac{1}{x}=\infty$$

称点 $x=0$ 为函数 $y=\dfrac{1}{x}$ 的**无穷间断点**.

例 2.7.3 函数 $f(x)=\begin{cases}\sin\dfrac{1}{x}, & x\neq0\\ 0, & x=0\end{cases}$ 在点 $x=0$ 处有定义，但极限 $\lim\limits_{x\to0}f(x)$ 不存在. 于是，点 $x=0$ 是函数 $f(x)$ 的间断点. 当 $x\to0$ 时，$f(x)$ 的函数值在 -1 与 $+1$ 之间来回振荡（如图 2－5），所以，称点 $x=0$ 为函数 $f(x)$ 的**振荡间断点**.

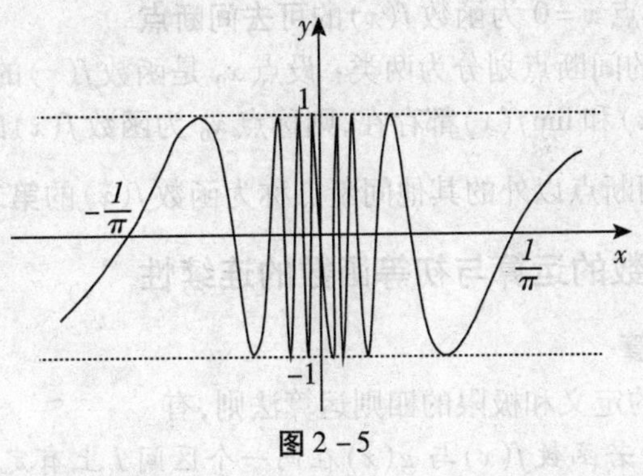

图 2－5

例 2.7.4　函数 $y=\begin{cases}x-1, & x<0\\0, & x=0\\x+1, & x>0\end{cases}$ 在点 $x=0$ 处有定义，但

$$\lim_{x\to0^-}f(x)=\lim_{x\to0^-}(x-1)=-1\neq f(0)=0$$

$$\lim_{x\to0^+}f(x)=\lim_{x\to0^+}(x+1)=1\neq f(0)=0$$

所以，点 $x=0$ 是函数 $f(x)$ 间断点．称这类间断点为**跳跃间断点**．如图2－6.

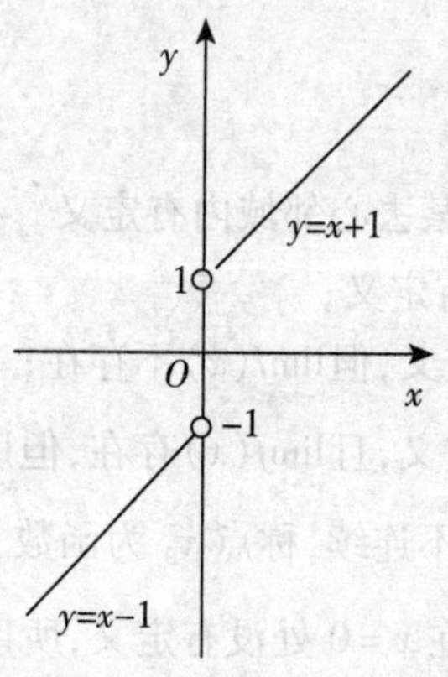

图 2－6

例 2.7.5　函数 $f(x)=\dfrac{\sin x}{x}$ 在点 $x=0$ 没有定义，所以，点 $x=0$ 是函数 $f(x)$ 间断点．由于

$$\lim_{x\to0}\frac{\sin x}{x}=1$$

如果补充定义：令 $x=0$ 时 $y=1$，则得函数

$$g(x)=\begin{cases}f(x), & x\neq0\\1, & x=0\end{cases}$$

在 $x=0$ 连续．称点 $x=0$ 为函数 $f(x)$ 的**可去间断点**．

通常把函数的间断点划分为两类：设点 x_0 是函数 $f(x)$ 的间断点．

(1) 若 $\lim\limits_{x\to x_0^-}f(x)$ 和 $\lim\limits_{x\to x_0^+}f(x)$ 都存在，则称点 x_0 为函数 $f(x)$ 的**第一类间断点**．

(2) 第一类间断点以外的其他间断点称为函数 $f(x)$ 的**第二类间断点**．

2.7.3　连续函数的运算与初等函数的连续性

1. 连续函数的运算

由连续函数的定义和极限的四则运算法则，有

定理 2.7.2　若函数 $f(x)$ 与 $g(x)$ 在同一个区间 I 上有定义且均在点 $x_0\in I$

处连续，则函数

$$f(x)\pm g(x),\ f(x)g(x),\ \frac{f(x)}{g(x)}\ (g(x_0)\neq 0)$$

在 x_0 处也连续.

下面的两个定理由于证明较为复杂，因此只给出其结论.

定理 2.7.3 设函数 $y=f[g(x)]$ 由函数 $y=f(u)$ 与函数 $u=g(x)$ 复合而成，并且函数 $u=g(x)$ 的值域属于函数 $y=f(u)$ 的定义域，即 $R_g\subseteq D_f$. 若函数 $u=g(x)$ 在 $x=x_0$ 处连续且 $y=f(u)$ 在对应的点 $u_0=g(x_0)$ 处连续，则复合函数 $y=f[g(x)]$ 在 $x=x_0$ 处也连续.

例如，$y=\cos u$，$u=x^2$ 是连续函数，故复合函数 $y=\cos x^2$ 也是连续函数.

定理 2.7.4 如果函数 $y=f(x)$ 在其定义区间 D_f 是连续且单调增加(或减少)，则它的反函数 $y=f^{-1}(x)$ 在 R_f 上也连续且单调增加(或减少).

例如函数 $y=\sin x$ 在闭区间 $[-\frac{\pi}{2},\frac{\pi}{2}]$ 上是连续的单增函数，其反函数 $y=\arcsin x\ (-\frac{\pi}{2}\leqslant y\leqslant\frac{\pi}{2})$ 也是连续函数单增函数.

2. **初等函数的连续性**

因为基本初等函数在其定义域内是连续的. 由连续函数的四则、复合的运算法则以及初等函数的定义，得到一个重要的结论：

一切初等函数在其定义区间内都是连续的. 所谓定义区间，是指包含在定义域内的区间.

例如，$y=\ln(x+\sqrt{1+x^2})$，$y=e^{\arcsin(x-1)}$，$y=\dfrac{x}{(x-1)(x-2)}$

在其定义区间内都是连续函数.

例 2.7.6 讨论函数

$$f(x)=\begin{cases} e^{\frac{1}{x-2}}, & x<2 \\ \sin\dfrac{\pi}{x}, & x\geqslant 2 \end{cases}$$

在其定义域内的连续性.

解 函数 $f(x)$ 的定义域为 $(-\infty,+\infty)$，因为

当 $x<2$ 时，$f(x)=e^{\frac{1}{x-2}}$，为初等函数，所以 $x<2$ 时，$f(x)$ 是连续的；同理，当 $x\geqslant 2$ 时，$f(x)$ 也是连续的；

当 $x=2$ 时，

$$\lim_{x\to 2^-}f(x)=\lim_{x\to 2^-}e^{\frac{1}{x-2}}=0$$

$$\lim_{x\to 2^+}f(x)=\lim_{x\to 2^+}\sin\frac{\pi}{x}=1$$

所以,在 $x=2$ 时 $f(x)$ 不连续.

于是,$f(x)$ 的连续区间为 $(-\infty,2)\cup[2,+\infty)$.

根据函数 $f(x)$ 连续的定义,如果已知 $f(x)$ 在点 x_0 处连续,则当 $x\to x_0$ 时求 $f(x)$ 的极限,只要求出 $f(x)$ 在点 x_0 的函数值即可. 因此,由初等函数连续性的结论给我们提供了求极限的一个方法,这就是:如果 $f(x)$ 是初等函数,且 x_0 是 $f(x)$ 的定义区间内的点,则

$$\lim_{x\to x_0}f(x)=f(x_0).$$

例 2.7.7 求极限 $\lim\limits_{x\to 1}\dfrac{x+e^x}{\arctan x}$.

解 因为 $f(x)=\dfrac{x+e^x}{\arctan x}$ 是初等函数,在点 $x=1$ 处有定义,于是

$$\lim_{x\to 1}\frac{x+e^x}{\arctan x}=f(1)=\frac{1+e^1}{\arctan 1}=\frac{4}{\pi}(1+e).$$

习题 2.7

1. 讨论下列函数在 $x=0$ 处的连续性:

(1) $f(x)=\begin{cases}\dfrac{|\sin x|}{x}, & x\neq 0\\ 1, & x=0\end{cases}$; (2) $f(x)=\begin{cases}(1+x)^{\frac{1}{x}}, & x\neq 0\\ a, & x=0\end{cases}$;

(3) $f(x)=\begin{cases}e^x, & x<0\\ x^2, & x\geqslant 0\end{cases}$; (4) $f(x)=\begin{cases}e^{\frac{1}{x}}+1, & x<0\\ 1, & x=0\\ 1+x\sin\dfrac{1}{x}, & x>0\end{cases}$;

(5) $f(x)=\begin{cases}\dfrac{1}{x}e^x, & x\neq 0\\ 0, & x=0\end{cases}$.

2. 讨论下列函数的连续性,如有间断点,指出间断点的类型:

(1) $f(x)=\dfrac{1}{\ln(2x-1)}$; (2) $f(x)=\begin{cases}\dfrac{1}{x}, & x\leqslant -1\\ 2+x, & -1<x\leqslant 0\\ x\sin\dfrac{1}{x}, & 0<x<2\end{cases}$;

(3) $f(x)=\begin{cases}\ln(1+x), & -1<x\leqslant 0\\ e^{\frac{1}{x-1}}, & x>0\end{cases}$.

3. 设$f(x)=\begin{cases}ax^2+b, & 0<x<1\\ 2, & x=1\\ \ln(bx+1), & 1<x\leqslant 3\end{cases}$，$a,b$为何值时，$f(x)$在$x=1$处连续.

4. 求函数$f(x)=\dfrac{x^3+3x^2-x-3}{x^2+x-6}$的连续区间，并求

$$\lim_{x\to 0}f(x),\lim_{x\to -3}f(x),\lim_{x\to 2}f(x).$$

5. 讨论下列函数的连续性：

(1)$f(x)=\lim\limits_{n\to\infty}\dfrac{1}{1+x^n}(x\geqslant 0)$；　　(2)$f(x)=\lim\limits_{n\to\infty}\dfrac{1-x^{2n}}{1+x^{2n}}x$.

6. 求下列极限：

(1)$\lim\limits_{x\to\infty}\cos\left[\ln\left(1+\dfrac{2x-1}{x}\right)\right]$；　　(2)$\lim\limits_{x\to 0}e^{\frac{\sin x}{x}}$；

(3)$\lim\limits_{x\to 0}\arctan\left(\dfrac{e^x-1}{x}\right)$.

2.8　闭区间上连续函数的性质

闭区间上的连续函数有很多重要的性质，但这些性质的证明已超出本书范围. 在此，只给出结论.

定理 2.8.1　(有界性) 如果函数$f(x)$在闭区间$[a,b]$上连续，则$f(x)$在$[a,b]$上有界，即存在常数$M>0$，使得对任何$x\in[a,b]$，都有$|f(x)|\leqslant M$.

定义 2.8.1　若$f(x)$在区间I上有定义：

如果$x_1\in I$使得对一切$x\in I$有

$$f(x_1)\geqslant f(x)$$

则称$f(x_1)$为函数$f(x)$在区间I上的最大值，称点x_1为最大值点；

如果$x_2\in I$使得对一切$x\in I$有

$$f(x_2)\leqslant f(x)$$

则称$f(x_2)$为函数$f(x)$在区间I上的最小值，称点x_2为最小值点.

最大值、最小值统称为最值，最大值点、最小值点统称为最值点.

定理 2.8.2(最大值最小值定理)　如果函数$f(x)$在闭区间$[a,b]$上连续，则$f(x)$在$[a,b]$上必能取得它的最大值和最小值. 即在$[a,b]$上至少存在两点ξ_1和ξ_2，使得对任意$x\in[a,b]$，恒有

$$f(\xi_1)\leqslant f(x)\leqslant f(\xi_2)$$

这个定理的几何意义如图 2-7 所示.

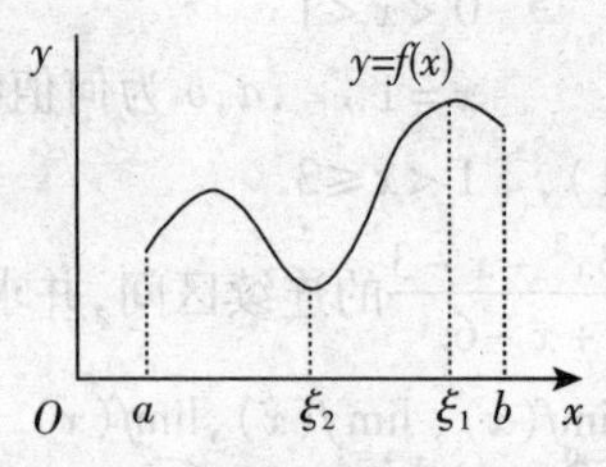

图 2-7

定理 2.8.3（零点定理） 设函数 $f(x)$ 在闭区间 $[a,b]$ 上连续，且 $f(a)$ 与 $f(b)$ 异号（即 $f(a)f(b)<0$），则至少存在一点 $\xi\in(a,b)$，使得

$$f(\xi)=0$$

零点定理也称根的存在定理.

定理 2.8.4（介值定理） 设函数 $f(x)$ 在闭区间 $[a,b]$ 上连续，$f(x)$ 在 $[a,b]$ 上的最小值和最大值分别记为 m,M（其中 $m<M$），则对于 m 与 M 间的任意一个数 $C(m<C<M)$，至少存在一点 $\xi\in(a,b)$，使得

$$f(\xi)=C$$

证明 由最大值最小值定理可知，在 $[a,b]$ 上存在两点 ξ_1 和 ξ_2，使得

$$f(\xi_1)=m,f(\xi_2)=M$$

令

$$F(x)=f(x)-C$$

于是

$$F(\xi_1)<0,F(\xi_2)>0$$

由零点定理得，至少存在一点 $\xi\in(a,b)$，使得

$$F(\xi)=f(\xi)-C=0$$

即有

$$f(\xi)=C.$$

定理的几何意义如图 2-8 所示.

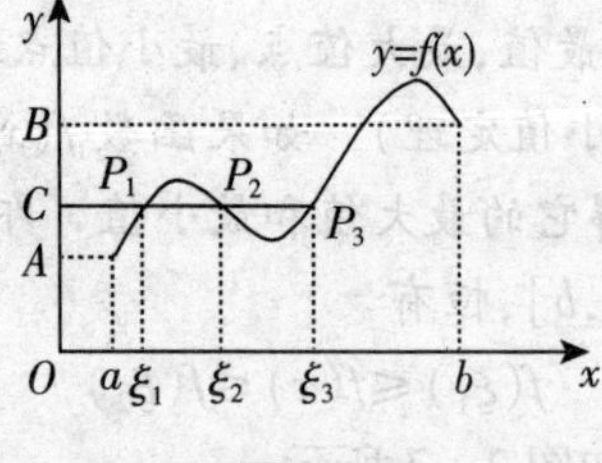

图 2-8

推论 在闭区间上连续的函数必取得介于最大值 M 与最小值 m 之间的任

意数.

例 2.8.1 证明方程 $x2^x-1=0$ 在开区间(0,1)内至少有一个实根.

证明 函数 $f(x)=x2^x-1$ 在闭区间[0,1]上连续,又 $f(0)=-1<0$, $f(1)=1>0$. 根据零点定理,在开区间(0,1)内至少有一点 ξ,使得 $f(\xi)=0$,即

$$\xi 2^{\xi}-1=0$$

这等式说明方程 $x2^x-1=0$ 在开区间(0,1)内至少有一个实根 ξ.

习题 2.8

1. 证明:方程 $x^3-4x+1=0$ 在区间(0,1)内至少有一个实根.

2. 证明:方程 $2^x-4x=0$ 在区间 $(0,\frac{1}{2})$ 内至少有一个实根.

3. 设函数 $f(x)$ 在闭区间 $[a,b]$ 上连续,且 $f(a)<a$, $f(b)>b$,证明:至少有一 $\xi\in(a,b)$,使 $f(\xi)=\xi$.

4. 设函数 $f(x)$ 在闭区间 $[0,2a]$ 上连续,且 $f(0)=f(2a)$,证明:在 $[0,a]$ 至少存在一点 ξ,使 $f(\xi)=f(\xi+a)$.

5. 设函数 $f(x)$ 在闭区间 $[a,b]$ 上连续, $x_1,x_2,\cdots,x_n$ 是 (a,b) 内的 $n(n\geqslant 3)$ 个不同的点,证明在开区间 (a,b) 内至少有一点 ξ,使得

$$f(\xi)=\frac{f(x_1)+f(x_2)+\cdots+f(x_n)}{n}.$$

总习题 2

1. 填空题:

(1) $\lim\limits_{x\to 1}\frac{x^2+2x-a}{x^2-1}=2$,则 $a=$________.

(2) 设 $f(x)=\begin{cases}e^x & x\leqslant 0\\ ax+b & x>0\end{cases}$,若 $\lim\limits_{x\to 0}f(x)$ 存在,则 $a=$________, $b=$________.

(3) 已知 $\lim\limits_{n\to\infty}(1+\frac{c}{n})^{2n}=e^{-1}$,则 $c=$________.

(4) 设 $f(x)=\frac{\sqrt{x+2}}{(x+1)(x+4)}$,则 $f(x)$ 的间断点为________.

(5) 设 $f(x)=\frac{\sqrt{x+1}-1}{x}$,如果在 $x=0$ 处补充定义值为________,可使其在 $x=0$ 处连续.

2. 选择题：

(1)下列极限正确的是(　　).

(A) $\lim\limits_{x\to 0}(1+\frac{1}{x})^{x}=e$　　(B) $\lim\limits_{x\to\infty}\frac{\sin x}{x}=1$

(C) $\lim\limits_{x\to 0^{-}}e^{\frac{1}{x}}=0$　　(D) $\lim\limits_{x\to 0}x\sin\frac{1}{x}=1$

(2)若 $\lim\limits_{x\to a}f(x)=\infty$，$\lim\limits_{x\to a}g(x)=\infty$，则必有(　　).

(A) $\lim\limits_{x\to a}[f(x)+g(x)]=\infty$　　(B) $\lim\limits_{x\to a}[f(x)-g(x)]=\infty$

(C) $\lim\limits_{x\to a}\frac{1}{f(x)+g(x)}=0$　　(D) $\lim\limits_{x\to a}kf(x)=\infty\ (k\neq 0)$

(3)当 $x\to 0$ 时，与 x^2 等价无穷小的是(　　).

(A) $x^2\sin\frac{1}{x}$　　(B) $1-\cos x$

(C) $x\ln(1+x)$　　(D) $\sin 2x$

(4)设 $\{x_n\}$ 为无界数列，则下述结论正确的是(　　).

(A)若 $\{y_n\}$ 为有界数列，则数列 $\{x_ny_n\}$ 必无界

(B)若 $\{y_n\}$ 为有界数列，则数列 $\{x_n+y_n\}$ 必无界

(C)若 $\{y_n\}$ 为无界数列，则数列 $\{x_ny_n\}$ 必无界

(D)若 $\{y_n\}$ 为无界数列，则数列 $\{x_n+y_n\}$ 必无界

(5)设对任意 x，总有 $\varphi(x)\leqslant f(x)\leqslant g(x)$，且 $\lim\limits_{x\to\infty}[g(x)-\varphi(x)]=0$，则 $\lim\limits_{x\to\infty}f(x)$(　　).

(A)存在且等于0　　(B)存在但不一定等于0

(C)一定存在　　(D)不一定存在

3. 设函数 $f(x)=\begin{cases}\frac{\sin ax}{\sqrt{1-\cos x}}, & x<0\\ b, & x=0\\ \frac{1}{x}[\ln x-\ln(x^2+x)], & x>0\end{cases}$，问 a,b 为何值时，$f(x)$ 在 $x=0$ 处连续.

4. 已知 $\lim\limits_{x\to\infty}(\frac{x+a}{x-a})^{x}=4$，求常数 a.

5. 设本金为 p 元，年利率为 r，若一年分 n 期，存期 t 年，若以复利方式结算，则本金与利息之和是多少？现某人将 $p=1000$ 元存入某银行，年利率为 $r=0.06$，$t=2$. 请按季度、月、日及连续复利等结算方式计算本利和.

6. 设函数 $f(x)$ 在 $(-\infty,+\infty)$ 内有定义，且在 $x=0$ 处连续，对任意的 x_1 和 x_2，有 $f(x_1+x_2)=f(x_1)+f(x_2)$，证明：$f(x)$ 在 $(+\infty,-\infty)$ 内连续.

7. 设函数 $f(x)$ 在 $(a,b]$ 内连续，且 $\lim\limits_{x \to a^+} f(x)$ 存在，证明：$f(x)$ 在 $(a,b]$ 内有界.

8. 证明：方程 $x = a\sin x + b$（其中 $a > 0, b > 0$）至少有一正根，并且不超过 $a + b$.

第3章 导数与微分

微积分研究的对象是函数,关注的是变动的量,而不是静止的量,微积分最基本的分析工具是极限,但这一工具用起来非常烦琐不方便, 因此有必要对这一工具进行提炼与加工. 在微积分中,提炼与加工涉及到两个方面,一是导数,二是积分. 本章以极限概念为基础,引入导数概念,给出基本初等函数的求导公式及函数求导四则运算和复合函数求导法则,然后引入与导数密切相关的另一概念微分. 最后介绍经济分析中十分重要的两个概念:边际与弹性,并通过具体例子说明它们的简单应用.

3.1 导数的概念

3.1.1 引例

1. 平面曲线切线的斜率

在介绍曲线切线斜率之前,先要介绍什么是平面曲线的切线. 在中学数学中,将曲线的切线定义为与曲线只有一个交点的直线, 这种定义只适用于少数几种曲线,如圆、椭圆等,而对于一般的平面曲线而言,这种定义不能揭示曲线切线的真正含义,我们定义曲线的切线如下.

定义 3.1.1 设点 M_0 是曲线 L 上的一个定点,在曲线 L 上任取一点 M,作割线 M_0M,当点 M 沿曲线 L 趋向于点 M_0 时,如果割线 M_0M 的极限位置 M_0T 存在,则称直线 M_0T 为曲线 L 在点 M_0 处的**切线**(如图 3-1).

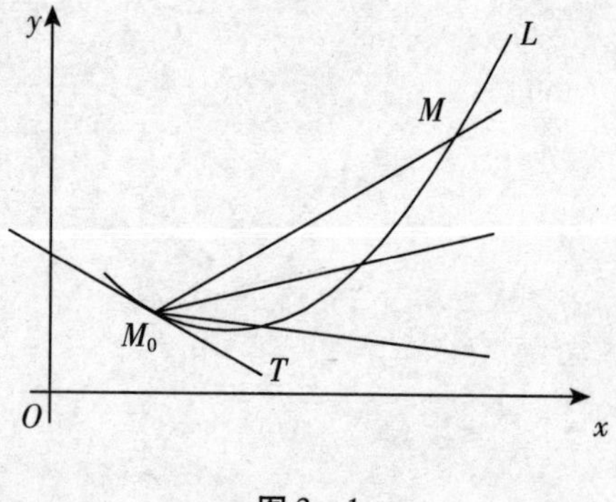

图 3-1

曲线的切线斜率怎样计算呢? 设曲线 L 的方程为 $y=f(x)$, $M_0(x_0,y_0)$ 是曲线 L 上的点, 即 $y_0=f(x_0)$. 在点 $M_0(x_0,y_0)$处的附近取曲线 L 上的一点 $M(x_0+\Delta x,y_0+\Delta y)$,那么割线 M_0M 的斜

率为

$$\tan\beta=\frac{\Delta y}{\Delta x}=\frac{f(x_0+\Delta x)-f(x_0)}{\Delta x}$$

如果当动点 M 沿曲线 L 趋向于定点 M_0 时，割线 M_0M 的极限位置 M_0T 存在，即点 M_0 处的切线存在，切线的斜率就应该是割线 M_0M 斜率的极限（如图 3－2）．当动点 M 沿曲线 L 趋向于定点 M_0，即 $\Delta x\to 0$ 时，切线 M_0T 的斜率为

$$\tan\alpha=\lim_{\Delta x\to 0}\frac{\Delta y}{\Delta x}=\lim_{\Delta x\to 0}\frac{f(x_0+\Delta x)-f(x_0)}{\Delta x}$$

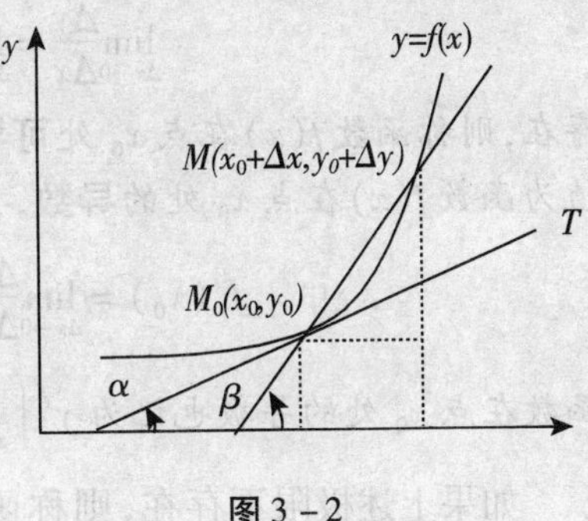

图 3－2

2. **变速直线运动物体的瞬时速度**

设物体作变速直线运动，从某时刻（不妨设为 0）到时刻 t 所经过的路程为 s，路程 s 是时刻 t 的函数．如果已知路程函数为

$$s=s(t)$$

求该物体在时刻 t_0 时的瞬时速度 $v(t_0)$．

从时刻 t_0 到时刻 $t_0+\Delta t(\Delta t>0)$，物体所经过的路程为

$$\Delta s=s(t_0+\Delta t)-s(t_0)$$

在时间区间 $[t_0,t_0+\Delta t]$ 上它的平均速度为

$$\bar{v}=\frac{\Delta s}{\Delta t}=\frac{s(t_0+\Delta t)-s(t_0)}{\Delta t}$$

当时间间隔 Δt 很小时，我们可以认为物体在时间区间 $[t_0,t_0+\Delta t]$ 上近似地做匀速直线运动．因此，可以用 $\bar{v}$ 作为 $v(t_0)$ 的近似值，而且 Δt 越小，其近似的程度就越好，其误差也就越小．循此思路，物体在时刻 t_0 的瞬时速度 $v(t_0)$ 的确切意义，应是 $\Delta t\to 0$ 时，平均速度 $\bar{v}$ 的极限．如果该极限存在，那么，我们就称这个极限值为物体在时刻 t_0 的**瞬时速度**，即有

$$v(t_0)=\lim_{\Delta t\to 0}\frac{\Delta s}{\Delta t}=\lim_{\Delta t\to 0}\frac{s(t_0+\Delta t)-s(t_0)}{\Delta t}$$

以上两例的实际意义不同，但解决问题的方法是相同的，其数学形式都归结为计算，当自变量的改变量趋于零时，函数的改变量与其自变量的改变量比值的极限，抽象出它们在数量关系方面这种共性，就得到函数在某一点处导数的定义．

3.1.2　导数的定义

定义 3.1.2　设函数 $y=f(x)$ 在 x_0 点的某个邻域内有定义，当自变量 x 在

x_0 点取得改变量 Δx($\Delta x \neq 0$ 且点 $x_0+\Delta x$ 仍在该邻域内),函数相应的改变量为

$$\Delta y = f(x_0+\Delta x) - f(x_0)$$

如果极限

$$\lim_{\Delta x \to 0}\frac{\Delta y}{\Delta x} = \lim_{\Delta x \to 0}\frac{f(x_0+\Delta x) - f(x_0)}{\Delta x}$$

存在,则称函数 $f(x)$ 在点 x_0 处**可导**,称点 x_0 为函数 $f(x)$ 的**可导点**,并称此极限值为函数 $f(x)$ 在点 x_0 处的**导数**,记为 $f'(x_0)$,即

$$f'(x_0) = \lim_{\Delta x \to 0}\frac{\Delta y}{\Delta x} = \lim_{\Delta x \to 0}\frac{f(x_0+\Delta x) - f(x_0)}{\Delta x}$$

函数在点 x_0 处的导数也记为 $y'\Big|_{x=x_0}$, $\dfrac{dy}{dx}\Big|_{x=x_0}$, $\dfrac{df(x)}{dx}\Big|_{x=x_0}$.

如果上述极限不存在,则称函数 $f(x)$ 在点 x_0 处不可导,称点 x_0 为函数 $f(x)$ 的不可导点.

特别地,若函数 $f(x)$ 在点 x_0 处不可导,且 $\lim\limits_{\Delta x \to 0}\dfrac{\Delta y}{\Delta x}$ 为无穷大,则称函数 $f(x)$ 在点 x_0 处的导数为无穷大,记为

$$f'(x_0) = \infty$$

记 $h=\Delta x$,函数 $f(x)$ 在点 x_0 处的导数可定义为

$$f'(x_0) = \lim_{h \to 0}\frac{f(x_0+h) - f(x_0)}{h}$$

在上式中若令 $x = x_0 + h$,则 $h = x - x_0$,$h \to 0$ 的充要条件是 $x \to x_0$,因此函数 $f(x)$ 在点 x_0 处的导数又可定义为

$$f'(x_0) = \lim_{x \to x_0}\frac{f(x) - f(x_0)}{x - x_0}$$

既然极限有左、右极限的概念,而函数 $y=f(x)$ 在点 x_0 处的导数是用极限定义的,自然就有左、右导数的概念.

定义 3.1.3 设函数 $y=f(x)$ 在点 x_0 的左侧区间 $(x_0-\delta, x_0]$ $(\delta>0)$ 上有定义,如果极限

$$\lim_{\Delta x \to 0^-}\frac{f(x_0+\Delta x) - f(x_0)}{\Delta x}$$

存在,则称此极限值为函数 $f(x)$ 在点 x_0 处的**左导数**,记为 $f'_-(x_0)$,即

$$f'_-(x_0) = \lim_{\Delta x \to 0^-}\frac{f(x_0+\Delta x) - f(x_0)}{\Delta x}$$

左导数也可定义为

$$f'_-(x_0) = \lim_{h \to 0^-}\frac{f(x_0+h) - f(x_0)}{h}$$

或

$$f'_-(x_0)=\lim_{x\to x_0^-}\frac{f(x)-f(x_0)}{x-x_0}$$

同理,可定义函数 $f(x)$ 在点 x_0 处的**右导数**,即

$$f'_+(x_0)=\lim_{\Delta x\to 0^+}\frac{f(x_0+\Delta x)-f(x_0)}{\Delta x}$$

右导数也定义为

$$f'_+(x_0)=\lim_{h\to 0^+}\frac{f(x_0+h)-f(x_0)}{h}$$

或

$$f'_+(x_0)=\lim_{x\to x_0^+}\frac{f(x)-f(x_0)}{x-x_0}$$

左导数和右导数统称为**单侧导数**.

由左导数与右导数的定义,我们有下述结论:

函数 $f(x)$ 在点 x_0 处可导的充分必要条件是左导数 $f'_-(x_0)$ 和右导数 $f'_+(x_0)$ 都存在且相等.

如果函数 $y=f(x)$ 在开区间 I 内每一点处都可导,则称函数 $y=f(x)$ 在**开区间 I 内可导**. 这时,对于任一 $x\in I$,都对应着 $f(x)$ 的一个导数值,这样就构成了一个新的函数,这个函数叫做原来函数 $y=f(x)$ 的导函数,简称导数,记为

$$y',\ f'(x),\frac{dy}{dx},\frac{df(x)}{dx}$$

显然,函数 $f(x)$ 在点 x_0 处的导数 $f'(x_0)$ 就是导函数 $f'(x)$ 在点 $x=x_0$ 处的函数值,即

$$f'(x_0)=f'(x)\Big|_{x=x_0}$$

如果函数 $f(x)$ 在开区间 (a,b) 内可导,且 $f'_+(a)$ 和 $f'_-(b)$ 都存在,则称函数 $f(x)$ 在闭区间 $[a,b]$ 上可导.

3.1.3 函数求导举例

利用定义求函数 $y=f(x)$ 的导数,可按以下三个步骤进行:

(1) 计算函数在点 x 处的改变量

$$\Delta y=f(x+\Delta x)-f(x)$$

(2) 计算因变量和自变量改变量的比值(称为函数的**平均变化率**)

$$\frac{\Delta y}{\Delta x}=\frac{f(x+\Delta x)-f(x)}{\Delta x}$$

(3) 求当 $\Delta x\to 0$ 时,改变量比值的极限(称为函数的**瞬时变化率**),即

$$f'(x)=\lim_{\Delta x\to 0}\frac{\Delta y}{\Delta x}=\lim_{\Delta x\to 0}\frac{f(x+\Delta x)-f(x)}{\Delta x}$$

例 3.1.1 求常数函数 $y=C$（C 为常数）的导数.

解 求函数的改变量：

$$\Delta y=C-C=0$$

计算改变量比值：

$$\frac{\Delta y}{\Delta x}=\frac{0}{\Delta x}=0$$

求极限：

$$\lim_{\Delta x\to 0}\frac{\Delta y}{\Delta x}=0$$

于是，常数函数的导数为零，即

$$(C)'=0.$$

例 3.1.2 求函数 $y=x^n$（n 为正整数）的导数.

解 求函数的改变量：由牛顿二项展开式

$$\begin{aligned}\Delta y&=(x+\Delta x)^n-x^n\\&=[x^n+nx^{n-1}\Delta x+\frac{n(n-1)x^{n-2}}{2}(\Delta x)^2+\cdots\cdots+(\Delta x)^n]-x^n\\&=[nx^{n-1}+\frac{n(n-1)x^{n-2}}{2}\Delta x+\cdots\cdots+(\Delta x)^{n-1}]\Delta x\end{aligned}$$

计算改变量比值：

$$\frac{\Delta y}{\Delta x}=nx^{n-1}+\frac{n(n-1)x^{n-2}}{2}\Delta x+\cdots\cdots+(\Delta x)^{n-1}$$

求极限：

$$\lim_{\Delta x\to 0}\frac{\Delta y}{\Delta x}=nx^{n-1}$$

即

$$(x^n)'=nx^{n-1}.$$

一般地，在函数相应的定义区间内，有

$$(x^\mu)'=\mu x^{\mu-1}\quad(\mu\neq 0)$$

上式是幂函数的导数公式，此公式的证明将在后面给出. 利用该求导公式，可以容易地求出幂函数的导数，例如

$$(\frac{1}{x})'=(x^{-1})'=-x^{-1-1}=-\frac{1}{x^2}\quad(x\neq 0)$$

$$(\sqrt{x})'=(x^{\frac{1}{2}})'=\frac{1}{2}x^{\frac{1}{2}-1}=\frac{1}{2\sqrt{x}}\quad(x>0)$$

$$(x)'=(x^1)'=1\times x^{1-1}=1$$

例 3.1.3 求函数 $y=\sin x$ 的导数.

解 求函数的改变量：

$$\Delta y=\sin(\Delta x+x)-\sin x$$
$$=2\cos\frac{\Delta x+2x}{2}\cdot\sin\frac{\Delta x}{2}$$

计算改变量比值:

$$\frac{\Delta y}{\Delta x}=\cos(x+\frac{\Delta x}{2})\cdot\frac{\sin\frac{\Delta x}{2}}{\frac{\Delta x}{2}}$$

求极限:由重要极限 I 及函数 $\cos x$ 的连续性可知

$$\lim_{\Delta x\to 0}\frac{\Delta y}{\Delta x}=\cos x$$

即

$$(\sin x)'=\cos x$$

用类似的方法可求得

$$(\cos x)'=-\sin x$$

例 3.1.4 求函数 $y=\ln x$ 的导数.

解 求函数的改变量:

$$\Delta y=\ln(\Delta x+x)-\ln x$$
$$=\ln(\frac{\Delta x+x}{x})$$
$$=\ln(1+\frac{\Delta x}{x})$$

计算改变量比值:

$$\frac{\Delta y}{\Delta x}=\frac{1}{\Delta x}\cdot\ln(1+\frac{\Delta x}{x})$$

$$=\frac{1}{x}\cdot\frac{\ln(1+\frac{\Delta x}{x})}{\frac{\Delta x}{x}}$$

求极限:当 $\Delta x\to 0$ 时,$\ln(1+\frac{\Delta x}{x})\sim\frac{\Delta x}{x}$,从而

$$\lim_{\Delta x\to 0}\frac{\Delta y}{\Delta x}=\frac{1}{x}$$

即

$$(\ln x)'=\frac{1}{x}$$

用类似的方法可求得对数函数 $f(x)=\log_a x(a>0,a\neq 1)$ 的导数

$$(\log_a x)'=\frac{1}{x\ln a}$$

例 3.1.5 求函数 $y=a^x(a>0,a\neq1)$ 的导数.

解 求函数的改变量:

$$\begin{aligned}\Delta y&=a^{\Delta x+x}-a^x\\&=a^x(a^{\Delta x}-1)\end{aligned}$$

计算改变量比值:

$$\frac{\Delta y}{\Delta x}=a^x\cdot\frac{a^{\Delta x}-1}{\Delta x}$$

求极限:令 $t=a^{\Delta x}-1$,则 $\Delta x=\dfrac{\ln(1+t)}{\ln a}$,当 $\Delta x\to0$ 时,$t\to0$. 因为当 $t\to0$ 时,$\ln(1+t)\sim t$,从而

$$\lim_{\Delta x\to0}\frac{\Delta y}{\Delta x}=\lim_{t\to0}a^x\ln a\cdot\frac{t}{\ln(1+t)}=a^x\ln a$$

即

$$(a^x)'=a^x\ln a$$

特别地,当 $a=e$ 时,由上式得导数公式

$$(e^x)'=e^x$$

例 3.1.6 求函数 $y=|x|=\begin{cases}x, & x\geqslant0\\-x, & x<0\end{cases}$ 在点 $x=0$ 处的导数.

解 $\lim\limits_{\Delta x\to0}\dfrac{f(0+\Delta x)-f(0)}{\Delta x}=\lim\limits_{\Delta x\to0}\dfrac{|\Delta x|-0}{\Delta x}=\lim\limits_{\Delta x\to0}\dfrac{|\Delta x|}{\Delta x}$

因为

$$f'_-(0)=\lim_{\Delta x\to0^-}\frac{|\Delta x|}{\Delta x}=\lim_{\Delta x\to0^-}\frac{-\Delta x}{\Delta x}=-1$$

$$f'_+(0)=\lim_{\Delta x\to0^+}\frac{|\Delta x|}{\Delta x}=\lim_{\Delta x\to0^+}\frac{\Delta x}{\Delta x}=1$$

所以

$$f'_-(0)\neq f'_+(0)$$

于是,函数 $y=|x|$ 在点 $x=0$ 处不可导. 函数 $y=|x|$ 图形如图 3-3.

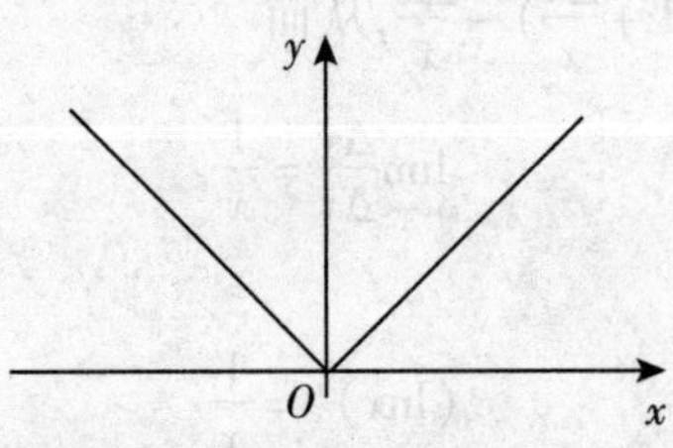

图 3-3

例 3.1.7 求函数 $y=\begin{cases} x\cos\dfrac{1}{x}, & x\neq 0 \\ 0, & x=0 \end{cases}$ 在点 $x=0$ 处的导数．

解 点 $x=0$ 是分段函数的分段点．

$$\lim_{\Delta x\to 0}\frac{f(0+\Delta x)-f(0)}{\Delta x}=\lim_{\Delta x\to 0}\frac{\Delta x\cos\dfrac{1}{\Delta x}-0}{\Delta x}=\lim_{\Delta x\to 0}\cos\frac{1}{\Delta x}$$

当 $\Delta x\to 0$ 时，$\cos\dfrac{1}{\Delta x}$ 的取值在 1 与 -1 之间振荡，所以极限

$$\lim_{\Delta x\to 0}\frac{f(0+\Delta x)-f(0)}{\Delta x}$$

不存在，即函数

$$y=\begin{cases} x\cos\dfrac{1}{x}, & x\neq 0 \\ 0, & x=0 \end{cases}$$

在点 $x=0$ 处不可导．

例 3.1.8 已知函数 $y=f(x)$ 在点 a 处可导，且 $f'(a)=2$，求极限

$$\lim_{h\to 0}\frac{f(a-3h)-f(a)}{h}$$

解 $\lim\limits_{h\to 0}\dfrac{f(a-3h)-f(a)}{h}=\lim\limits_{h\to 0}(-3)\cdot\dfrac{f[a+(-3h)]-f(a)}{-3h}$

令 $\Delta x=-3h$，当 $h\to 0$ 时，$\Delta x\to 0$，于是

$$\lim_{h\to 0}\frac{f(a-3h)-f(a)}{h}=\lim_{\Delta x\to 0}(-3)\cdot\frac{f(a+\Delta x)-f(a)}{\Delta x}=-3f'(a)=-6$$

3.1.4 导数的几何意义

由前面引例的讨论可知，如果函数 $y=f(x)$ 在点 x_0 处可导，则其导数 $f'(x_0)$ 的几何意义是曲线 $y=f(x)$ 在点 $(x_0,f(x_0))$ 处切线的斜率．特别地，若 $f'(x_0)=0$，则曲线 $y=f(x)$ 在点 $(x_0,f(x_0))$ 处的切线平行于 x 轴；若 $f'(x_0)$ 不存在，且 $f'(x_0)=\infty$，则曲线 $y=f(x)$ 在点 $(x_0,f(x_0))$ 处的切线垂直于 x 轴．

如果函数 $y=f(x)$ 在点 x_0 处可导，根据导数的几何意义可知，曲线 $y=f(x)$ 在点 $(x_0,f(x_0))$ 处的切线方程为

$$y-f(x_0)=f'(x_0)(x-x_0)$$

过点 $(x_0,f(x_0))$ 且与曲线切线垂直的直线叫做曲线 $y=f(x)$ 在点 $(x_0,f(x_0))$ 处的法线．如果 $f'(x_0)\neq 0$，法线的斜率为 $-\dfrac{1}{f'(x_0)}$，从而法线方程为

$$y-f(x_0)=-\frac{1}{f'(x_0)}\cdot(x-x_0)$$

例 3.1.9 求曲线 $y=x^3$ 上在点(1,1)处切线的斜率,并写出在该点处的切线方程与法线方程.

解 根据导数的几何意义可知,所求切线的斜率为函数 $y=x^3$ 在点 $x=1$ 处的导数,即

$$y'\Big|_{x=1}=3x^2\Big|_{x=1}=3$$

从而所求切线方程为

$$y-1=3(x-1)$$

即

$$y-3x+2=0$$

所求法线方程为

$$y-1=-\frac{1}{3}(x-1)$$

即

$$3y+x-4=0$$

例 3.1.10 求曲线 $y=x^{\frac{3}{2}}$ 的通过点(0, -4)的切线方程.

解 设切点为(x_0,y_0),则切线的斜率为

$$f'(x_0)=\frac{3}{2}\sqrt{x}\Big|_{x=x_0}=\frac{3}{2}\sqrt{x_0}$$

从而所求切线方程为

$$y-y_0=\frac{3}{2}\sqrt{x_0}(x-x_0) \tag{1}$$

切点(x_0,y_0)在曲线 $y=x^{\frac{3}{2}}$ 上,故有

$$y_0=x_0^{\frac{3}{2}} \tag{2}$$

切线通过点(0, -4),故有

$$-4-y_0=\frac{3}{2}\sqrt{x_0}(0-x_0) \tag{3}$$

求得由方程(2)和方程(3)组成的方程组的解为 $x_0=4, y_0=8$,代入(1)式化简,即求得所求切线方程为

$$3x-y-4=0$$

3.1.5 可导性与连续性的关系

函数 $y=f(x)$ 在点 x_0 处连续是指

$$\lim_{\Delta x\to 0}\Delta y=\lim_{\Delta x\to 0}[f(x_0+\Delta x)-f(x_0)]=0$$

而在点 x_0 处可导是指

$$\lim_{\Delta x \to 0}\frac{\Delta y}{\Delta x}=\lim_{\Delta x \to 0}\frac{f(x_0+\Delta x)-f(x_0)}{\Delta x}$$

存在，那么这两种极限有什么关系呢？下面的定理给出了函数在一点可导与连续的关系．

定理 3.1.1 如果函数 $f(x)$ 在点 x_0 处可导，则函数 $f(x)$ 在点 x_0 处连续．

证明 因为函数 $f(x)$ 在点 x_0 处可导，所以极限

$$\lim_{\Delta x \to 0}\frac{\Delta y}{\Delta x}=\lim_{\Delta x \to 0}\frac{f(x_0+\Delta x)-f(x_0)}{\Delta x}$$

存在，极限值为 $f'(x_0)$，由极限存在与无穷小的关系可知

$$\frac{\Delta y}{\Delta x}=f'(x_0)+\alpha$$

其中，当 $\Delta x \to 0$ 时，α 是无穷小，即

$$\lim_{\Delta x \to 0}\alpha=0$$

于是

$$\Delta y=f'(x_0)\Delta x+\alpha\Delta x$$

所以

$$\lim_{\Delta x \to 0}\Delta y=\lim_{\Delta x \to 0}[f'(x_0)\Delta x+\alpha\Delta x]=0$$

由函数连续的定义可知，函数 $f(x)$ 在点 x_0 处连续．

上述结论的逆命题不成立，一个函数在某点连续却不一定在该点可导，函数在某点连续仅是它在该点可导的必要条件，而非充分条件，举例说明如下．

例 3.1.11 函数 $f(x)=\sqrt[3]{x}$ 在区间 $(-\infty,+\infty)$ 上连续，但在点 $x=0$ 处不可导，这是因为在点 $x=0$ 处，有

$$\lim_{x \to 0}\frac{f(x)-f(0)}{x-0}=\lim_{x \to 0}\frac{\sqrt[3]{x}-0}{x}=\lim_{x \to 0}\frac{1}{x^{\frac{2}{3}}}=+\infty$$

即函数 $f(x)$ 在点 $x=0$ 处的导数为无穷大，所以 $f'(0)$ 不存在，从而函数 $f(x)$ 在点 $x=0$ 处不可导．这一结论在几何直观上表现为曲线 $y=\sqrt[3]{x}$ 在点 $(0,0)$ 处具有垂直于 x 轴的切线 $x=0$．如图 3－4．

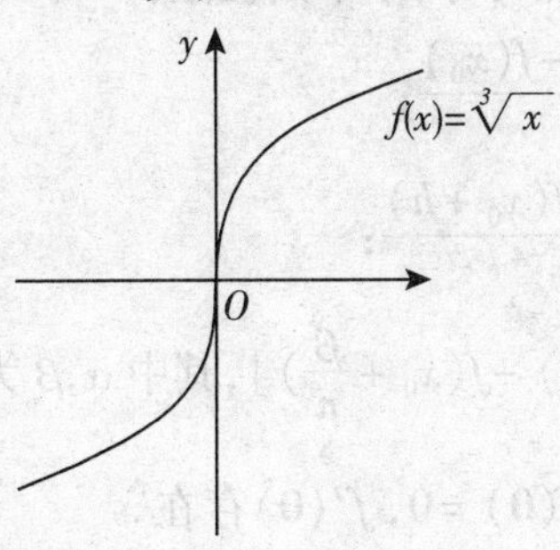

图 3－4

例 3.1.12　设

$$f(x)=\begin{cases}e^x, & x\leqslant 0\\ x^2+ax+b, & x>0\end{cases}$$

问 a,b 取何值时,函数 $f(x)$ 在点 $x=0$ 处可导?

解　$f(x)$ 在点 $x=0$ 处可导的必要条件是 $f(x)$ 在点 $x=0$ 处连续,即

$$\lim_{x\to 0^-}f(x)=\lim_{x\to 0^+}f(x)=f(0)$$

因为

$$\lim_{x\to 0^-}f(x)=\lim_{x\to 0^-}e^x=1$$

$$\lim_{x\to 0^+}f(x)=\lim_{x\to 0^+}(x^2+ax+b)=b$$

$$f(0)=1$$

所以 $b=1$.

函数 $f(x)$ 在点 $x=0$ 处的左右导数分别为

$$f'_-(0)=\lim_{x\to 0^-}\frac{f(x)-f(0)}{x-0}=\lim_{x\to 0^-}\frac{e^x-1}{x}=1$$

$$f'_+(0)=\lim_{x\to 0^+}\frac{f(x)-f(0)}{x-0}=\lim_{x\to 0^+}\frac{x^2+ax+1-1}{x}=a$$

如果函数 $f(x)$ 在点 $x=0$ 处可导,则必有 $f'_-(x)=f'_+(x)$, 即 $a=1$ 于是,当 $a=b=1$ 时, 函数 $f(x)$ 在点 $x=0$ 处可导.

习题 3.1

1. 利用导数的定义求下列函数在指定点的导数:

(1) $f(x)=3x^2$,在 $x=-1$;　　(2) $f(x)=x^3+1$,在 $x=2$.

2. 用导数定义求函数的导数:

(1) $f(x)=\cos x$;　　(2) $f(x)=\frac{1}{x}$.

3. 设函数 $f(x)$ 在 x_0 点可导,求下列极限:

(1) $\lim\limits_{\Delta x\to 0}\frac{f(x_0-\Delta x)-f(x_0)}{\Delta x}$;

(2) $\lim\limits_{h\to 0}\frac{f(x_0-h)-f(x_0+h)}{h}$;

(3) $\lim\limits_{n\to\infty}n\left[f\left(x_0+\frac{\alpha}{n}\right)-f\left(x_0+\frac{\beta}{n}\right)\right]$,其中 α,β 为不等于零的常数;

(4) $\lim\limits_{x\to 0}\frac{f(x)}{x}$,其中 $f(0)=0$, $f'(0)$ 存在.

4. 求曲线 $y=x^2$ 上点(3,9)处的切线方程.

5. 当 x 取何值时，曲线 $y=x^2$ 与曲线 $y=x^3$ 的切线平行；当 x 取何值时，曲线 $y=x^2$ 与曲线 $y=x^3$ 的切线垂直

6. 证明：双曲线 $xy=a^2$ 上任意一点处的切线与两坐标轴所构成的三角形的面积都等于 $2a^2$.

7. 讨论下列函数在指定点处的连续性与可导性：

(1) $f(x)=\begin{cases}x^2, & x\geqslant 0\\ x, & x<0\end{cases}$ 在点 $x=0$ 处；

(2) $f(x)=|\sin x|$ 在点 $x=0$ 处；

(3) $f(x)=\begin{cases}x^2\sin\dfrac{1}{x}, & x\neq 0\\ 0, & x=0\end{cases}$ 在点 $x=0$ 处；

(4) $f(x)=\begin{cases}\dfrac{\sin(x-1)}{x-1}, & x\neq 1\\ 0, & x=1\end{cases}$ 在点 $x=1$ 处.

8. 设 $f(x)=\begin{cases}x^2, & x\leqslant 1\\ ax+b, & x>1\end{cases}$，为了使函数 $f(x)$ 在点 $x=1$ 处连续且可导，a，b 分别应取什么值？

9. 已知函数 $f(x)$ 在点 $x=1$ 处连续，且 $\lim\limits_{x\to 1}\dfrac{f(x)}{x-1}=2$，求 $f(1)$，$f'(1)$.

10. 求下列函数在给定点处的导数值：

(1) $y=\dfrac{1}{x^3}$，求 $y'\Big|_{x=1}$；　　(2) $y=\sin x$，求 $y'\Big|_{x=\frac{\pi}{2}}$；

(3) $y=\cos x$，求 $y'\Big|_{x=\frac{\pi}{4}}$；　　(4) $y=3^x$，求 $y'\Big|_{x=2}$.

11. 求下列函数的导数：

(1) $y=\dfrac{x\cdot\sqrt[3]{x^2}}{\sqrt{x^3}}$；　　(2) $y=\dfrac{1}{x^5}$；

(3) $y=\sqrt{x\sqrt{x\sqrt{x}}}$；　　(4) $y=3^xe^x$；

(5) $y=\lg x$.

12. 求函数 $f(x)=\begin{cases}x^3, & x<0\\ x^2, & x\geqslant 0\end{cases}$ 的导函数.

3.2　求导法则

前面，我们利用导数的定义求出了几个基本初等函数的导数，但是，对一般的初等函数，利用导数定义直接求导数，既麻烦又困难．在本教材中，我们涉

及到的函数主要是初等函数．下面，我们根据初等函数的结构，通过下列程序建立求初等函数导数的方法．

首先，从定义出发，推导出一些基本初等函数的求导公式．在上一节中，已用导数定义得到下列基本初等函数

$$y=C,y=x^{\mu},y=\sin x,y=\cos x,y=a^{x},y=e^{x},y=\log_a x,y=\ln x$$

的求导公式．

其次,建立求导运算法则．根据导数的定义及相关知识,建立函数和、差、积、商的求导法则,反函数的求导法则和复合函数的求导法则．

最后,借助于求导运算法则和基本初等函数的导数公式，就能比较方便地求出常用初等函数的导数．

3.2.1　函数和、差、积、商的求导法则

定理 3.2.1　如果函数 $u=u(x)$ 和 $v=v(x)$ 都在点 x 处可导,则它们的和、差、积、商(除分母为零的点外)都在点 x 处可导,且

(1) $[u(x)\pm v(x)]'=u'(x)\pm v'(x)$

(2) $[u(x)v(x)]'=u'(x)v(x)+u(x)v'(x)$

(3) $\left[\dfrac{u(x)}{v(x)}\right]'=\dfrac{u'(x)v(x)-u(x)v'(x)}{v^2(x)}\qquad (v(x)\neq 0)$

证明

$$(1)\ [u(x)\pm v(x)]'=\lim_{\Delta x\to 0}\frac{[u(x+\Delta x)\pm v(x+\Delta x)]-[u(x)\pm v(x)]}{\Delta x}$$
$$=\lim_{\Delta x\to 0}\frac{u(x+\Delta x)-u(x)}{\Delta x}\pm\lim_{\Delta x\to 0}\frac{v(x+\Delta x)-v(x)}{\Delta x}$$
$$=u'(x)\pm v'(x)$$

于是法则(1)得证．法则(1)可简单地表示为

$$(u\pm v)'=u'\pm v'$$

$$(2)\ [u(x)v(x)]'=\lim_{\Delta x\to 0}\frac{u(x+\Delta x)v(x+\Delta x)-u(x)v(x)}{\Delta x}$$
$$=\lim_{\Delta x\to 0}\frac{[\Delta u+u(x)][\Delta v+v(x)]-u(x)v(x)}{\Delta x}$$
$$=\lim_{\Delta x\to 0}\left[\frac{\Delta u}{\Delta x}\cdot v(x)+u(x)\cdot\frac{\Delta v}{\Delta x}+\Delta u\cdot\frac{\Delta v}{\Delta x}\right]$$
$$=u'(x)v(x)+u(x)v'(x)$$

其中

$$\lim_{\Delta x\to 0}\Delta u\cdot\frac{\Delta v}{\Delta x}=\lim_{\Delta x\to 0}\Delta u\cdot\lim_{\Delta x\to 0}\frac{\Delta v}{\Delta x}=0\cdot v'(x)=0$$

于是法则(2)得证．法则(2)可简单地表示为

$$(uv)'=u'v+uv'$$

$$(3)\left[\frac{u(x)}{v(x)}\right]'=\lim_{\Delta x\to 0}\frac{\dfrac{u(x+\Delta x)}{v(x+\Delta x)}-\dfrac{u(x)}{v(x)}}{\Delta x}$$

$$=\lim_{\Delta x\to 0}\frac{u(x+\Delta x)v(x)-u(x)v(x+\Delta x)}{v(x+\Delta x)v(x)\Delta x}$$

$$=\lim_{\Delta x\to 0}\frac{[u(x+\Delta x)-u(x)]v(x)-u(x)[v(x+\Delta x)-v(x)]}{v(x+\Delta x)v(x)\Delta x}$$

$$=\lim_{\Delta x\to 0}\frac{\dfrac{u(x+\Delta x)-u(x)}{\Delta x}v(x)-u(x)\dfrac{v(x+\Delta x)-v(x)}{\Delta x}}{v(x+\Delta x)v(x)}$$

$$=\frac{u'(x)v(x)-u(x)v'(x)}{v^2(x)}$$

于是法则(3)得证．法则(3)可简单地表示为

$$\left(\frac{u}{v}\right)'=\frac{u'v-uv'}{v^2}$$

定理3.2.1中的法则(1)和法则(2)可推广到任意有限个可导函数的情形．例如,设$u(x)$,$v(x)$,$w(x)$都可导,则有

$$(u+v-w)'=u'+v'-w'$$

$$(uvw)'=[(uv)w]'=(uv)'w+(uv)w'$$

$$=(u'v+uv')w+(uv)w'$$

$$=u'vw+uv'w+uvw'$$

在法则(2)中,当$v(x)=C$(C为常数)时,有

$$(Cu)'=Cu'$$

例3.2.1　设$f(x)=2x^3-5x^2+3x+\sin\frac{\pi}{5}+\ln 8$,求$f'(x)$,$f'(2)$.

解　$f'(x)=(2x^3-5x^2+3x+\sin\frac{\pi}{5}+\ln 8)'$

$$=(2x^3)'-(5x^2)'+(3x)'+(\sin\frac{\pi}{5})'+(\ln 8)'$$

$$=2\cdot 3x^2-5\cdot 2x+3+0+0$$

$$=6x^2-10x+3$$

$$f'(2)=6\cdot 2^2-10\cdot 2+3=7$$

例3.2.2　设$y=e^x(\sin x+\cos x-2\ln x)$,求$y'$.

解　$y'=(e^x)'(\sin x+\cos x-2\ln x)+e^x(\sin x+\cos x-2\ln x)'$

$$=e^x(\sin x+\cos x-2\ln x)+e^x(\cos x-\sin x-\frac{2}{x})$$

$$=2e^x(\cos x-\ln x-\frac{1}{x})$$

例 3.2.3　设 $y=\frac{2x^3-x\sqrt{x}+3x-\sqrt{x}-4}{x\sqrt{x}}$，求 $y'\big|_{x=1}$.

解　先化简函数

$$y=2x^{\frac{3}{2}}-1+3x^{-\frac{1}{2}}-x^{-1}-4x^{-\frac{3}{2}}$$

$$y'=\frac{3}{2}\cdot 2x^{\frac{3}{2}-1}-0+(-\frac{1}{2})\cdot 3x^{-\frac{1}{2}-1}-(-1)\cdot x^{-1-1}-(-\frac{3}{2})\cdot 4x^{-\frac{3}{2}-1}$$

$$=3x^{\frac{1}{2}}-\frac{3}{2}x^{-\frac{3}{2}}+x^{-2}+6x^{-\frac{5}{2}}$$

于是

$$y'\big|_{x=1}=(3x^{\frac{1}{2}}-\frac{3}{2}x^{-\frac{3}{2}}+x^{-2}+6x^{-\frac{5}{2}})\big|_{x=1}=\frac{17}{2}$$

例 3.2.4　求函数 $y=x\log_2 x\cdot\cos x$ 的导数.

解　$y'=(x)'\log_2 x\cdot\cos x+x(\log_2 x)'\cdot\cos x+x\log_2 x\cdot(\cos x)'$

$$=\log_2 x\cdot\cos x+\frac{\cos x}{\ln 2}-x\log_2 x\cdot\sin x$$

例 3.2.5　求正切函数 $y=\tan x$ 的导数.

解　$y'=(\frac{\sin x}{\cos x})'=\frac{(\sin x)'\cdot\cos x-\sin x\cdot(\cos x)'}{\cos^2 x}$

$$=\frac{\cos^2 x+\sin^2 x}{\cos^2 x}=\frac{1}{\cos^2 x}=\sec^2 x$$

即

$$(\tan x)'=\frac{1}{\cos^2 x}=\sec^2 x$$

同理可得余切函数的导数

$$(\cot x)'=-\frac{1}{\sin^2 x}=-\csc^2 x$$

例 3.2.6　求正割函数 $y=\sec x$ 的导数.

解　$y'=(\frac{1}{\cos x})'=\frac{(1)'\cdot\cos x-1\cdot(\cos x)'}{\cos^2 x}$

$$=\frac{\sin x}{\cos^2 x}=\sec x\tan x$$

即

$$(\sec x)'=\sec x\tan x$$

同理可得余割函数的导数

$$(\csc x)'=-\csc x\cot x$$

例 3.2.7　求 $y=\frac{x^2+\sin x}{\ln x+\sec x}$ 的导数.

解 $y'=\dfrac{(x^2+\sin x)'\cdot(\ln x+\sec x)-(x^2+\sin x)\cdot(\ln x+\sec x)'}{(\ln x+\sec x)^2}$

$$=\frac{(2x+\cos x)\cdot(\ln x+\sec x)-(x^2+\sin x)\cdot(\frac{1}{x}+\sec x\cdot\tan x)}{(\ln x+\sec x)^2}$$

3.2.2 反函数的求导法则

定理 3.2.2 设函数 $x=f(y)$ 在区间 I_y 内单调、可导且 $f'(y)\neq 0$，它的值域为 I_x，则 $x=f(y)$ 的反函数 $y=f^{-1}(x)$ 在区间 I_x 内也可导，且

$$[f^{-1}(x)]'=\frac{1}{f'(y)} \quad 或 \quad \frac{dy}{dx}=\frac{1}{\frac{dx}{dy}}$$

证明 由于 $x=f(y)$ 在区间 I_y 内是单调和连续的函数（可导必连续），故其反函数 $y=f^{-1}(x)$ 存在，且 $y=f^{-1}(x)$ 在区间 I_x 内也是单调和连续的函数．对于任意的点 $x\in I_x$，设改变量 $\Delta x\neq 0$ 且 $x+\Delta x\in I_x$，则由 $y=f^{-1}(x)$ 的单调性知，当 $\Delta x\neq 0$ 时，其对应的 $\Delta y\neq 0$．由 $y=f^{-1}(x)$ 的连续性知，当 $\Delta x\to 0$ 时，有 $\Delta y\to 0$．

因为 $x=f(y)$ 可导，且 $f'(y)\neq 0$，所以

$$[f^{-1}(x)]'=\lim_{\Delta x\to 0}\frac{\Delta y}{\Delta x}=\lim_{\Delta y\to 0}\frac{1}{\frac{\Delta x}{\Delta y}}=\frac{1}{f'(y)}$$

此定理表明：反函数的导数等于其直接函数导数的倒数．

例 3.2.8 设 $y=\arcsin x(-1<x<1)$，求 y'．

解 $y=\arcsin x(-1<x<1)$ 是函数 $x=\sin y(-\frac{\pi}{2}<y<\frac{\pi}{2})$ 的反函数，而 $x=\sin y$ 在开区间 $(-\frac{\pi}{2},\frac{\pi}{2})$ 内单调、可导，且

$$(\sin y)'=\cos y\neq 0$$

由反函数的导数法则可得

$$(\arcsin x)'=\frac{1}{(\sin y)'}=\frac{1}{\cos y}=\frac{1}{\sqrt{1-\sin^2 y}}=\frac{1}{\sqrt{1-x^2}}$$

这里，根号前取正号是因为当 $y\in(-\frac{\pi}{2},\frac{\pi}{2})$ 时，$\cos y>0$.

从而，反正弦函数的导数公式为

$$(\arcsin x)'=\frac{1}{\sqrt{1-x^2}},\quad |x|<1$$

同理可得反余弦函数的导数公式为

$$(\arccos x)' = -\frac{1}{\sqrt{1-x^2}}, \quad |x| < 1$$

例 3.2.9 设 $y = \arctan x$，求 y'.

解 $y = \arctan x(-\infty < x < \infty)$是函数 $x = \tan y\left(-\frac{\pi}{2} < y < \frac{\pi}{2}\right)$的反函数，而 $x = \tan y$ 在开区间$\left(-\frac{\pi}{2}, \frac{\pi}{2}\right)$内单调、可导，且

$$(\tan y)' = \sec^2 y \neq 0$$

由反函数的导数法则可得

$$(\arctan x)' = \frac{1}{(\tan y)'} = \frac{1}{\sec^2 y} = \frac{1}{1+\tan^2 y} = \frac{1}{1+x^2}$$

即，反正切函数的导数公式为

$$(\arctan x)' = \frac{1}{1+x^2}$$

同理可得反余切函数的导数公式为

$$(\operatorname{arccot} x)' = -\frac{1}{1+x^2}$$

至此，我们得到了全部基本初等函数的导数公式.

3.2.3 复合函数的求导法则

为了证明复合函数的求导法则，我们先给出下面的引理.

引理 3.2.3 若函数 $y=f(u)$在点 u 处可导，则函数在该点处的改变量可表示为

$$\Delta y = f(u+\Delta u) - f(u) = f'(u)\Delta u + \alpha\Delta u$$

其中 $\lim\limits_{\Delta u\to 0}\alpha = 0$.

证明 因为 $y=f(u)$在点 u 处可导，所以极限

$$\lim_{\Delta u\to 0}\frac{\Delta y}{\Delta u} = f'(u)$$

存在，因此，当 $\Delta u \neq 0$ 时，由极限存在与无穷小的关系有

$$\frac{\Delta y}{\Delta u} = f'(u) + \alpha$$

从而

$$\Delta y = f'(u)\Delta u + \alpha\Delta u$$

当 $\Delta u = 0$ 时，α 没有定义，补充定义 $\alpha = 0$. 这样以来，无论 Δu 是否为 0，总有

$$\Delta y = f'(u)\Delta u + \alpha\Delta u$$

定理 3.2.3 （复合函数的求导法则）设函数 $u = g(x)$ 在点 x 处可导，函数 $y=f(u)$在对应点 $u=g(x)$处可导，则复合函数 $y=f[g(x)]$在点 x 处可导，且其

导数等于 $f(u)$ 的导数与 $g(x)$ 的导数的乘积，即

$$\frac{dy}{dx}=f'(u)g'(x) \quad 或 \quad \frac{dy}{dx}=\frac{dy}{du}\cdot\frac{du}{dx}$$

证明 给自变量 x 以改变量 $\Delta x(\Delta x\neq 0)$ 时，中间变量 u 相应地取得改变量 Δu（Δu 可能为零）. 因为 $y=f(u)$ 在点 u 处可导，所以由引理 3.2.3 有

$$\Delta y=f'(u)\Delta u+\alpha\Delta u$$

其中 $\lim\limits_{\Delta u\to 0}\alpha=0$. 用 $\Delta x\neq 0$ 除上式两端，得

$$\frac{\Delta y}{\Delta x}=f'(u)\frac{\Delta u}{\Delta x}+\alpha\frac{\Delta u}{\Delta x}$$

在上式中令 $\Delta x\to 0$，由于 $u=g(x)$ 在点 x 处可导，故 $\lim\limits_{\Delta x\to 0}\frac{\Delta u}{\Delta x}=g'(x)$；又因 $u=g(x)$ 在点 x 处连续，所以当 $\Delta x\to 0$ 时，有 $\Delta u\to 0$，从而

$$\lim_{\Delta x\to 0}\alpha=\lim_{\Delta u\to 0}\alpha=0$$

综上所述

$$\begin{aligned}\lim_{\Delta x\to 0}\frac{\Delta y}{\Delta x}&=\lim_{\Delta x\to 0}\left[f'(u)\frac{\Delta u}{\Delta x}+\alpha\frac{\Delta u}{\Delta x}\right]\\&=f'(u)\lim_{\Delta x\to 0}\frac{\Delta u}{\Delta x}+\lim_{\Delta x\to 0}\alpha\lim_{\Delta x\to 0}\frac{\Delta u}{\Delta x}\\&=f'(u)g'(x)+0\cdot g'(x)\end{aligned}$$

于是

$$\frac{dy}{dx}=f'(u)g'(x)=f'[g(x)]g'(x)$$

复合函数的导数等于外层函数的导数与内层函数的导数的积. 复合函数求导法则也称为**链式法则**.

注 表达式 $\{f[g(x)]\}'$ 与 $f'[g(x)]$ 有不同的含义. 符号 $\{f[g(x)]\}'$ 表示复合函数 $f[g(x)]$ 对自变量 x 求导，而符号 $f'[g(x)]$ 表示复合函数 $f[g(x)]$ 对中间变量 $u=g(x)$ 求导.

上述复合函数的求导法则可推广到有限个函数复合的情形. 例如，由 $y=f(u)$，$u=\varphi(v)$，$v=\psi(x)$ 可以复合成函数 $y=f\{\varphi[\psi(x)]\}$，则

$$\frac{dy}{dx}=\frac{dy}{du}\cdot\frac{du}{dv}\cdot\frac{dv}{dx}$$

或

$$y'=f'(u)\varphi'(v)\psi'(x)=f'\{\varphi[\psi(x)]\}\varphi'[\psi(x)]\psi'(x)$$

当然，这里假定上式出现的导数在对应点处都存在.

例 3.2.10 设 $y=(2x+1)^5$，求 y'.

解 将 $y=(2x+1)^5$ 分解为 $y=u^5$，$u=2x+1$. 因为 $\frac{dy}{du}=5u^4$，$\frac{du}{dx}=2$

所以

$$\frac{dy}{dx}=\frac{dy}{du}\cdot\frac{du}{dx}=5u^4\cdot 2=10(2x+1)^4$$

例 3.2.11 设 $y=\ln\cos e^x$，求 $\frac{dy}{dx}$.

解 将 $y=\ln\cos e^x$ 分解为 $y=\ln u, u=\cos v, v=e^x$

因为 $\frac{dy}{du}=\frac{1}{u},\quad \frac{du}{dv}=-\sin v,\quad \frac{dv}{dx}=e^x$

所以

$$\frac{dy}{dx}=\frac{dy}{du}\cdot\frac{du}{dv}\cdot\frac{dv}{dx}=\frac{1}{u}\cdot(-\sin v)\cdot e^x$$

$$=-\frac{\sin e^x}{\cos e^x}\cdot e^x=-e^x\tan e^x$$

求复合函数的导数，其关键是分析清楚复合函数的结构，即复合函数的分解．最初作题时，可设出中间变量，把复合函数分解；作题较熟练时，可不设出中间变量，按复合函数的结构层次，由外层向内层逐层求导，直到对最内层自变量求导为止．读者在经过一定数量的练习之后，要能一步就能写出复合函数的导数．

例 3.2.12 设 $y=\sin e^{-x^2}$，求 y'.

解 $y'=(\sin e^{-x^2})'=\cos e^{-x^2}\cdot(e^{-x^2})'$

$=e^{-x^2}\cos e^{-x^2}\cdot(-x^2)'=-2xe^{-x^2}\cos e^{-x^2}$

例 3.2.13 设 $y=\cos^2(xe^x)$，求 y'.

解 $y'=[\cos^2(xe^x)]'=2\cos(xe^x)\cdot[\cos(xe^x)]'$

$=2\cos(xe^x)\cdot[-\sin(xe^x)]\cdot(xe^x)'$

$=-\sin(2xe^x)\cdot(xe^x+e^x)=-e^x(1+x)\sin(2xe^x)$

例 3.2.14 设 $y=\ln|x|$，求 y'.

解 当 $x>0$ 时，$y=\ln x$

$$y'=\frac{1}{x}$$

当 $x<0$ 时，$y=\ln(-x)$

$$y'=\frac{1}{(-x)}\cdot(-x)'=\frac{1}{x}$$

综上所述

$$(\ln|x|)'=\frac{1}{x}\quad(x\neq 0)$$

例 3.2.15 设 $x>0$，证明幂函数的导数公式

$$(x^\mu)'=\mu x^{\mu-1}\quad(\mu\neq 0)$$

证明 因为 $x^{\mu}=(e^{\ln x})^{\mu}=e^{\mu\ln x}$,

所以

$$(x^{\mu})'=(e^{\mu\ln x})'=e^{\mu\ln x}\cdot(\mu\ln x)'$$

$$=e^{\mu\ln x}\cdot\frac{\mu}{x}=\mu x^{\mu-1}$$

3.2.4 初等函数的导数

由于初等函数是由基本初等函数经过有限次四则运算和有限次的复合运算而得到的,而我们已经得到了所有基本初等函数的求导公式、导数的四则运算法则和复合函数求导法则,这样,我们就可以求出所有初等函数的导数了.

为了使用方便,将基本初等函数的导数公式及导数的四则运算法则、复合函数求导法则汇集起来,这些公式和法则,希望读者在通过大量的练习后,非常熟练地掌握.

1. 基本初等函数的求导公式:

(1) $C'=0$(C 为常数);　　(2) $(x^{\mu})'=\mu x^{\mu-1}(\mu\neq0)$

(3) $(\sin x)'=\cos x$;　　(4) $(\cos x)'=-\sin x$;

(5) $(\tan x)'=\sec^2 x$;　　(6) $(\cot x)'=-\csc^2 x$;

(7) $(\sec x)'=\sec x\tan x$;　　(8) $(\csc x)'=-\csc x\cot x$;

(9) $(a^x)'=a^x\ln a(a>0,a\neq0)$;　　(10) $(e^x)'=e^x$;

(11) $(\log_a x)'=\frac{1}{x\ln a}(a>0,a\neq0)$;　　(12) $(\ln x)'=\frac{1}{x}$;

(13) $(\arcsin x)'=\frac{1}{\sqrt{1-x^2}}(|x|<1)$;

(14) $(\arccos x)'=-\frac{1}{\sqrt{1-x^2}}(|x|<1)$;

(15) $(\arctan x)'=\frac{1}{1+x^2}$;

(16) $(\text{arccot}x)'=-\frac{1}{1+x^2}$

2. 导数的四则运算法则:

设函数 $u=u(x)$ 和 $v=v(x)$ 都是 x 的可导函数,则

(1) $(u\pm v)'=u'\pm v'$;

(2) $(uv)'=u'v+uv'$;

(3) $(Cu)'=Cu'$(C 为常数);

(4) $(\frac{u}{v})'=\frac{u'v-uv'}{v^2}(v\neq0)$

3. **复合函数求导法则**：

设 $y=f(u)$，$u=g(x)$，且 $f(u)$ 和 $g(x)$ 都可导，则复合函数 $y=f[g(x)]$ 的导数为

$$\frac{dy}{dx}=f'(u)g'(x) \quad 或 \quad \frac{dy}{dx}=\frac{dy}{du}\cdot\frac{du}{dx}$$

例 3.2.16 设 $y=\ln[\cos(4+3x^2)]$，求 y'.

解
$$\begin{aligned} y'&=\frac{1}{\cos(4+3x^2)}\cdot[\cos(4+3x^2)]' \\ &=-\frac{\sin(4+3x^2)}{\cos(4+3x^2)}\cdot(4+3x^2)' \\ &=-6x\tan(4+3x^2) \end{aligned}$$

例 3.2.17 设 $y=\sin nx\cdot\sin^n x$，求 y'.

解
$$\begin{aligned} y'&=(\sin nx)'\cdot\sin^n x+\sin nx\cdot(\sin^n x)' \\ &=n\cos nx\cdot\sin^n x+\sin nx\cdot n\sin^{n-1}x\cdot\cos x \\ &=n\sin^{n-1}x\cdot(\cos nx\cdot\sin x+\sin nx\cdot\cos x)=n\sin^{n-1}x\cdot\sin(n+1)x \end{aligned}$$

例 3.2.18 设 $y=\ln(e^x+\sqrt{1+e^{2x}})$，求 y'.

解
$$\begin{aligned} y'&=\frac{1}{e^x+\sqrt{1+e^{2x}}}\cdot(e^x+\sqrt{1+e^{2x}})' \\ &=\frac{1}{e^x+\sqrt{1+e^{2x}}}\cdot\left(e^x+\frac{1}{2\sqrt{1+e^{2x}}}\cdot e^{2x}\cdot 2\right) \\ &=\frac{e^x}{e^x+\sqrt{1+e^{2x}}}\cdot\frac{e^x+\sqrt{1+e^{2x}}}{\sqrt{1+e^{2x}}}=\frac{e^x}{\sqrt{1+e^{2x}}} \end{aligned}$$

例 3.2.19 设 $f(u)$，$g(v)$ 都是可导函数，$y=f(\sin^2 x)+g(\cos^2 x)$，求 y'.

解
$$\begin{aligned} y'&=[f(\sin^2 x)]'+[g(\cos^2 x)]' \\ &=f'(\sin^2 x)\cdot(\sin^2 x)'+g'(\cos^2 x)\cdot(\cos^2 x)' \\ &=f'(\sin^2 x)\cdot 2\sin x\cdot(\sin x)'+g'(\cos^2 x)\cdot 2\cos x\cdot(\cos x)' \\ &=f'(\sin^2 x)\cdot 2\sin x\cdot\cos x-g'(\cos^2 x)\cdot 2\cos x\cdot\sin x \\ &=\sin 2x\cdot[f'(\sin^2 x)-g'(\cos^2 x)] \end{aligned}$$

3.2.5 对数求导法

形如 $y=[f(x)]^{g(x)}$ $(f(x)>0)$ 的函数，称为**幂指函数**，它既不是幂函数，又不是指数函数，因此不能直接套用前面基本初等函数的求导公式，这时可采用先取自然对数，然后再使用复合函数链式法则求导的方法. 这种求导法称为**对数求导法**. 对数求导法除用来求幂指函数的导数外，用来求多个函数相乘的导数也是比较方便的.

例 3.2.20 设 $y=(\tan x)^{\sin x}$，求 y'.

解 在等式 $y=(\tan x)^{\sin x}$ 的两端先取绝对值，然后再取自然对数，得

$$\ln|y|=\sin x\cdot\ln|\tan x|$$

因为 y 是 x 的函数，故 $\ln|y|$ 是复合函数，上式两端关于 x 求导，得

$$\frac{1}{y}\cdot y'=\cos x\cdot\ln|\tan x|+\sin x\cdot\frac{1}{\tan x}\cdot\sec^2 x$$

$$=\cos x\ln|\tan x|+\sec x$$

所以

$$y'=(\tan x)^{\sin x}(\cos x\ln|\tan x|+\sec x).$$

例 3.2.21 设 $y=\dfrac{\sqrt[3]{x^2+5}(x^3+\sin x)^3}{(x+3)^2}$，求 y'.

解 在等式 $y=\dfrac{\sqrt[3]{x^2+5}(x^3+\sin x)^3}{(x+3)^2}$ 的两端先取绝对值，然后再取自然对数，得

$$\ln|y|=\frac{1}{3}\ln|x^2+5|+3\ln|x^3+\sin x|-2\ln|x+3|$$

因为 y 是 x 的函数，故 $\ln|y|$ 是复合函数，上式两端关于 x 求导，得

$$\frac{1}{y}\cdot y'=\frac{2x}{3(x^2+5)}+\frac{9x^2+3\cos x}{x^3+\sin x}-\frac{2}{x+3}$$

所以

$$y'=\frac{\sqrt[3]{x^2+5}(x^3+\sin x)^3}{(x+3)^2}\left[\frac{2x}{3(x^2+5)}+\frac{9x^2+3\cos x}{x^3+\sin x}-\frac{2}{x+3}\right]$$

例 3.2.22 设 $y=x^2+x^x$，求 y'.

解 将函数 $y=x^2+x^x$ 表示为

$$y=x^2+e^{x\ln|x|}$$

故

$$y'=2x+e^{x\ln|x|}\cdot(x\ln|x|)'=2x+x^x(\ln|x|+1)$$

习题 3.2

1. 求下列函数的导数：

(1) $y=2x^3+\dfrac{5}{x^7}+\sin 2$；　(2) $y=\cos x-3^x+5e^x$；

(3) $y=3\tan x+\sec x-\pi$；　(4) $y=x^2\ln x+\log_3 x$；

(5) $y=\dfrac{x-1}{x+1}$；　(6) $y=\dfrac{1+\sin t}{1+\cos t}$；

(7) $y=2^x(x\sin x+\cos x)$；　(8) $\rho=\theta e^{\theta}\cot\theta$；

(9) $y=x^2\cos x\ln x$；　　(10) $y=\dfrac{1}{\arcsin x}$.

2. 求下列函数在给定点处的导数：

(1) $y=2\sin x-5\cos x$，　$x=\dfrac{\pi}{6}$和$x=\dfrac{\pi}{3}$；

(2) $y=\dfrac{1}{1-x}+\dfrac{x^3}{3}$，　$x=0$ 和 $x=2$.

3. 求下列函数的导数：

(1) $y=(3x-7)^4$；　　(2) $y=\sin(2+3x)$；

(3) $y=e^{-7x^2}$；　　(4) $y=\ln(1+x^3)$；

(5) $y=\cos^2 x$；　　(6) $y=\sqrt{a^2+x^2}$；

(7) $y=(\arctan x)^2$；　　(8) $y=\ln\cos x$；

(9) $y=\arctan e^x$；　　(10) $y=\cot(x^3)$；

(11) $y=\dfrac{1}{\sqrt{1-x^2}}$；　　(12) $y=\arccos\dfrac{1}{x}$；

(13) $y=\ln(x+\sqrt{a^2+x^2})$；　　(14) $y=\arcsin\sqrt{x}$；

(15) $y=e^{-\frac{x}{2}}\sin 2x$.

4. 求下列函数的导数：

(1) $y=(\arctan\dfrac{x}{2})^3$；　　(2) $y=\ln\tan\dfrac{x}{2}$；

(3) $y=\sin nx\cdot\cos^n x$；　　(4) $y=\arctan\dfrac{x+1}{x-1}$；

(5) $y=\dfrac{\sqrt{1+x}-\sqrt{1-x}}{\sqrt{1+x}+\sqrt{1-x}}$；　　(6) $y=\ln\ln\ln x$；

(7) $y=(\sin x^2)^3$；　　(8) $y=\ln\cos\dfrac{1}{x}$；

(9) $y=e^{-\cos^2\frac{1}{x}}$；　　(10) $y=\arccos\dfrac{2x}{1+x^2}$.

5. 设$f(x)$是可导函数，求下列函数的导数：

(1) $y=f(2+\sqrt{x})$；　　(2) $y=f(e^x)e^{f(x)}$；

(3) $y=f^2(\arctan e^x)$；　　(4) $y=e^{f(\frac{1}{x}+\sqrt{1+x^2})}$.

6. 证明：

(1) 可导的偶函数的导数是奇函数；可导的奇函数的导数是偶函数.

(2) 可导的周期函数的导数也是周期函数.

7. 求下列函数的导数：

(1) $y=(2x^3+1)^3(x+3)^2x^7$;　　(2) $y=\frac{(3x+2)\sqrt[5]{(x-1)^3}}{\sqrt[3]{x+2}}$;

(3) $y=\sqrt{x\sqrt{x\sqrt{x}}}+\ln\sqrt[7]{\frac{(1-x^4)^3(x^2+4)}{(3x^2-x+7)}}$; (4) $y=x^{\sin x}$;

(5) $y=(1+\frac{1}{x})^x$;　　(6) $y=x^{x^x}$.

3.3　高阶导数

我们知道，如果物体的运动方程是可导函数 $s=s(t)$，则物体在时刻 t 的瞬时速度 $v(t)$ 为 $s(t)$ 对 t 的导数，$v(t)=s'(t)$. 如果 $v(t)=s'(t)$ 仍是时间 t 的可导函数，则它对时间 t 的导数即为物体在时刻 t 的瞬时加速度，瞬时加速度记为 a，则有

$$a=\frac{dv}{dt}=\frac{d}{dt}(\frac{ds}{dt})\quad 或\quad a=(s')'$$

这种导数的导数 $\frac{d}{dt}(\frac{ds}{dt})$ 或 $(s')'$ 叫做 s 对 t 的二阶导数，记做

$$\frac{d^2s}{dt^2}\quad 或\quad s''$$

例如，自由落体物体的运动方程为

$$s=\frac{1}{2}gt^2$$

其加速度为

$$a=(s')'=(gt)'=g$$

一般地，如果函数 $f(x)$ 的导数 $f'(x)$ 仍是可导函数，则把 $f'(x)$ 的导数叫做函数 $f(x)$ 的**二阶导数**，记做

$$y'',\quad \frac{d^2y}{dx^2},\quad f''(x),\quad 或\quad \frac{d^2f(x)}{dx^2}$$

如果二阶导数 $f''(x)$ 仍可导，则称它的导数为函数 $f(x)$ 的**三阶导数**，记做

$$y''',\quad \frac{d^3y}{dx^3},\quad f'''(x),\quad 或\quad \frac{d^3f(x)}{dx^3}$$

依次类推，如果函数 $f(x)$ 的 $n-1$ 阶导数 $f^{(n-1)}(x)$ 仍可导时，则称其导数为函数 $f(x)$ 的 n **阶导数**，记做

$$y^{(n)},\quad \frac{d^ny}{dx^n},\quad f^{(n)}(x),\quad 或\quad \frac{d^nf(x)}{dx^n}$$

函数 $f(x)$ 具有 n 阶导数，也常说成函数 $f(x)$ 为 n 阶可导. 二阶和二阶以上的导数统称为函数 $f(x)$ 的**高阶导数**. 有时也把函数 $f(x)$ 本身称为 $f(x)$ 的零阶

导数,即

$$f(x)=f^{(0)}(x)$$

显然,求高阶导数并不需要新的求导方法,只需对函数 $f(x)$ 逐次求导即可. 一般可通过从低阶导数找规律,得到函数的 n 阶导数.

例 3.3.1 求函数 $y=x^3+5x^2+2x+6$ 的各阶导数.

解

$$y'=3x^2+10x+2$$
$$y''=6x+10$$
$$y'''=6$$
$$y^{(n)}=0(n\geqslant 4)$$

例 3.3.2 求函数 $y=f(\ln x)$ 的二阶导数.

解

$$y'=f'(\ln x)\cdot(\ln x)'=\frac{f'(\ln x)}{x}$$

$$\begin{aligned}y''&=\frac{x[f'(\ln x)]'-f'(\ln x)\cdot(x)'}{x^2}\\&=\frac{x\cdot f''(\ln x)\cdot(\ln x)'-f'(\ln x)}{x^2}\\&=\frac{f''(\ln x)-f'(\ln x)}{x^2}\end{aligned}$$

例 3.3.3 证明:函数 $y=\sqrt{2x-x^2}$ 满足关系式 $y^3y''+1=0$.

解 由于

$$y'=\frac{2-2x}{2\sqrt{2x-x^2}}=\frac{1-x}{\sqrt{2x-x^2}}$$

$$\begin{aligned}y''&=\frac{-\sqrt{2x-x^2}-(1-x)\cdot\dfrac{2-2x}{2\sqrt{2x-x^2}}}{(\sqrt{2x-x^2})^2}\\&=\frac{-(2x-x^2)-(1-x)^2}{(2x-x^2)\sqrt{2x-x^2}}\\&=-\frac{1}{(2x-x^2)^{\frac{3}{2}}}=-\frac{1}{y^3}\end{aligned}$$

于是

$$y^3y''+1=0$$

下面介绍几个初等函数的 n 阶导数.

例 3.3.4 求指数函数 $y=a^x(a>0,a\neq 0)$ 的 n 阶导数.

解 由于

$$y'=a^x\ln a$$
$$y''=a^x\ln^2 a$$

……

$$y^{(n)}=a^x\ln^n a$$

因此

$$(a^x)^{(n)}=a^x\ln^n a \quad (n=0,1,2,\cdots)$$

特别地,有

$$(e^x)^{(n)}=e^x \qquad (n=0,1,2,\cdots)$$

例 3.3.5 求正弦函数 $y=\sin x$ 的 n 阶导数.

解 由于

$$y'=\cos x=\sin(x+\frac{\pi}{2})$$

$$y''=\sin(x+\frac{\pi}{2}+\frac{\pi}{2})=\sin(x+2\cdot\frac{\pi}{2})$$

$$y'''=\sin(x+2\cdot\frac{\pi}{2}+\frac{\pi}{2})=\sin(x+3\cdot\frac{\pi}{2})$$

一般地,有

$$y^{(n)}=\sin(x+n\cdot\frac{\pi}{2})$$

即

$$(\sin x)^{(n)}=\sin(x+n\cdot\frac{\pi}{2}) \quad (n=0,1,2\cdots\cdots)$$

用类似方法,可得

$$(\cos x)^{(n)}=\cos(x+n\cdot\frac{\pi}{2}) \quad (n=0,1,2\cdots\cdots)$$

例 3.3.6 求对数函数 $y=\ln(1+x)$ 的 n 阶导数.

解 由于

$$y'=\frac{1}{1+x}$$

$$y''=-\frac{1}{(1+x)^2}$$

$$y'''=\frac{1\cdot 2}{(1+x)^3}$$

$$y^{(4)}=-\frac{1\cdot 2\cdot 3}{(1+x)^4}$$

……

一般地,有

$$y^{(n)}=(-1)^{(n-1)}\frac{(n-1)!}{(1+x)^n}$$

即

$$[\ln(1+x)]^{(n)}=(-1)^{(n-1)}\frac{(n-1)!}{(1+x)^n}\quad(n=1,2,\cdots)$$

通常规定 $0!=1$，所以这个公式当 $n=1$ 时也成立.

从前面几个例题的解题过程可看出,要想求出一个函数的 n 阶导数,应该善于发现和总结规律.

高阶导数有如下的运算法则:

设 $u=u(x),v=v(x)$ 都 n 阶可导,则

$$(1)\ (u\pm v)^{(n)}=u^{(n)}\pm v^{(n)}$$

$$(2)\ (Cu)^{(n)}=Cu^{(u)}\ (C\text{ 为常数})$$

$$(3)\ (uv)^{(n)}=\sum_{k=0}^{n}C_n^k u^{(n-k)}v^{(k)}$$

其中 $u^{(0)}=u,v^{(0)}=v,C_n^k=\dfrac{n(n-1)\cdots(n-k+1)}{k!}$.

上述的乘积公式称为**莱布尼茨(*Leibniz*)公式**.

在求两个函数乘积 uv 的导数时,若乘积中一个因子为 n 次多项式 P_n,则当 $k>n$ 时,有 $(P_n)^{(k)}=0$,这会使计算简便.

例 3.3.7 设 $y=x^2\sin x$,求 $y^{(10)}$.

解 令 $u=\sin x,v=x^2$,则

$$u^{(n)}=\sin(x+n\cdot\frac{\pi}{2})$$

$$v'=2x,v''=2,v^{(n)}=0(n\geqslant 3)$$

由莱布尼茨公式

$$\begin{aligned}y^{(10)}&=C_{10}^0u^{(10)}v^{(0)}+C_{10}^1u^{(9)}v'+C_{10}^2u^{(8)}v''\\&=x^2\sin(x+10\cdot\frac{\pi}{2})+10\cdot 2x\sin(x+9\cdot\frac{\pi}{2})+2\cdot\frac{10\cdot 9}{2}\sin(x+8\cdot\frac{\pi}{2})\\&=-x^2\sin x+20x\cos x+90\sin x\end{aligned}$$

例 3.3.8 求函数 $y=\dfrac{1}{1-x^2}$ 的 n 阶导数.

解 如果直接对函数求 n 阶导数,运算过程十分烦琐. 先将函数分解成两部分

$$\frac{1}{1-x^2}=\frac{1}{2}(\frac{1}{1-x}+\frac{1}{1+x})$$

由两个函数和的求导公式及例 3.3.6 的解题过程,有

$$y^{(n)}=\frac{n!}{2}[\frac{1}{(1-x)^{n+1}}+\frac{(-1)^n}{(1+x)^{n+1}}]\quad(n=0,1,2,\cdots)$$

习题 3.3

1. 求下列函数的二阶导数：

(1) $y=e^{-x^2}$； (2) $y=\ln(1+x^2)$；

(3) $y=\dfrac{\ln x}{x^2}$； (4) $y=x\sin x$；

(5) $y=\cos^2 x\ln x$； (6) $y=(1+x^2)\arctan x$.

2. 设 $f(u)$ 二阶可导，求下列函数的二阶导数：

(1) $y=f(x^2)$； (2) $y=\ln[f(x)]$；

(3) $y=e^{-f(x)}$； (4) $y=f(\dfrac{1}{x})$.

3. 验证函数 $y=e^{\sqrt{x}}+e^{-\sqrt{x}}$ 满足关系式 $xy''+\dfrac{1}{2}y'-\dfrac{1}{4}y=0$.

4. 试从 $\dfrac{dx}{dy}=\dfrac{1}{y'}$，推出 $\dfrac{d^2x}{dy^2}=-\dfrac{y''}{(y')^3}$.

5. 求下列函数的 n 阶导数：

(1) $y=\dfrac{2x+2}{x^2+2x-3}$；

(2) $y=\sin^2 x$；

(3) $y=xe^x$.

6. 应用莱布尼茨公式计算下列高阶导数：

(1) $y=x^2e^x$，求 $y^{(50)}$；

(2) $y=\dfrac{e^x}{x}$，求 $y^{(10)}$.

3.4 隐函数的导数

前面我们所研究的函数都可表示为 $y=f(x)$ 的形式，这种函数表达方式的特点是：等号左端是因变量 y，而右端是只含自变量 x 的表达式，当自变量在定义域内任取一值时，由这个式子都能确定对应的函数值．用这种方式表达的函数称为**显函数**．例如，下列函数都是显函数

$$y=e^{\cos^2 x},y=\ln x+\sqrt{x+\sqrt{x+\sqrt{x}}}$$

有些函数的表达式却不是这样，例如，方程

$$\sin x+y^3-1=0$$

表示一个函数，当自变量 x 在 $(-\infty,+\infty)$ 上取值时，根据方程 $\sin x+y^3-1=0$，变量 y 有唯一确定的值与之对应，这样的函数称为**隐函数**.

一般地,如果变量 x 和 y 满足方程 $F(x,y)=0$,即在一定条件下,当 x 在某区间内任取一值时,相应地总有满足这方程的唯一的 y 值存在,那么方程 $F(x,y)=0$在该区间内就确定了一个隐函数.

把一个隐函数化成显函数,叫做隐函数的显化,例如从方程

$$\sin x+y^3-1=0$$

解出 $y=\sqrt[3]{1-\sin x}$, 就把隐函数化成了显函数.

隐函数的显化有时是困难的,甚至是不可能的. 在经济研究与分析中,有时需计算隐函数的导数,因此,当方程 $F(x,y)=0$ 确定 y 是 x 的可导函数时,我们希望有一种方法,不管隐函数是否能显化,都能直接由方程 $F(x,y)=0$ 求出由它所确定的隐函数的导数. 下面,我们通过例题来介绍隐函数的求导方法.

例 3.4.1 设方程 $x^3+y^3-6xy=0$ 确定 y 是 x 的函数,求$\frac{dy}{dx}$.

分析 在已给方程中,x 是自变量,y 是 x 的函数,y^3 是 y 的函数,从而,y^3 是复合函数(这时,要把 y 理解为中间变量). 因此,在求$\frac{d}{dx}(y^3)$时,需用复合函数求导法则.

解 在方程 $x^3+y^3-6xy=0$ 两端关于 x 求导,得

$$3x^2+3y^2\frac{dy}{dx}-6y-6x\frac{dy}{dx}=0$$

解出$\frac{dy}{dx}$,得

$$\frac{dy}{dx}=\frac{2y-x^2}{y^2-2x}$$

例 3.4.2 求由方程 $y^5+2y-x-3x^7=0$ 所确定的隐函数 $y=f(x)$在点$x=0$处的导数值.

解 在方程两端关于 x 求导,得

$$5y^4y'+2y'-1-21x^6=0$$

解出 y',得

$$y'=\frac{1+21x^6}{5y^4+2}$$

当 $x=0$ 时,从原方程解得 $y\Big|_{x=0}=0$,所以

$$y'\Big|_{x=0}=\frac{1+21x^6}{5y^4+2}\Bigg|_{\substack{x=0\\y=0}}=\frac{1}{2}$$

例 3.4.3 求由方程 $xy-e^x+e^y=0$ 所确定的曲线 $y=f(x)$ 在点 $x=0$ 处的切线方程.

解 先确定当 $x=0$ 时所对应的 y 值,将 $x=0$ 代入原方程,得

$$0 - e^0 + e^y = 0$$

从而

$$y\Big|_{x=0} = 0$$

然后确定切线的斜率,方程 $xy - e^x + e^y = 0$ 两端关于 x 求导,得

$$y + xy' - e^x + e^y y' = 0$$

解出 y',得

$$y' = \frac{e^x - y}{e^y + x}$$

于是,曲线 $y = f(x)$ 在点(0,0)处的切线斜率为

$$y'\Big|_{x=0} = \frac{e^x - y}{e^y + x}\Big|_{\substack{x=0\\y=0}} = 1$$

从而,所求切线方程为

$$y = x$$

例 3.4.4 设由方程 $e^y = xy$ 确定的函数 $y = f(x)$,求$\frac{d^2y}{dx^2}$.

解 方程两端关于 x 求导,得

$$e^y \frac{dy}{dx} = y + x\frac{dy}{dx}$$

解出$\frac{dy}{dx}$,得

$$\frac{dy}{dx} = \frac{y}{e^y - x}$$

在等式 $e^y \frac{dy}{dx} = y + x\frac{dy}{dx}$两端关于 x 求导,其中$\frac{dy}{dx}$是 x 的函数,得

$$e^y\left(\frac{dy}{dx}\right)^2 + e^y\frac{d^2y}{dx^2} = 2\frac{dy}{dx} + x\frac{d^2y}{dx^2}$$

解出$\frac{d^2y}{dx^2}$,得

$$\frac{d^2y}{dx^2} = \frac{2\frac{dy}{dx} - e^y\left(\frac{dy}{dx}\right)^2}{e^y - x}$$

最后,将$\frac{dy}{dx} = \frac{y}{e^y - x}$代入上式,得所求二阶导数

$$\frac{d^2y}{dx^2} = \frac{\frac{2y}{e^y - x} - \frac{e^y y^2}{(e^y - x)^2}}{e^y - x} = \frac{2y(e^y - x) - y^2 e^y}{(e^y - x)^3}$$

注 在什么条件下,方程 $F(x,y) = 0$ 可以确定 y 是 x 的可导函数这个问题,留在多元微积分时再讨论.

习题 3.4

1. 求由下列方程确定的隐函数 $y=f(x)$ 的导数$\frac{dy}{dx}$：

(1) $x^2+y^2+xy=5$；　　(2) $y\cos x-\sin(x-y)=0$；

(3) $xy+\cos y=\ln y$；　　(4) $e^y=\sin(x+y)$；

(5) $x^y=y^x$.

2. 求由方程 $\arctan\frac{x}{y}=\ln\sqrt{x^2+y^2}$ 确定的隐函数 $y=f(x)$ 的二阶导数$\frac{d^2y}{dx^2}$.

3.5　函数的微分

3.5.1　微分的概念

设函数 $y=f(x)$ 在某区间 I 内有定义，$x_0\in I$，当自变量 x 在点 x_0 处取得改变量 $\Delta x(x_0+\Delta x\in I)$ 时，因变量 y 有相应的改变量

$$\Delta y=f(x_0+\Delta x)-f(x_0)$$

在经济应用与分析中，有时需要处理下面的问题：

(1) 当 $|\Delta x|$ 很小时，计算 Δy 的值；

(2) 当 $|\Delta x|$ 很小时，判断 Δy 的符号.

一般而言，Δy 是关于 Δx 的一个较复杂的表达式，处理起来往往较困难. 因此，有必要找到一个近似表示 Δy 的方法，并且满足两个要求：一是计算简便，二是容易估计近似误差.

先来看一个具体的例子.

一个边长为 x 的正方形，它的面积 $y=x^2$ 是 x 的函数. 若边长由 x_0 变到 $x_0+\Delta x$（见图 3-5）时，面积相应的改变量为

$$\Delta y=(x_0+\Delta x)^2-x_0^2=2x_0\Delta x+(\Delta x)^2$$

显然，Δy 由两部分构成：

第一部分 $2x_0\Delta x$ 是 Δx 的线性函数，即图 3-5 中阴影部分的面积.

第二部分 $(\Delta x)^2$ 是图 3-5 中以 Δx 为边长的小正方形的面积. 当 $\Delta x\to 0$ 时，$(\Delta x)^2$ 是比 Δx 高阶的无穷小，即

$$(\Delta x)^2=o(\Delta x)\ (\Delta x\to 0)$$

由此可见，当 $|\Delta x|$ 很小时，面积的改变量 Δy 可近似地用第一部分 $2x_0\Delta x$ 来计算，这样便有

(1) 计算简便：

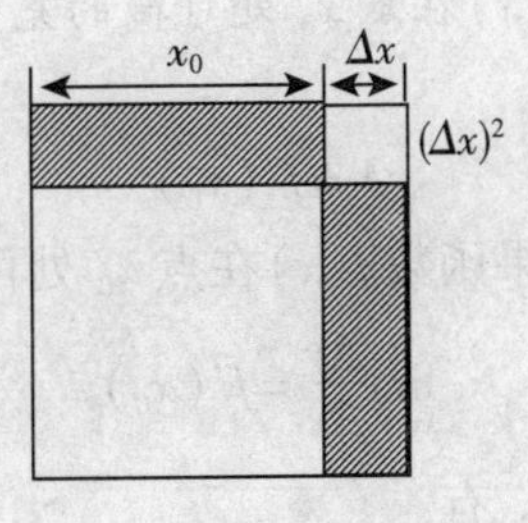

图 3-5

$$\left.\frac{dy}{dx}\right|_{x=x_0}=\frac{d}{dx}(x^2)\left.\right|_{x=x_0}=2x_0$$

$2x_0\Delta x$ 中的 $2x_0$ 等于函数 $y=x^2$ 在点 x_0 处的导数值.

(2)可估计近似的误差：当 $|\Delta x|$ 很小时，误差 $(\Delta x)^2=\Delta y-2x_0\Delta x$ 比 $|\Delta x|$ 更小.

一般地，如果函数 $y=f(x)$ 的改变量 $\Delta y=f(x+\Delta x)-f(x)$ 可表示为

$$\Delta y=A\Delta x+o(\Delta x)$$

其中 A 是不依赖于 Δx 的常数，$o(\Delta x)$ 是当 $\Delta x\to 0$ 时比 Δx 高阶的无穷小，则当 $A\neq 0$ 且 $|\Delta x|$ 很小时，Δy 就可以用 $A\Delta x$ 来近似计算，并且所产生误差 $o(\Delta x)=\Delta y-A\Delta x$ 的绝对值比 $|\Delta x|$ 更小．这就给出了近似计算函数改变量 Δy 的方法，由此引出函数微分的定义.

定义 3.5.1 设函数 $y=f(x)$ 在某区间 I 内有定义，$x_0,x_0+\Delta x\in I$. 如果函数的改变量 $\Delta y=f(x_0+\Delta x)-f(x_0)$ 可表示为

$$\Delta y=A\Delta x+o(\Delta x)$$

其中 A 是与 x_0 有关而与 Δx 无关的一个常数，$o(\Delta x)$ 是当 $\Delta x\to 0$ 时比 Δx 高阶的无穷小，则称函数 $f(x)$ 在点 x_0 处可微，称 $A\Delta x$ 为函数 $f(x)$ 在点 x_0 处的微分，记为 $dy\big|_{x=x_0}$，即

$$dy\big|_{x=x_0}=A\Delta x$$

由定义可见，所谓函数 $f(x)$ 在点 x_0 处可微，即函数在点 x_0 处的改变量 $\Delta y=f(x_0+\Delta x)-f(x_0)$ 可以表示为两项之和：

第一项 $dy=A\Delta x$ 是便于计算的 Δx 的线性函数，是函数改变量 Δy 的主要部分，故把第一项称为 Δy 的**线性主部**.

第二项是当 $\Delta x\to 0$ 时比 Δx 高阶的无穷小量，它的具体表达式往往是复杂的，但当 $|\Delta x|$ 相当小时，在近似计算 Δy 时可以忽略不计.

现在要问，函数 $f(x)$ 在点 x_0 处可微的条件是什么？如果可微，常数 A 为何？下面的定理不但解决了这两个问题，而且还给出了函数在一点可微与可导的关系.

定理3.5.1 函数 $y=f(x)$ 在点 x_0 处可微的充分必要条件是函数 $f(x)$ 在点 x_0 处可导，这时

$$A=f'(x_0)$$

证明 先证充分性：如果函数 $f(x)$ 在点 x_0 处可导，即有

$$\lim_{\Delta x\to 0}\frac{\Delta y}{\Delta x}=f'(x_0)$$

由极限存在与无穷小的关系，有

$$\frac{\Delta y}{\Delta x}=f'(x_0)+\alpha$$

其中 $\lim\limits_{\Delta x\to 0}\alpha=0$，从而

$$\Delta y=f'(x_0)\Delta x+\alpha\Delta x$$

由于 $f'(x_0)$ 是与 Δx 无关的常数，且 $\lim\limits_{\Delta x\to 0}\frac{\alpha\Delta x}{\Delta x}=\lim\limits_{\Delta x\to 0}\alpha=0$，即当 $\Delta x\to 0$ 时，$\alpha\Delta x=o(\Delta x)$．根据微分定义，函数 $y=f(x)$ 在点 x_0 处可微．

再证必要性：设函数 $f(x)$ 在点 x_0 处可微，即有

$$\Delta y=A\Delta x+o(\Delta x)$$

其中 A 与 Δx 无关，等式两端同时除以 Δx，并令 $\Delta x\to 0$，有

$$f'(x_0)=\lim_{\Delta x\to 0}\frac{\Delta y}{\Delta x}=\lim_{\Delta x\to 0}\left[A+\frac{o(\Delta x)}{\Delta x}\right]=A$$

上式说明函数 $f(x)$ 在点 x_0 处可导，且 $f'(x_0)=A$，从而

$$dy\Big|_{x=x_0}=f'(x_0)\Delta x$$

导数与微分都是讨论 Δx 与 Δy 的关系的，所以导数与微分之间应有内在的联系，定理3.5.1揭示了这种联系．由该定理可知：一元函数在一点可导与可微是等价的．求函数在一点的微分，实际上就是计算出函数在这一点的导数，然后再乘以自变量的改变量，即 $dy\Big|_{x=x_0}=f'(x_0)\Delta x$.

但是，导数与微分是两个不同的概念，导数 $f'(x_0)$ 是函数 $f(x)$ 在点 x_0 处的瞬时变化率，而微分 $dy\Big|_{x=x_0}$ 是函数 $f(x)$ 在点 x_0 处改变量 Δy 的线性主部，导数的值只与 x_0 有关，而微分的值既与 x_0 有关，又与 Δx 有关．

如果函数 $y=f(x)$ 在区间 I 内的每一点都可微，则称函数 $f(x)$ 为区间 I 内的可微函数，对 $x\in I$，有

$$dy=f'(x)\Delta x$$

对于特殊的函数 $y=x$，$y'=1$，从而

$$dy=\Delta x$$

即

$$dx=\Delta x$$

所以自变量 x 的改变量 Δx 就是自变量 x 的微分 dx. 因此,函数 $f(x)$ 的微分可以写成

$$dy = f'(x)dx$$

于是

$$f'(x) = \frac{dy}{dx}$$

即函数 $f(x)$ 在点 x 处的导数等于函数的微分 dy 与自变量的微分 dx 的商,所以导数又称为**微商**.

例 3.5.1 求函数 $y = x^3 + 2x^2$ 在 $x_0 = 2, \Delta x = 0.1$ 时的改变量与微分.

解

$$\begin{aligned}\Delta y &= f(x_0 + \Delta x) - f(x_0) \\ &= (2.1)^3 + 2(2.1)^2 - [2^3 + 2 \cdot 2^2] = 2.081\end{aligned}$$

而

$$dy = (x^3 + 2x^2)'dx = (3x^2 + 4x)dx$$

所以

$$dy\Big|_{\substack{x_0=2\\dx=0.1}} = [3(2)^2 + 4(2)] \cdot (0.1) = 2.$$

注 $|\Delta y - dy| = 0.081 < 0.1 = |\Delta x|$.

例 3.5.2 求函数 $y = \sin(2x+1)$ 的微分.

解 由

$$y' = 2\cos(2x+1)$$

得

$$dy = y'dx = 2\cos(2x+1)dx.$$

3.5.2 微分的几何意义

为了更好地理解微分的概念,下面我们来探讨微分的几何意义.

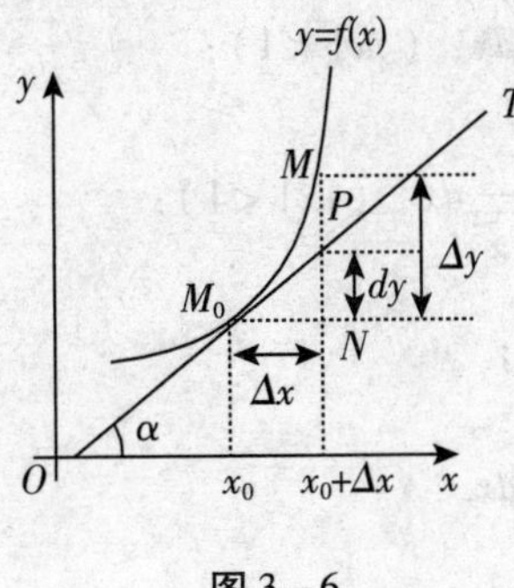

图 3-6

如图 3-6, M_0T 是函数曲线 $y = f(x)$ 上点 $M_0(x_0, y_0)$ 处的切线,当曲线的横

坐标由 x_0 改变到 $x_0+\Delta x$ 时，曲线相应的纵坐标的改变量为

$$NM=f(x_0+\Delta x)-f(x_0)=\Delta y$$

而切线相应的纵坐标的改变量为

$$NP=\tan\alpha\cdot\Delta x=f'(x_0)\Delta x=dy$$

由此知，当自变量 x 在点 x_0 处取得改变量 Δx 时，函数 $y=f(x)$ 在点 $M_0(x_0,y_0)$ 处的微分 dy 的几何意义是：曲线 $y=f(x)$ 在点 $M_0(x_0,y_0)$ 处的切线的纵坐标的改变量.

用 dy 代替 Δy，就是用切线纵坐标的改变量代替函数曲线的纵坐标的改变量，这正是**以直代曲**：即在点 M_0 邻近，用切线代替曲线计算函数改变量，所产生的误差为

$$|PM|=|\Delta y-dy|$$

当 $|\Delta x|$ 很小时，误差 $|\Delta y-dy|$ 要比 $|\Delta x|$ 小得多.

3.5.3 微分的运算法则

对于可微函数 $y=f(x)$ 而言，由微分表达式 $dy=f'(x)dx$ 可知，要求微分 dy，只要求出导数 $f'(x)$，再乘以 dx 即可. 所以利用基本初等函数的导数公式和导数的运算法则，便可得到相应的微分公式和微分运算法则.

1. 基本初等函数的微分公式

(1) $dC=0$（C 为常数）； (2) $dx^\mu=\mu x^{\mu-1}dx$；

(3) $d\sin x=\cos x dx$； (4) $d\cos x=-\sin x dx$；

(5) $d\tan x=\sec^2 x dx$； (6) $d\cot x=-\csc^2 x dx$；

(7) $d\sec x=\sec x\tan x dx$； (8) $d\csc x=-\csc x\cot x dx$；

(9) $da^x=a^x\ln a dx \quad (a>0,a\neq 0)$； (10) $de^x=e^x dx$；

(11) $d\log_a x=\dfrac{1}{x\ln a}dx \quad (a>0,a\neq 0)$； (12) $d\ln x=\dfrac{1}{x}dx$；

(13) $d\arcsin x=\dfrac{1}{\sqrt{1-x^2}}dx \quad (|x|<1)$；

(14) $d\arccos x=-\dfrac{1}{\sqrt{1-x^2}}dx \quad (|x|<1)$；

(15) $d\arctan x=\dfrac{1}{1+x^2}dx$；

(16) $d\text{arccot}\, x=-\dfrac{1}{1+x^2}dx.$

2. 微分的四则运算法则

设函数 $u=u(x)$ 和 $v=v(x)$ 都是 x 的可微函数，则

(1) $d(u\pm v)=du\pm dv$；

(2) $d(uv) = vdu + udv$;

(3) $d(Cu) = Cdu$（C 为常数）;

(4) $d\left(\frac{u}{v}\right) = \frac{vdu - udv}{v^2}\ (v \neq 0)$.

下面只对商的微分公式给出证明，其他的公式可类似地证明.

由微分与导数之间的关系，有

$$d\left(\frac{u}{v}\right) = \left(\frac{u}{v}\right)'dx = \frac{u'v - uv'}{v^2}dx$$
$$= \frac{(u'dx)v - u(v'dx)}{v^2}$$
$$= \frac{vdu - udv}{v^2}$$

3. 复合函数的微分法则

设 $y = f(u)$ 和 $u = g(x)$ 都可微，则复合函数 $y = f[g(x)]$ 的微分为

$$dy = y'dx = f'[\varphi(x)]\varphi'(x)dx.$$

由于 $\varphi'(x)dx = d\varphi(x) = du$，所以复合函数 $y = f[g(x)]$ 的微分也可表示为

$$dy = f'(u)du$$

在上式中，u 是一个中间变量. 当 $y = f(u)$ 且 u 是自变量时，也有 $dy = f'(u)du$. 由此可知，无论 u 是自变量还是中间变量，$y = f(u)$ 对 u 的微分形式都是

$$dy = f'(u)du$$

上述性质称为一元函数的**一阶微分形式不变性**. 函数的导数就不具备这种形式不变性. 一阶微分的形式不变性，使得我们在计算函数的微分时不必考虑是对自变量的微分，还是对中间变量的微分，这给微分运算带来很大的方便.

例 3.5.3 求函数 $y = e^{x^3+2x}$ 的微分.

解法 1 因为

$$y' = (3x^2 + 2)e^{x^3+2x}$$

所以

$$dy = y'dx = (3x^2 + 2)e^{x^3+2x}dx$$

解法 2 利用微分的形式不变性，将 $x^3 + 2x$ 看成中间变量 u，则

$$dy = de^u = e^u du$$
$$= e^{x^3+2x}d(x^3 + 2x) = (3x^2 + 2)e^{x^3+2x}dx$$

例 3.5.4 求函数 $y = x^3\sin 2x$ 的微分.

解

$$dy = \sin 2x \cdot d(x^3) + x^3 \cdot d(\sin 2x)$$
$$= \sin 2x \cdot 3x^2dx + x^3 \cdot \cos 2x \cdot d(2x)$$

$$= 3x^2\sin 2x dx + 2x^3\cos 2x dx$$

例 3.5.5 求函数 $y = \ln\sin\sqrt{2x+1}$ 的微分.

解

$$dy = \frac{1}{\sin\sqrt{2x+1}} d(\sin\sqrt{2x+1})$$

$$= \frac{\cos\sqrt{2x+1}}{\sin\sqrt{2x+1}} d(\sqrt{2x+1})$$

$$= \frac{\cot\sqrt{2x+1}}{2\sqrt{2x+1}} d(2x+1)$$

$$= \frac{\cot\sqrt{2x+1}}{\sqrt{2x+1}} dx$$

例 3.5.6 求由方程 $y\sin x = \cos(x-y)$ 所确定的隐函数 $y=f(x)$ 的微分.

解 方程两端分别求微分，有

$$\sin x dy + y d\sin x = d[\cos(x-y)]$$

即

$$\sin x \cdot dy + y\cos x \cdot dx = -\sin(x-y) \cdot (dx - dy)$$

解出 dy，得

$$dy = \frac{y\cos x + \sin(x-y)}{\sin(x-y) - \sin x} dx$$

3.5.4 由参数方程所确定的函数的导数

因为函数 $y=f(x)$ 在点 x 处的导数等于函数的微分 dy 与自变量的微分 dx 的商，所以，如果函数 $y=f(x)$ 是由参数方程

$$\begin{cases} x = \varphi(t) \\ y = \psi(t) \end{cases}$$

所确定，当 $\varphi(t)$、$\psi(t)$ 都可微，且 $\varphi'(t) \neq 0$ 时，函数 $y=f(x)$ 的导数是

$$\frac{dy}{dx} = \frac{d\psi(t)}{d\varphi(t)} = \frac{\psi'(t)dt}{\varphi'(t)dt} = \frac{\psi'(t)}{\varphi'(t)}$$

这就是由参数方程所确定的函数 $y=f(x)$ 的求导公式.

例 3.5.7 求由参数方程 $\begin{cases} x = \cos t \\ y = 1 + t^2 \end{cases}$ 所确定的函数 $y=f(x)$ 的导数.

解 因为

$$dx = d\cos t = -\sin t dt, \ dy = d(1+t^2) = 2t dt$$

所以，所求函数的导数为

$$\frac{dy}{dx} = \frac{2t dt}{-\sin t dt} = -\frac{2t}{\sin t}$$

例 3.5.8 求由参数方程$\begin{cases} x=\ln(1+t^2) \\ y=t-\arctan t \end{cases}$所确定的函数 $y=f(x)$ 的二阶导数.

解 因为

$$dx=[\ln(1+t^2)]'dt=\frac{2t}{1+t^2}dt$$

$$\begin{aligned} dy &= (t-\arctan t)'dt \\ &= \left(1-\frac{1}{1+t^2}\right)dt=\frac{t^2}{1+t^2}dt \end{aligned}$$

所以，函数 $f(x)$ 的一阶导数为

$$y'=\frac{dy}{dx}=\frac{t}{2}$$

一阶导数可以看作是由参数方程

$$\begin{cases} x=\ln(1+t^2) \\ y'=\frac{t}{2} \end{cases}$$

所确定的函数，再一次使用由参数方程所确定函数的求导公式，函数 $f(x)$ 的二阶导数为

$$\begin{aligned} y''=\frac{d(y')}{dx} &= \frac{\frac{1}{2}dt}{\frac{2t}{1+t^2}dt} \\ &= \frac{1+t^2}{4t} \end{aligned}$$

3.5.5 微分在近似计算中的应用

通过前面的讨论可知，如果函数 $y=f(x)$ 在点 x_0 处的导数 $f'(x_0)\neq 0$，且 $|\Delta x|$ 很小时，可用微分 dy 近似计算函数的改变量 Δy. 由于

$$\Delta y=f(x_0+\Delta x)-f(x_0)\approx dy=f'(x_0)\Delta x$$

所以，我们可以得到两个近似计算公式:

(1) $f(x_0+\Delta x)\approx f(x_0)+f'(x_0)\Delta x$;

(2) $\Delta y\approx f'(x_0)\Delta x$

公式(1)是近似计算函数值: 在点 x_0 处，当 $|\Delta x|$ 很小时，用 $f(x_0)+f'(x_0)\Delta x$ 近似计算函数值 $f(x_0+\Delta x)$;

公式(2)是近似计算函数的改变量: 在点 x_0 处，当 $|\Delta x|$ 很小时，用 $f'(x_0)\Delta x$ 近似计算函数的改变量 $\Delta y=f(x_0+\Delta x)-f(x_0)$.

例 3.5.9 计算 ln0.9 的近似值.

解　这是求函数值的近似值问题．

ln0.9 可以看成是函数 $y=\ln x$ 在点 $x=0.9$ 处的函数值．于是，令

$$y=\ln x, x_0=1, \Delta x=-0.1（|\Delta x|较小）$$

由于

$$f(x_0)=f(1)=\ln 1=0$$

$$f'(x)=\frac{1}{x}, f'(x_0)=f'(1)=\frac{1}{1}=1$$

因此，由上述的近似计算公式(1)，有

$$\ln 0.9\approx f(x_0)+f'(x_0)\Delta x=0+1\times(-0.1)=-0.1$$

例 3.5.10　水管壁的横切面是一个圆环，设它的内半径为 3 米、壁厚为 0.07 米，利用微分求圆环横切面的面积的近似值．

解　这是求函数的改变量的近似值问题．

半径为 r 的圆面积为

$$S=f(r)=\pi r^2$$

于是，令

$$r_0=3, \Delta r=0.07$$

由上述的近似计算公式(2)，所求圆环横切面的面积的近似值为

$$\begin{aligned}\Delta S&=f(r_0+\Delta r)-f(r_0)\\&\approx f'(r_0)\Delta r\\&=2\pi r_0\Delta r=0.42\pi(m^2)\end{aligned}$$

习题 3.5

1. 设 $f(x)=x^3-2x+1$，计算在 $x=1$ 处，当 $\Delta x=1, 0.1, 0.01$ 时，相应的函数的改变量 Δy 与函数的微分 dy.

2. 求下列函数的微分：

(1) $y=e^x+e^{e^x}+e^{e^{e^x}}$；　　(2) $y=\ln(e^{2x}+1)$；

(3) $y=[\ln(1+\sqrt{x})]^3$.

3. 将适当的函数填入下列括号内，使等式成立：

(1) $d(\quad)=4dx$；　　(2) $d(\quad)=4xdx$；

(3) $d(\quad)=\cos 3xdx$；　　(4) $d(\quad)=e^{-2x}dx$；

(5) $d(\quad)=\dfrac{1}{2+3x}dx$；　　(6) $d(\quad)=\sec^2 3xdx$.

4. 求由下列方程确定的隐函数 $y=f(x)$ 的微分：

(1) $e^x-xy-e^y=0$；　　(2) $x+y=\arctan(x-y)$；

(3) $xy^2+e^y=\cos(x+y^2)$.

5. 求下列参数方程所确定的函数 $y=f(x)$ 的一阶导数与二阶导数：

(1) $\begin{cases} x=1-t^3 \\ y=t-t^3 \end{cases}$；　　(2) $\begin{cases} x=te^{-t} \\ y=e^{-t} \end{cases}$.

6. 写出下列曲线在所给参数值相应的点处的切线方程和法线方程：

(1) $\begin{cases} x=\cos t \\ y=\sin t \end{cases}$，在 $t=\dfrac{\pi}{4}$ 处；

(2) $\begin{cases} x=\dfrac{3at}{1+t^2} \\ y=\dfrac{3at^2}{1+t^2} \end{cases}$，在 $t=2$ 处.

7. 证明当 $|x|$ 的绝对值很小时，有近似计算公式：

(1) $\sin x \approx x$；　　(2) $e^x \approx 1+x$；

(3) $\tan x \approx x$；　　(4) $(1+x)^{\alpha} \approx 1+\alpha x$；

(5) $\ln(1+x) \approx x$.

8. 求下列各数的近似值：

(1) $\sqrt[3]{1.02}$；　　(2) $\ln(1.003)$.

9. 一正方体的棱长 $x=10m$，如果棱长增加 $0.01m$，求此正方体体积增加的精确值与近似值.

3.6 导数在经济分析中的应用

边际概念是经济学中一个非常重要的概念．在经济分析中，在某点处对经济变量进行微小的增量调整称为**边际变动**．一个经济函数的导数称为边际函数，利用导数研究经济变量的边际变化的方法，称为**边际分析方法**．在许多情况下，人们可以通过考虑边际量来作出最佳的决策．

3.6.1 边际概念

对某一个经济函数，通常我们关心的是当自变量取得一个很小的改变量时，函数的变化率是多少．变化率分为平均变化率与瞬时变化率，当自变量的改变量很小且函数可导时，我们可用瞬时变化率近似描述平均变化率.

如果函数 $y=f(x)$ 在点 x_0 处可导，则 $f(x)$ 在区间 $[x_0, x_0+\Delta x]$ $(\Delta x>0)$ 上的平均变化率为

$$\frac{\Delta y}{\Delta x}=\frac{f(x_0+\Delta x)-f(x_0)}{\Delta x}$$

在点 x_0 处的瞬时变化率为

$$\lim_{\Delta x\to 0}\frac{\Delta y}{\Delta x}=\lim_{\Delta x\to 0}\frac{f(x_0+\Delta x)}{\Delta x}=f'(x_0)$$

在经济分析中，称 $f'(x_0)$ 为函数 $f(x)$ 在点处 $x=x_0$ 的边际函数值.

当 $|\Delta x|$ 充分小时，有

$$\frac{\Delta y}{\Delta x}\approx f'(x_0)$$

或

$$\Delta y\approx f'(x_0)\Delta x$$

取 $\Delta x=1$，即自变量 x 在 x_0 的基础上增加一个单位，则函数的改变量为 $\Delta y=f(x_0+1)-f(x_0)$，由上述近似计算公式有

$$\Delta y=f(x_0+1)-f(x_0)\approx f'(x_0)$$

这说明，当自变量 x 在 x_0 的基础上增加一个单位时，函数 $f(x)$ 的值近似改变了 $f'(x_0)$ 个单位. 在经济分析中，在解释边际函数值的具体意义时，一般都省略“近似”二字.

注 当 $\Delta x=-1$ 时，自变量 x 在 x_0 的基础上减少一个单位，此时有

$$\Delta y=f(x_0-1)-f(x_0)\approx -f'(x_0)$$

我们可以得到与 $\Delta x=1$ 时类似的解释.

定义 3.6.1 设函数 $y=f(x)$ 为可导函数，则称 $f'(x)$ 为 $f(x)$ 的边际函数，称 $f'(x_0)$ 为函数 $f(x)$ 在点 $x=x_0$ 处的边际函数值.

函数 $y=f(x)$ 点 x_0 处的边际函数值 $f'(x_0)$ 表示：当自变量 x 在 x_0 的基础上改变一个单位时，因变量 y 改变的数量. 例如，设函数 $y=2x^2$，其导数为 $y'=4x$，当 $x=5$ 时，边际函数值为 $y'\big|_{x=5}=20$，该数值的意义是：当自变量 x 在 $x=5$ 的基础上增加一个单位时，因变量 y 将在 $y\big|_{x=5}=50$ 的基础上增加 20 个单位，或者，当自变量 x 在 $x=5$ 的基础上减少一个单位时，因变量 y 将在 $y\big|_{x=5}=50$ 的基础上减少 20 个单位.

3.6.2 经济学中常见的边际函数

1. 边际成本

总成本函数 $C=C(Q)$ 的导数

$$C'(Q)=\lim_{\Delta Q\to 0}\frac{C(Q+\Delta Q)-C(Q)}{\Delta Q}$$

称为边际成本(函数).

例 3.6.1 设生产某产品 Q 单位的总成本为

$$C(Q)=Q^3-12Q^2+60Q$$

求当 $Q=10$ 时的边际成本，并解释边际成本的经济意义.

解 边际成本函数为

$$C'(Q)=3Q^2-24Q+60$$

当 $Q=10$ 时的边际成本为

$$C'(10)=120$$

它表示当产量在 $Q=10$ 的基础上多(少)生产一个单位产品时,成本将在 $C(10)=400$ 的基础上增加(减少)120 个单位.

2. 边际收益

总收益函数 $R=R(Q)$ 的导数

$$R'(Q)=\lim_{\Delta Q\to 0}\frac{R(Q+\Delta Q)-R(Q)}{\Delta Q}$$

称为边际收益(函数).

例 3.6.2　某企业产品的市场需求函数为

$$P+0.1Q=80$$

其中 P 为价格,Q 为需求量,求:

(1)总收益函数;

(2)边际收益函数;

(3)计算 $Q=200$ 和 $Q=450$ 时的边际收益,并解释其经济意义.

解　(1)总收益函数为

$$R(Q)=PQ=80Q-0.1Q^2$$

(2)边际收益函数为

$$R'(Q)=80-0.2Q$$

(3)$R'(200)=40$,即当销量为 200 个单位时,边际收益为 40,其经济意义为:销量在 $Q=200$ 的基础上多销售一单位产品时,收益将增加 40 个单位;$R'(450)=-10$,即当销量为 450 个单位时,边际收益为 -10,其经济意义为:销量在 $Q=450$ 的基础上多销售一单位产品时,收益将减少 10 个单位.

3. 边际利润

利润函数 $\pi(Q)=R(Q)-C(Q)$ 的导数

$$\pi'(Q)=R'(Q)-C'(Q)$$

称为边际利润(函数),边际利润等于边际收益与边际成本的差.

例 3.6.3　某企业生产某产品,每天的利润 $\pi(Q)$ 与产量 Q 的函数关系为

$$\pi(Q)=250Q-5Q^2$$

求:每天生产 10、25 和 35 个单位时的边际利润,并解释其经济意义.

解　边际利润函数为

$$\pi'(Q)=250-10Q$$

因此,每天生产 10、25 和 35 个单位时的边际利润分别是

$$\pi'(10)=250-10\times 10=150$$

$$\pi'(25)=250-10\times 25=0$$

$$\pi'(35)=250-10\times 35=-100$$

其经济意义是：$\pi'(10)=150$ 表示在每天产量为 10 个单位的基础上再多生产一个单位时，利润将增加 150 个单位；$\pi'(25)=0$ 表示在每天产量为 25 个单位的基础上再多生产一个单位时，利润没有变化；$\pi'(35)=-100$ 表示在每天产量为35 个单位的基础上再多生产一个单位时，利润将减少100 个单位.

由此例可见，若 $\pi'(Q)>0$，则增加产量可增加利润；若 $\pi'(Q)<0$，则减少产量可增加利润．于是，只要边际利润不等于零，都可以通过调整产量，使利润增加.

3.6.3 弹性分析

弹性概念是经济分析中另一个重要的概念，用来定量地描述一个经济变量对另一个经济变量变化的反应敏感程度，或者说，一个经济变量变动百分之一时会使另一个经济变量变动百分之几.

在前面讨论的边际分析中，函数的改变量与函数的变化率都是绝对的量，但在分析某些经济问题时，仅讨论绝对量是不够的．例如，商品 A 单价为 10 元，涨价 1 元；商品 B 单价为 10000 元，也涨价 1 元．两种商品的绝对改变量都是 1 元，但相对改变量却相差很多，与各自原价格相比，它们涨价的幅度分别是 10% 和 0.01%，差别非常大．因此，有必要讨论函数的相对改变量与函数的相对变化率.

对函数 $y=f(x)$，当自变量在点 $x_0\neq 0$ 处取得改变量 Δx 时，其自变量的相对改变量是$\frac{\Delta x}{x_0}$，函数 $f(x)$ 相对应的相对改变量则是$\frac{\Delta y}{y_0}=\frac{f(x_0+\Delta x)-f(x_0)}{y_0}$，其中 $y_0=f(x_0)\neq 0$.

定义 3.6.2 设函数 $y=f(x)$ 在点 x_0 处为可导，则极限

$$\lim_{\Delta x\to 0}\frac{\frac{\Delta y}{y_0}}{\frac{\Delta x}{x_0}}=\lim_{\Delta x\to 0}\left(\frac{x_0}{y_0}\cdot\frac{\Delta y}{\Delta x}\right)=f'(x_0)\cdot\frac{x_0}{y_0}$$

称为函数 $f(x)$ 在点 x_0 处的**(点)弹性**，记为

$$\frac{Ey}{Ex}\bigg|_{x=x_0}=f'(x_0)\cdot\frac{x_0}{y_0}$$

当 $|\Delta x|$ 充分小时，

$$\frac{\frac{\Delta y}{y_0}}{\frac{\Delta x}{x_0}}\approx\frac{Ey}{Ex}\bigg|_{x=x_0}$$

从而

$$\frac{\Delta y}{y_0}\approx\frac{Ey}{Ex}\bigg|_{x=x_0}\cdot\frac{\Delta x}{x_0}$$

函数 $f(x)$ 在点 x_0 处的弹性 $\frac{Ey}{Ex}\Big|_{x=x_0}$ 表示当自变量 x 在 x_0 的基础上改变 1% 时，函数 $f(x)$ 在 $f(x_0)$ 的基础上近似地改变了 $\frac{Ey}{Ex}\Big|_{x=x_0}$ %. 在经济分析中解释弹性的具体意义时，我们略去"近似"二字.

由上述分析可知，函数 $f(x)$ 在点 x_0 处的弹性 $\frac{Ey}{Ex}\Big|_{x=x_0}$ 反映了 x 的相对变化幅度 $\frac{\Delta x}{x_0}$ 对函数 $f(x)$ 的相对变化幅度 $\frac{\Delta y}{y_0}$ 大小的影响，也就是 $f(x)$ 对 x 变化反应的敏感程度.

一般地，如果函数 $f(x)$ 在点 $x\neq 0$ 处可导，且 $f(x)\neq 0$，则

$$\frac{Ey}{Ex}=\lim_{\Delta x\to 0}\frac{\frac{\Delta y}{y}}{\frac{\Delta x}{x}}=\lim_{\Delta x\to 0}\left(\frac{x}{y}\cdot\frac{\Delta y}{\Delta x}\right)=f'(x)\cdot\frac{x}{y}=f'(x)\cdot\frac{x}{f(x)}$$

是 x 的函数，称为 $f(x)$ 的**弹性函数**.

例 3.6.4 求函数 $f(x)=\alpha x^{\beta}$ 的弹性.

解 由于 $f'(x)=a\beta x^{\beta-1}$，所以

$$\frac{E(ax^{\beta})}{Ex}=f'(x)\cdot\frac{x}{f(x)}=a\beta x^{\beta-1}\cdot\frac{x}{ax^{\beta}}=\beta$$

特别地，函数 $y=\frac{a}{x}$ 的弹性为

$$\frac{Ey}{Ex}=-1$$

注 (1) 由弹性的定义

$$\frac{Ey}{Ex}=f'(x)\cdot\frac{x}{y}=\frac{f'(x)}{\frac{y}{x}}$$

这样，函数的弹性在经济分析中可理解为边际函数与平均函数之比；

(2) 对于一般经济分析中的函数 $y=f(x)$，自变量 x 与因变量 y 的取值都是正的. 由于

$$d[\ln f(x)]=\frac{f'(x)}{f(x)}dx,\ d(\ln x)=\frac{1}{x}dx$$

于是

$$\frac{Ef(x)}{Ex}=\frac{d[\ln f(x)]}{d(\ln x)}$$

所以，函数 $f(x)$ 的弹性也可表示为函数 $\ln f(x)$ 的微分与函数 $\ln x$ 的微分的商；

(3) 函数的弹性是一个无量纲的数值，这一数值与 x 和 y 的计量单位

无关.

3.6.4 需求价格弹性

设某企业产品的市场需求函数为 $Q=Q(P)$，其中 Q 为需求量，P 为价格．根据需求规律，在其他条件保持不变的情况下，某种商品的价格越高，则需求量越低，即需求函数为单调减少的函数，因此，需求函数的导数 $Q'(P)$ 均非正数．为了处理问题方便，在经济分析中，习惯上将需求价格弹性定义为

$$E_d=-\frac{d\ln[Q(P)]}{d\ln P}=-Q'(P)\cdot\frac{P}{Q}$$

这样，就可用非负的数来表示**需求价格弹性**．

某商品的需求价格弹性度量了需求量对商品价格变化的敏感程度．因此，企业在制定价格战略时，必须要了解其商品的需求价格弹性．

下面，我们利用需求价格弹性来分析价格变动对总收益的影响．将总收益 R 表示为价格 P 的函数

$$R(P)=P\cdot Q=P\cdot Q(P)$$

R 对 P 的导数是**总收益关于价格的边际收益**：

$$\begin{aligned}\frac{dR(P)}{dP}&=Q+P\cdot Q'\\&=Q(1+\frac{P}{Q}\cdot Q')\\&=Q[1-(-\frac{P}{Q}\cdot Q')]\\&=Q(1-E_d)\end{aligned}$$

在某价格处，根据需求价格弹性的大小，可分为下面三种情况：

(1) 当 $E_d>1$ 时，$\frac{dR(P)}{dP}<0$，降价使总收益增加，降价使需求量上升的幅度大于价格下降的幅度，称**需求价格弹性为高(富于)弹性**．

(2) 当 $E_d<1$ 时，$\frac{dR(P)}{dP}>0$，提价使总收益增加，提价使需求量下降的幅度小于价格上升的幅度，称**需求价格弹性为低(缺乏)弹性**．

(3) 当 $E_d=1$ 时，$\frac{dR(P)}{dP}=0$，称**需求价格弹性为单位弹性**．

以上分析说明，测定商品的需求价格弹性，对企业的定价格战略有重要的参考价值．．

例 3.6.5 设某企业产品的市场需求函数为

$$Q=400-100P$$

求 $P=1,2,3$ 时的需求价格弹性，解释经济意义，并说明此时价格提高 1% 对总

收益的影响.

解 总收益函数

$$R(P)=PQ=P\cdot(400-100P)=400P-100P^2$$

需求价格弹性为

$$E_d=-\frac{P}{Q}\cdot Q'=\frac{P}{4-P}$$

当 $P=1$ 时，需求价格弹性 $E_d=\frac{1}{3}\approx0.33<1$，需求价格弹性为低弹性，若在价格 $P=1$ 的基础上提价1%，需求量将在 $Q=300$ 的基础上减少0.33%，此时提高价格将会使总收益增加.

当 $P=2$ 时，需求价格弹性 $E_d=1$，需求价格弹性为单位弹性，若在价格 $P=2$ 的基础上提价1%，需求量将在 $Q=200$ 的基础上减少1%，此时提高价格对总收益(几乎)没有影响.

当 $P=3$ 时，需求价格弹性 $E_d=3>1$，需求价格弹性为高弹性，若在价格 $P=3$ 的基础上提价1%，需求量将在 $Q=100$ 的基础上减少3%，此时提高价格将会使总收益减少.

习题3.6

1. 设总收益 R 关于销售量 Q 的函数为

$$R(Q)=104Q-0.4Q^2$$

求：(1)销售量为 Q 时总收益的边际收益；

(2)销售量为 $Q=50$ 个单位时的边际收益，并给出经济解释；

(3)销售量为 $Q=100$ 个单位时总收益对 Q 的弹性，并给出经济解释.

2. 设某工厂生产某产品的最高生产能力为1000吨，总成本(单位：百元)为

$$C(Q)=1000+7Q+5\sqrt{Q}\quad Q\in[0,1000]$$

求当产量为 $Q=100$ 时边际成本，并解释其经济意义.

3. 设某企业产品的市场需求函数为

$$Q=a-bP\quad(a>0,b>0).$$

试求：

(1) 需求价格弹性；

(2)需求价格弹性富于弹性与缺乏弹性时，价格 P 的取值范围；需求价格弹性等于1时的价格.

4. 设函数 $f(x)$ 和 $g(x)$ 都存在弹性，证明弹性的四则运算法则.

(1) $\frac{E[f(x)\pm g(x)]}{Ex}=\frac{f(x)}{f(x)\pm g(x)}\cdot\frac{Ef(x)}{Ex}\pm\frac{g(x)}{f(x)\pm g(x)}\cdot\frac{Eg(x)}{Ex}$；

(2) $\dfrac{E[f(x)\cdot g(x)]}{Ex}=\dfrac{Ef(x)}{Ex}+\dfrac{Eg(x)}{Ex}$;

(3) $\dfrac{E\left[\dfrac{f(x)}{g(x)}\right]}{Ex}=\dfrac{Ef(x)}{Ex}-\dfrac{Eg(x)}{Ex}$.

5. 已知需求函数为 $Q=f(P)$，试推导边际收益与需求价格弹性之间有如下关系.

$$\frac{dR}{dQ}=P(1-\frac{1}{E_d})$$

6. 设需求量 Q 是收入 I 的函数,

$$Q=f(I)=Ae^{-\frac{b}{I}}\quad(A>0,b>0)$$

试求需求收入弹性 E_I.

总习题 3

1. 填空题:

(1) 在“充分”、“必要”和“充分必要”三者中选择一个正确的填入下列空格内:

①$f(x)$在点 x_0 处可导是$f(x)$在点 x_0 处连续的________条件. $f(x)$在点 x_0 处连续是$f(x)$在点 x_0 处可导的________条件.

②$f(x)$在点 x_0 处的左导数$f'_-(x_0)$及右导数$f'_+(x_0)$都存在且相等是$f(x)$在点 x_0 处可导的________条件.

③$f(x)$在点 x_0 处可导是$f(x)$在点 x_0 处可微的________条件.

(2) 已知$f(x)=(e^x-1)\sqrt{\dfrac{1-x^2+x^4}{1+x^2+x^4}}$,则$f'(0)=$________.

(3)若 $y=-3x^2+ax-a^2$, 则$\dfrac{dy}{d(x^2)}=$________,$\dfrac{dy}{da}=$________.

(4)设函数$f(x)$在 $x=2$ 的某邻域内三阶可导，且$f'(x)=e^{f(x)}$, $f(2)=1$, 则$f'''(2)=$________.

(5)设 $y=f(\ln x)e^{f(x)}$,其中 f 可微, 则 $dy=$________.

2. 选择题:

(1)设$f(x)$在 $x=a$ 的某个邻域内有定义,则$f(x)$在 $x=a$ 处可导的一个充分条件是(　　).

(A) $\lim\limits_{h\to+\infty}h[f(a+\frac{1}{h})-f(a)]$存在

(B) $\lim\limits_{h\to0}\dfrac{f(a+2h)-f(a+h)}{h}$存在

(C) $\lim\limits_{h\to 0}\dfrac{f(a+h)-f(a-h)}{2h}$存在

(D) $\lim\limits_{h\to 0}\dfrac{f(a)-f(a-h)}{h}$存在

(2)设函数$f(x)$在$x=0$处连续，且$\lim\limits_{h\to 0}\dfrac{f(h^2)}{h^2}=1$，则(　　).

(A) $f(0)=0$且$f'_-(0)$存在　　(B) $f(0)=1$且$f'_-(0)$存在

(C) $f(0)=0$且$f'_+(0)$存在　　(D) $f(0)=1$且$f'_+(0)$存在

(3)在下列结论中，(　　)不成立.

(A) $\lim\limits_{x\to 0^+}10^{\frac{1}{x}}=+\infty$　　(B) $\lim\limits_{x\to 0^-}10^{\frac{1}{x}}=0$

(C) $\lim\limits_{x\to \infty}10^{\frac{1}{x}}=1$　　(D) $\lim\limits_{x\to 0}10^{-\frac{1}{x}}=\infty$

(4)设函数$f(x)$在点$x=a$处可导，则函数$|f(x)|$在点$x=a$处不可导的充分条件是(　　).

(A) $f(a)=0$且$f'(a)=0$　　(B) $f(a)=0$且$f'(a)\neq 0$

(C) $f(a)>0$且$f'(a)>0$　　(D) $f(a)<0$且$f'(a)<0$

(5)若$f(x)$为$(-\infty,+\infty)$内的奇函数，在$(-\infty,0)$内$f'(x)>0$，且$f''(x)<0$，则在$(0,+\infty)$内有________

(A) $f'(x)>0, f''(x)<0$　　(B) $f'(x)>0, f''(x)>0$

(C) $f'(x)<0, f''(x)<0$　　(D) $f'(x)<0, f''(x)>0$

3. 若$\varphi(x)$在点$x=a$处连续，且$\varphi(a)\neq 0$，问下列函数在点$x=a$处是否可导，为什么？

(1) $f(x)=|x-a|\varphi(x)$；　　(2) $g(x)=(x-a)\varphi(x)$.

4. 设$f(x)=x(x-1)(x-2)\cdots(x-100)$，求$f'(0)$及$f^{(101)}(x)$.

5. 设$f(0)=1$，$f'(0)=-1$，求下列极限：

(1) $\lim\limits_{x\to 1}\dfrac{f(\ln x)-1}{1-x}$；　　(2) $\lim\limits_{x\to 0}\dfrac{2^x f(x)-1}{x}$.

6. 设$f(x)=\begin{cases}x^n\sin\dfrac{1}{x}, & x\neq 0\\ 0, & x=0\end{cases}$，其中$n$为整数，问$n$取何值时：

(1) $f(x)$在点$x=0$处连续；

(2) $f(x)$在点$x=0$处可导，并求$f'(x)$；

(3) $f'(x)$在点$x=0$处连续.

7. 设$f(x)>0, g(x)>0$且均可导，求$\dfrac{dy}{dx}$：

(1) $y=\arctan[1+f(x)+f(x)^{g(x)}]$；　　(2) $y=\log_{g(x)}f(x)$.

第4章　中值定理与导数应用

4.1　微分中值定理

微分中值定理是利用导数研究函数性质的桥梁．本章首先介绍微分中值定理,然后以微分中值定理为理论基础,以导数为工具,先给出求一类特殊极限——未定式极限的一种简便求法,其后讨论函数的单调性、极值、最大值与最小值应用问题和函数曲线的凸性与拐点．

4.1.1　罗尔(*Rolle*)中值定理

定理4.1.1(罗尔中值定理)　设函数 $y=f(x)$ 满足条件:

(1)在闭区间 $[a,b]$ 上连续;

(2) 在开区间 (a,b) 内可导;

(3) $f(a)=f(b)$.

则至少存在一点 $\xi\in(a,b)$,使得 $f'(\xi)=0$.

定理4.1.1的几何意义:如图4－1所示，在两端高度相同的一段曲线弧 $\overset{\frown}{AB}$ 上，若除端点外，它在每一点都有不垂直于 x 轴的切线，则至少存在一点 $\xi\in(a,b)$,使得曲线弧 $\overset{\frown}{AB}$ 上点 $C(\xi,f(\xi))$ 处的切线平行于 x 轴．

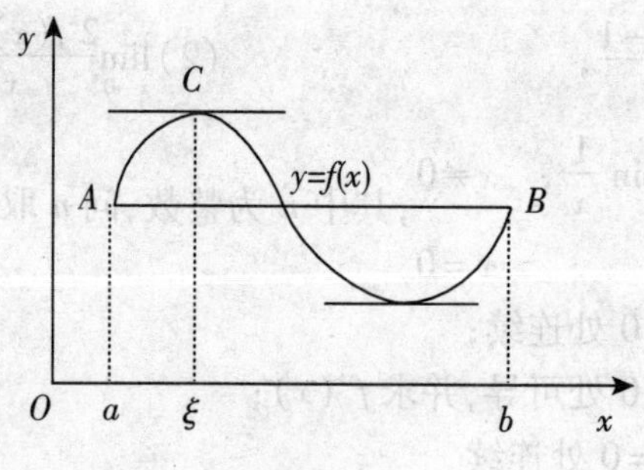

图4－1

证明　由于函数 $f(x)$ 在闭区间 $[a,b]$ 上连续，所以 $f(x)$ 在闭区间 $[a,b]$ 上取到最大值 M 和最小值 m. 下面分两种情况讨论．

(1)若 $M=m$，则函数 $f(x)$ 在 $[a,b]$ 上为常数函数，即

$$f(x)=M, x\in[a,b]$$

此时，在开区间 (a,b) 内，恒有 $f'(x)=0$. 因此，开区间 (a,b) 内每一点都可取作 ξ，均有

$$f'(\xi)=0$$

(2)若 $M>m$，因为 $f(a)=f(b)$，则函数 $f(x)$ 在闭区间 $[a,b]$ 上最值中必有一个在开区间 (a,b) 内达到，不妨设最大值 M 在开区间 (a,b) 内达到，即存在 $\xi\in(a,b)$，使得 $f(\xi)=M$.

在点 ξ 的某邻域内取一点 $\xi+\Delta x\in[a,b]$，其中 $\Delta x\neq 0$，则必有

$$\Delta y=f(\xi+\Delta x)-f(\xi)\leqslant 0$$

考虑下面两种情况：

①当 $\Delta x<0$ 时，$\dfrac{\Delta y}{\Delta x}\geqslant 0$，则 $f'(\xi)=f'_-(\xi)=\lim\limits_{\Delta x\to 0^-}\dfrac{\Delta y}{\Delta x}\geqslant 0$

②当 $\Delta x>0$ 时，$\dfrac{\Delta y}{\Delta x}\leqslant 0$，则 $f'(\xi)=f'_+(\xi)=\lim\limits_{\Delta x\to 0^+}\dfrac{\Delta y}{\Delta x}\leqslant 0$

于是

$$f'(\xi)=0$$

注 定理 4.1.1 中的条件是充分的，但非必要的．这意味着，定理中的三个条件缺少其中任意一个，定理的结论将可能不再成立，但定理中的条件不全具备时，定理的结论也可能成立．

例 4.1.1 证明方程 $x^3+x-1=0$ 在区间 $(0,1)$ 内只有一个实根．

证明 存在性：令 $f(x)=x^3+x-1$. 函数 $f(x)$ 在闭区间 $[0,1]$ 上连续，且 $f(0)=-1<0$, $f(1)=1>0$. 由闭区间上连续函数的零值定理可知，至少存在一点 $\xi\in(0,1)$ 使得 $f(\xi)=0$.

唯一性：假设函数 $f(x)$ 在开区间 $(0,1)$ 内有两个不同的实根，设为 x_1, x_2，且 $x_1<x_2$. 则 $f(x)$ 在闭区间 $[x_1,x_2]$ 上连续，在开区间 (x_1,x_2) 内可导，且

$$f'(x)=3x^2+1,\qquad f(x_1)=f(x_2)=0$$

于是，函数 $f(x)$ 在 $[x_1,x_2]$ 上满足罗尔定理的条件，故存在 $\xi\in(x_1,x_2)$，使得

$$f'(\xi)=0$$

但是

$$f'(\xi)=3\xi^2+1>0$$

矛盾．于是，方程 $x^3+x-1=0$ 在区间 $(0,1)$ 内只有一个实根．

例 4.1.2 已知 $c_0+\dfrac{c_1}{2}+\cdots+\dfrac{c_n}{n+1}=0$，求证，在开区间 $(0,1)$ 内，方程 $c_0+c_1x+\cdots+c_nx^n=0$ 至少有一个实根．

证明 设

$$f(x)=c_0x+\frac{c_1}{2}x^2+\cdots+\frac{c_n}{n+1}x^{n+1},x\in[0,1]$$

函数$f(x)$在闭区间$[0,1]$上连续，在开区间$(0,1)$内可导，且

$$f'(x)=c_0+c_1x+\cdots+c_nx^n$$

$$f(1)=c_0+\frac{c_1}{2}+\cdots+\frac{c_n}{n+1}=0=f(0)$$

由罗尔中值定理可知，至少存在一点$\xi\in(0,1)$，使得

$$f'(\xi)=0$$

即在开区间$(0,1)$内，方程$c_0+c_1x+\cdots+c_nx^n=0$至少有一个实根.

例 4.1.3 设函数$y=f(x)$在$[0,1]$上连续，在$(0,1)$内可导，且$f(1)=0$. 证明：至少存在一点$\xi\in(0,1)$，使$f'(\xi)=-\frac{f(\xi)}{\xi}$.

分析 将等式$f'(\xi)=-\frac{f(\xi)}{\xi}$改写为$f(\xi)+\xi f'(\xi)=0$，函数$F(x)=xf(x)$的导数为

$$F'(x)=f(x)+xf'(x)$$

于是，需证结论恰是函数$F(x)=xf(x)$在区间$[0,1]$上应用罗尔中值定理的结果.

证明 令

$$F(x)=xf(x)$$

由题设知，函数$F(x)$在闭区间$[0,1]$上连续，在开区间$(0,1)$内可导，且

$$F'(x)=f(x)+xf'(x),\quad F(1)=F(0)=0$$

所以由罗尔中值定理知，至少存在一点$\xi\in(0,1)$，使得$F'(\xi)=0$

即

$$f(\xi)+\xi f'(\xi)=0$$

于是，至少存在一点$\xi\in(0,1)$，使得$f'(\xi)=-\frac{f(\xi)}{\xi}$.

4.1.2 拉格朗日(*Lagrange*)中值定理

罗尔中值定理中的第三个条件，在我们讨论的大多数问题中，是不满足的，例如单调函数，这使罗尔中值定理的应用受到了限制. 如果在罗尔中值定理中，去掉此条件，保留另外两个条件，那么罗尔中值定理的结论可能不再成立，但我们对其结论作相应地修改，就得到微分学中的另一个十分重要的定理——**拉格朗日中值定理**.

定理 4.1.2(拉格朗日中值定理) 设函数$y=f(x)$满足条件：

(1) 在闭区间$[a,b]$上连续；

(2) 在开区间(a,b)内可导.

则至少存在一点$\xi \in (a,b)$,使得

$$f'(\xi) = \frac{f(b) - f(a)}{b - a} \tag{4-1}$$

定理4.1.2的几何意义 如图4-2所示，在一段连续曲线弧$\overset{\frown}{AB}$上，若除端点外，它在每一点都有不垂直于x轴的切线，则在曲线弧$\overset{\frown}{AB}$上，至少存在一点$C(\xi, f(\xi))$，在该点处，曲线的切线平行于该曲线弧两端点$A(a, f(a))$和$B(b, f(b))$所连的直线.

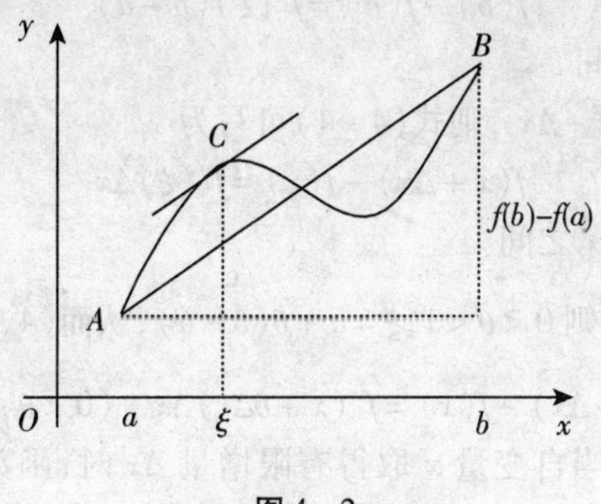

图4-2

分析 罗尔中值定理是拉格朗日中值定理当$f(a) = f(b)$的特殊情况. 注意到定理4.1.2的结论的表达式可以写作

$$f'(\xi) - \frac{f(b) - f(a)}{b - a} = 0$$

这正是函数

$$F(x) = f(x) - \frac{f(b) - f(a)}{b - a}x$$

在点ξ处的导数等于零，即$F'(\xi) = 0$. 若能验证函数$F(x)$在闭区间$[a,b]$上满足罗尔中值定理的条件，拉格朗日中值定理就得证.

证明 作辅助函数

$$F(x) = f(x) - \frac{f(b) - f(a)}{b - a}x$$

根据定理的条件，函数$F(x)$在闭区间$[a,b]$上连续，在开区间(a,b)内可导，且

$$F'(x) = f'(x) - \frac{f(b) - f(a)}{b - a}$$

$$F(a) = \frac{f(a)b - f(b)a}{b - a} = F(b)$$

由罗尔中值定理知,在开区间(a,b)内至少存在一点ξ,使得

$$F'(\xi)=0$$

即有

$$f'(\xi)=\frac{f(b)-f(a)}{b-a}$$

定理证毕.

显然公式(4-1)对$b<a$也成立.

为了应用的方便,公式(4-1)也可写成下面的几种形式:

(1) 消去公式(4-1)的分母,得

$$f(b)-f(a)=f'(\xi)(b-a) \tag{4-2}$$

其中ξ介于a与b之间.

(2)令$a=x,b=x+\Delta x$,则式(4-1)可写为

$$f(x+\Delta x)-f(x)=f'(\xi)\Delta x \tag{4-3}$$

其中ξ介于x与$x+\Delta x$之间.

(3)令$\theta=\frac{\xi-a}{b-a}$,则$0<\theta<1,\xi=a+\theta(b-a)$,从而(4-3)式可写为

$$f(x+\Delta x)-f(x)=f'(x+\theta\Delta x)\Delta x \quad (0<\theta<1) \tag{4-4}$$

式(4-4)表明:当自变量x取得有限增量Δx时,函数$y=f(x)$相应的增量为

$$\Delta y=f'(x+\theta\Delta x)\Delta x \quad (0<\theta<1) \tag{4-5}$$

这是函数增量Δy的精确表达式,通常把(4-5)式称为**有限增量公式**.

推论 4.1.1　若函数$y=f(x)$在区间I内可导,且$f'(x)\equiv 0$,则$f(x)$在区间I内为常数.

证明　在I内任取两点x_1,x_2,不妨设$x_1<x_2$,则函数$f(x)$在闭区间$[x_1,x_2]$上满足拉格朗日中值定理的条件,所以

$$f(x_2)-f(x_1)=f'(\xi)(x_2-x_1) \qquad (x_1<\xi<x_2)$$

由于$x_1<\xi<x_2$,所以$f'(\xi)=0$,从而

$$f(x_2)=f(x_1)$$

由点x_1,x_2的任意性可知,函数$f(x)$在I内任意两点处函数值相等,即函数$f(x)$在区间I内为常数.

常数函数$f(x)=C$的导数为0,因此,由推论4.1.4知,**函数$f(x)$在区间I内为常数函数的充分必要条件是函数$f(x)$在区间I内的导数恒为0.**

推论 4.1.2　若函数$f(x),g(x)$在区间I内可导,且导数处处相等,即

$$f'(x)=g'(x),x\in I$$

则函数$f(x)$和$g(x)$在区间I内仅相差一个常数,即存在常数C,使得下式成立

$$f(x)-g(x)=C,x\in I$$

证明 令

$$F(x)=f(x)-g(x)$$

由于在区间 I 内,有

$$F'(x)=f'(x)-g'(x)=0$$

所以在区间 I 内,函数 $F(x)$ 为一常数 C,即

$$f(x)-g(x)=C$$

例 4.1.4 证明恒等式

$$\arctan x+\text{arc}\cot x=\frac{\pi}{2} \quad (-\infty<x<\infty)$$

证明 令 $f(x)=\arctan x+\text{arc}\cot x$,则

$$f'(x)=\frac{1}{1+x^2}-\frac{1}{1+x^2}\equiv 0 \quad (-\infty<x<\infty)$$

于是,由推论 4.1.1, 在区间$(-\infty<x<\infty)$内,有

$$\arctan x+\text{arc}\cot x=C \quad (C\text{ 为常数})$$

取 $x=1$,有 $C=\frac{\pi}{2}$

故有恒等式

$$\arctan x+\text{arc}\cot x=\frac{\pi}{2} \quad (-\infty<x<\infty)$$

例 4.1.5 证明当 $x>0$ 时,$\arctan x>x-\frac{1}{3}x^3$.

证明 令

$$F(t)=\arctan t-t+\frac{1}{3}t^3$$

取 $x>0$,则函数 $F(t)$ 在闭区间$[0,x]$上连续, 在开区间$(0,x)$内可导, 且

$$F'(t)=\frac{1}{1+t^2}-1+t^2=\frac{t^4}{1+t^2}$$

于是,由拉格朗日中值定理,至少存在一点 $\xi\in(0,x)$,使得

$$\begin{aligned}F(x)&=F(x)-F(0)\\&=F'(\xi)(x-0)=x\cdot\frac{\xi^4}{1+\xi^2}>0\end{aligned}$$

即当 $x>0$ 时,有

$$\arctan x>x-\frac{1}{3}x^3$$

4.1.3 柯西(*Cauchy*)中值定理

定理 4.1.3(柯西中值定理) 若函数 $f(x)$,$g(x)$满足条件:

(1)在闭区间$[a, b]$上连续;

(2)在开区间 (a, b) 内可导；

(3)$g'(x)\neq 0, x\in(a,b)$.

则至少存在一点 $\xi\in(a, b)$，使得

$$\frac{f(b)-f(a)}{g(b)-g(a)}=\frac{f'(\xi)}{g'(\xi)}$$

在柯西中值定理中，若取 $g(x)=x$，即可得拉格朗日中值定理，所以拉格朗日中值定理是柯西中值定理的特殊情况.

证明 首先注意到 $g(b)-g(a)\neq 0$. 这是由于

$$g(b)-g(a)=g'(\eta)(b-a)$$

其中 $a<\eta<b$，根据假定 $g'(\eta)\neq 0$，又 $b-a\neq 0$，所以

$$g(b)-g(a)\neq 0$$

设辅助函数

$$F(x)=f(x)-\frac{f(b)-f(a)}{g(b)-g(a)}g(x)$$

由定理所给条件知，$F(x)$ 在闭区间 $[a,b]$ 上连续，在开区间 (a,b) 内可导，且

$$F'(x)=f'(x)-\frac{f(b)-f(a)}{g(b)-g(a)}g'(x)$$

$$F(a)=F(b)=\frac{f(a)g(b)-f(b)g(a)}{g(b)-g(a)}$$

由罗尔中值定理知，在开区间 (a,b) 内至少存在一点 ξ，使得

$$F'(\xi)=f'(\xi)-\frac{f(b)-f(a)}{g(b)-g(a)}g'(\xi)=0$$

即

$$\frac{f(b)-f(a)}{g(b)-g(a)}=\frac{f'(\xi)}{g'(\xi)}$$

定理证毕.

例 4.1.6 设 $0<a<b$，函数 $f(x)$ 在 $[a,b]$ 上连续，在 (a, b) 内可导，证明，存在 $\xi\in(a,b)$，使得

$$f(b)-f(a)=\xi f'(\xi)\ln\frac{b}{a}$$

分析 将所求证的等式变形为 $\frac{f(b)-f(a)}{\ln b-\ln a}=\frac{f'(\xi)}{1/\xi}$. 令 $g(x)=\ln x$，则所求证的等式正是函数 $f(x)$，$g(x)$ 在区间 $[a,b]$ 上应用柯西中值定理的结果.

证明 令

$$g(x)=\ln x$$

由题设知，$f(x)$，$g(x)$ 在闭区间 $[a,b]$ 上连续，在开区间 (a,b) 内可导，且

$$g'(x)=\frac{1}{x}\neq 0 \qquad (0<a<x<b)$$

所以由柯西中值定理，至少存在一点 $\xi\in(a,b)$，使得

$$\frac{f(b)-f(a)}{g(b)-g(a)}=\frac{f'(\xi)}{g'(\xi)}$$

即

$$\frac{f(b)-f(a)}{\ln b-\ln a}=\frac{f'(\xi)}{1/\xi}$$

于是，至少存在一点 $\xi\in(a,b)$，使得

$$f(b)-f(a)=\xi f'(\xi)\ln\frac{b}{a}$$

习题 4.1

1. 验证下列函数是否满足罗尔定理的条件？若满足，求出定理中的 ξ；若不满足，说明理由

(1) $f(x)=\begin{cases}x, & 0\leqslant x<1\\ 0, & x=1\end{cases}$；　　(2) $f(x)=|x|$，$x\in[-1,1]$；

(3) $f(x)=x^2$，$x\in[0,1]$；　　(4) $f(x)=e^{\sin x}$，$x\in[-\pi,\pi]$.

2. 函数 $f(x)=px^2+qx+r(p\neq 0)$ 在任意有限区间 $[a,b]$ 上满足拉格朗日中值定理的条件．验证在应用拉格朗日中值定理时，求出的点 ξ 总是等于 $\frac{a+b}{2}$，其中 p,q,r 为常数．

3. 验证函数 $f(x)=x^2,g(x)=x^3$ 在区间 $[1,2]$ 是否满足柯西中值定理的条件？若满足，求出定理中的 ξ.

4. 设 $f(x)=(x-1)(x-2)(x-3)(x-4)$，用罗尔定理判断方程 $f'(x)=0$ 有几个实根，并指出根所在的范围．

5. 设 $f(x)$ 在 $(-\infty,+\infty)$ 内可导，且 $f'(x)=c$（c 为常数）．证明 $f(x)$ 一定是线性函数．

6. 证明恒等式：$2\arctan x+\arcsin\frac{2x}{1+x^2}=\pi$，其中 $x>1$.

7. 证明下列不等式：

(1) 当 $a>b>0$ 时，$\frac{a-b}{a}<\ln\frac{a}{b}<\frac{a-b}{b}$；

(2) $|\arctan a-\arctan b|\leqslant|a-b|$；

(3) 当 $0<b<a$ 且 $n>1$ 时，$nb^{n-1}<\frac{a^n-b^n}{a-b}<na^{n-1}$；

(4) 当 $x>1$ 时, $e^x>ex$.

8. 设函数 $f(x)$ 在 $[0,a]$ 上连续, 在 $(0,a)$ 内可导, 且 $f(0)=0$, 试证明, 至少存在一点 $\xi\in(0,a)$, 使得

$$f(a)=(1+\xi)f'(\xi)\ln(1+a)$$

其中 $a>0$ 为常数.

4.2 洛必达($L'Hospital$)法则

在求分式极限 $\lim\limits_{x\to x_0}\dfrac{f(x)}{g(x)}$ 时, 若 $f(x)$ 与 $g(x)$ 同时为无穷小(或同时为无穷大), 则极限 $\lim\limits_{x\to x_0}\dfrac{f(x)}{g(x)}$ 可以是任意实数, 也可能不存在. 因此, 我们把两个无穷小之比和两个无穷大之比的极限称为**未定式**, 并分别记为 $\dfrac{0}{0}$ 或 $\dfrac{\infty}{\infty}$. 下面我们介绍求 $\dfrac{0}{0}$ 和 $\dfrac{\infty}{\infty}$ 未定式的方法—**洛必达法则**.

4.2.1 $\dfrac{0}{0}$ 型未定式的极限

定理 4.2.1(洛必达法则Ⅰ) 设函数 $f(x)$ 和 $g(x)$ 在点 x_0 处的某一邻域(点 x_0 可以除外)内有定义, 且满足条件:

(1) $\lim\limits_{x\to x_0}f(x)=\lim\limits_{x\to x_0}g(x)=0$;

(2) $f(x)$ 与 $g(x)$ 在 x_0 的某去心邻域内可导, 并 $g'(x)\neq0$;

(3) $\lim\limits_{x\to x_0}\dfrac{f'(x)}{g'(x)}=A$($A$ 为有限数或 ∞).

则
$$\lim_{x\to x_0}\frac{f(x)}{g(x)}=\lim_{x\to x_0}\frac{f'(x)}{g'(x)}=A$$

即是说, 当 $\lim\limits_{x\to x_0}\dfrac{f'(x)}{g'(x)}$ 存在时, $\lim\limits_{x\to x_0}\dfrac{f(x)}{g(x)}$ 也存在且等于 $\lim\limits_{x\to x_0}\dfrac{f'(x)}{g'(x)}$; 当 $\lim\limits_{x\to x_0}\dfrac{f'(x)}{g'(x)}$ 为无穷大时, $\lim\limits_{x\to x_0}\dfrac{f(x)}{g(x)}$ 也是无穷大.

证明 取充分小的 $\delta>0$, 令

$$F(t)=\begin{cases}f(t), & t\in(x_0-\delta,x_0+\delta)\text{且}t\neq x_0\\0, & t=x_0\end{cases}$$

$$G(t)=\begin{cases}g(t), & t\in(x_0-\delta,x_0+\delta)\text{且}t\neq x_0\\0, & t=x_0\end{cases}$$

任取 $x\in(x_0,x_0+\delta)$, 则有

(1) $F(t)$ 和 $G(t)$ 在闭区间 $[x_0,x]$ 上连续;

(2) $F(t)$ 和 $G(t)$ 在开区间 (x_0,x) 内可导;

(3) $G'(t)=g'(t)\neq 0, t\in(x_0,x)$.

由柯西中值定理知,至少存在一点 $\xi\in(x_0,x)$, 使得

$$\frac{f(x)}{g(x)}=\frac{F(x)}{G(x)}=\frac{F(x)-F(x_0)}{G(x)-G(x_0)}=\frac{F'(\xi)}{G'(\xi)}$$

当 $x\to x_0^+$ 时, $\xi\to x_0^+$, 从而

$$\lim_{x\to x_0^+}\frac{f(x)}{g(x)}=\lim_{x\to x_0^+}\frac{F'(\xi)}{G'(\xi)}=\lim_{\xi\to x_0^+}\frac{F'(\xi)}{G'(\xi)}$$

$$=\lim_{x\to x_0^+}\frac{F'(x)}{G'(x)}=\lim_{x\to x_0^+}\frac{f'(x)}{g'(x)}$$

同理可证

$$\lim_{x\to x_0^-}\frac{f(x)}{g(x)}=\lim_{x\to x_0^-}\frac{f'(x)}{g'(x)}$$

于是

$$\lim_{x\to x_0}\frac{f(x)}{g(x)}=\lim_{x\to x_0}\frac{f'(x)}{g'(x)}$$

定理得证.

例 4.2.1　求极限 $\lim\limits_{x\to 0}\frac{1-\cos x}{x^2}$.

解　这是 $\frac{0}{0}$ 型未定式, 用洛必达法则, 有

$$\lim_{x\to 0}\frac{1-\cos x}{x^2}=\lim_{x\to 0}\frac{(1-\cos x)'}{(x^2)'}=\lim_{x\to 0}\frac{\sin x}{2x}=\frac{1}{2}$$

注　(1) 定理 4.2.1 中,自变量的变化过程为 $x\to x_0$, 若改为

$$x\to x_0^+, x\to x_0^-, x\to\infty, x\to-\infty, x\to+\infty$$

只要将定理 4.2.1 中的条件(2)作相应的修改, 定理仍适用;

(2) 在每一步使用洛必达法则时,须验证极限是否为 $\frac{0}{0}$ 型的未定式;

(3) 当 $\lim\limits_{x\to x_0}\frac{f'(x)}{g'(x)}$ 仍为 $\frac{0}{0}$ 型的未定式时, 洛必达法则可重复使用;

(4) 当 $\lim\limits_{x\to x_0}\frac{f'(x)}{g'(x)}$ 不存在(不含 ∞)时,不能断言 $\lim\limits_{x\to x_0}\frac{f(x)}{g(x)}$ 不存在. 此时, 洛必达法则失效, 需改用其他求极限的方法求 $\lim\limits_{x\to x_0}\frac{f(x)}{g(x)}$.

例 4.2.2　求极限 $\lim\limits_{x\to 1}\frac{x^3+x^2-5x+3}{x^3-4x^2+5x-2}$.

解　这是 $\frac{0}{0}$ 型未定式, 用洛必达法则, 有

$$\lim_{x\to1}\frac{x^3+x^2-5x+3}{x^3-4x^2+5x-2}\xlongequal{\left(\frac{0}{0}\right)}\lim_{x\to1}\frac{3x^2+2x-5}{3x^2-8x+5}\xlongequal{\left(\frac{0}{0}\right)}\lim_{x\to1}\frac{6x+2}{6x-8}=-4$$

注 上式中的极限$\lim\limits_{x\to1}\frac{6x+2}{6x-8}$已不是未定式，不能再用洛必达法则，否则会导致错误结论.

例4.2.3 求极限$\lim\limits_{x\to0}\frac{\cos x-1}{e^{x^3}-1}$.

解 这是$\frac{0}{0}$型未定式，用洛必达法则，有

$$\lim_{x\to0}\frac{\cos x-1}{e^{x^3}-1}\xlongequal{\left(\frac{0}{0}\right)}\lim_{x\to0}\frac{-\sin x}{3x^2e^{x^3}}=\lim_{x\to0}-\frac{\sin x}{x}\cdot\frac{1}{e^{x^3}}\cdot\frac{1}{3x}=\infty$$

注 上式中的极限$\lim\limits_{x\to0}\frac{-\sin x}{3x^2e^{x^3}}$仍然是$\frac{0}{0}$型未定式，若继续使用洛必达法则，分母的导数比较烦琐．因此，在求未定式极限时，应注意将洛必达法则与其他求极限的方法结合起来使用，这将使求解过程简化.

例4.2.4 求极限$\lim\limits_{x\to0}\frac{e^x-e^{\sin x}}{\sin^3x}$.

解 这是$\frac{0}{0}$型未定式，先分离出非未定式，然后使用洛必达法则求极限.

$$\begin{aligned}\lim_{x\to0}\frac{e^x-e^{\sin x}}{\sin^3x}&=\lim_{x\to0}e^{\sin x}\cdot\frac{e^{x-\sin x}-1}{\sin^3x}=\lim_{x\to0}e^{\sin x}\cdot\lim_{x\to0}\frac{x-\sin x}{x^3}\\&=1\times\lim_{x\to0}\frac{x-\sin x}{x^3}=\lim_{x\to0}\frac{x-\sin x}{x^3}\\&\xlongequal{\left(\frac{0}{0}\right)}\lim_{x\to0}\frac{1-\cos x}{3x^2}\xlongequal{\left(\frac{0}{0}\right)}\lim_{x\to0}\frac{\sin x}{6x}=\frac{1}{6}\end{aligned}$$

例4.2.5 求极限$\lim\limits_{x\to0}\frac{x^2\sin\frac{1}{x}}{\sin x}$.

解 这是$\frac{0}{0}$型未定式，因为极限

$$\lim_{x\to0}\frac{\left(x^2\sin\frac{1}{x}\right)'}{(\sin x)'}=\lim_{x\to0}\frac{2x\sin\frac{1}{x}-\cos\frac{1}{x}}{\cos x}$$

不存在，且不是∞，所以洛必达法则对该极限失效．下面用其他方法求该极限．

注意到，

(1) $\lim\limits_{x\to0}x=0$，$\sin\frac{1}{x}(x\neq0)$是有界变量，则有$\lim\limits_{x\to0}x\sin\frac{1}{x}=0$；

(2) $\lim\limits_{x\to0}\frac{\sin x}{x}=1$（重要极限Ⅰ）.

于是，所求极限为

$$\lim_{x\to 0}\frac{x^2\sin\frac{1}{x}}{\sin x}=\lim_{x\to 0}x\sin\frac{1}{x}\cdot\frac{1}{\frac{\sin x}{x}}=\lim_{x\to 0}x\sin\frac{1}{x}\cdot\lim_{x\to 0}\frac{1}{\frac{\sin x}{x}}=0$$

4.2.2 $\frac{\infty}{\infty}$型未定式的极限

对$\frac{\infty}{\infty}$型未定式，也有与求$\frac{0}{0}$型未定式类似的方法．证明超出本教材范围，我们仅给出结论如下：

定理 4.2.2（洛必达法则Ⅱ）　设函数$f(x)$和$g(x)$在点x_0处的某一邻域（点x_0可以除外）内有定义，且满足条件：

（1）$\lim_{x\to x_0}f(x)=\lim_{x\to x_0}g(x)=\infty$

（2）$f(x)$与$g(x)$在x_0的某去心邻域内可导，且$g'(x)\neq 0$；

（3）$\lim_{x\to x_0}\frac{f'(x)}{g'(x)}=A$（$A$为有限数或$\infty$）．

则

$$\lim_{x\to x_0}\frac{f(x)}{g(x)}=\lim_{x\to x_0}\frac{f'(x)}{g'(x)}=A$$

对于洛必达法则Ⅱ，有与洛必达法则Ⅰ类似的注解，这里不再赘述．

例 4.2.6　求极限$\lim_{x\to+\infty}\frac{x^n}{e^x}$（$n$为自然数）．

解　这是$\frac{\infty}{\infty}$型未定式，重复应用洛必达法则n次，得

$$\lim_{x\to+\infty}\frac{x^n}{e^x}\xlongequal{\left(\frac{\infty}{\infty}\right)}\lim_{x\to+\infty}\frac{n(n-1)x^{n-2}}{e^x}=\cdots\cdots=\lim_{x\to+\infty}\frac{n!}{e^x}=0$$

例 4.2.7　求极限$\lim_{x\to+\infty}\frac{x-\sin x}{x+\sin x}$.

解　这是$\frac{\infty}{\infty}$型未定式，由于

$$\lim_{x\to+\infty}\frac{(x-\sin x)'}{(x+\sin x)'}=\lim_{x\to+\infty}\frac{1-\cos x}{1+\cos x}$$

不存在，且不是∞，所以不能用洛必达法则．另解，

$$\lim_{x\to+\infty}\frac{x-\sin x}{x+\sin x}=\lim_{x\to+\infty}\frac{1-\frac{\sin x}{x}}{1+\frac{\sin x}{x}}=1$$

4.2.3 其他类型未定式

除了$\frac{0}{0}$型和$\frac{\infty}{\infty}$型的未定式外，还有其他五类常见的未定式：$0\cdot\infty$；$\infty-\infty$；

$1^\infty;0^0;\infty^0$,它们都可以转化为$\frac{0}{0}$型或$\frac{\infty}{\infty}$型的未定式,下面举例说明.

例4.2.8　求极限 $\lim\limits_{x\to+\infty}\left(\frac{\pi}{2}-\arctan x\right)x$.

解　这是$0\cdot\infty$型未定式,先将它转化为$\frac{0}{0}$型的未定式,然后再使用洛必达法则,有

$$\lim_{x\to+\infty}\left(\frac{\pi}{2}-\arctan x\right)x=\lim_{x\to+\infty}\frac{\frac{\pi}{2}-\arctan x}{\frac{1}{x}}$$

$$\overset{\left(\frac{0}{0}\right)}{=\!=}\lim_{x\to+\infty}\frac{-\frac{1}{1+x^2}}{-\frac{1}{x^2}}=\lim_{x\to+\infty}\frac{x^2}{1+x^2}=\lim_{x\to+\infty}\frac{1}{1+\frac{1}{x^2}}=1$$

例4.2.9　求极限$\lim\limits_{x\to1}\left(\frac{x}{x-1}-\frac{1}{\ln x}\right)$.

解　这是$\infty-\infty$型未定式,先将它转化为$\frac{0}{0}$型的未定式,然后再应用洛必达法则

$$\lim_{x\to1}\left(\frac{x}{x-1}-\frac{1}{\ln x}\right)=\lim_{x\to1}\frac{x\ln x-x+1}{(x-1)\ln x}$$

$$\overset{\left(\frac{0}{0}\right)}{=\!=}\lim_{x\to1}\frac{1+\ln x-1}{\frac{x-1}{x}+\ln x}=\lim_{x\to1}\frac{x\ln x}{x-1+x\ln x}$$

$$\overset{\left(\frac{0}{0}\right)}{=\!=}\lim_{x\to1}\frac{\ln x+1}{2+\ln x}=\frac{1}{2}$$

例4.2.10　求极限$\lim\limits_{x\to e}(\ln x)^{\frac{1}{1-\ln x}}$.

解　这是1^∞型未定式,由于

$$\lim_{x\to e}(\ln x)^{\frac{1}{1-\ln x}}=e^{\lim\limits_{x\to e}\frac{\ln(\ln x)}{1-\ln x}}$$

而

$$\lim_{x\to e}\frac{\ln(\ln x)}{1-\ln x}\overset{\left(\frac{0}{0}\right)}{=\!=}\lim_{x\to e}\frac{\frac{1}{x\ln x}}{-\frac{1}{x}}=-1$$

所以

$$\lim_{x\to e}(\ln x)^{\frac{1}{1-\ln x}}=e^{-1}$$

例4.2.11　求极限 $\lim\limits_{x\to0^+}x^x$.

解　这是0^0型未定式,由于

$$\lim_{x\to0^+}x^x=e^{\lim\limits_{x\to0}x\ln x}$$

而

$$\lim_{x\to 0^+} x\ln x \xlongequal{(0\cdot\infty)} \lim_{x\to 0^+}\frac{\ln x}{\frac{1}{x}} \xlongequal{\left(\frac{\infty}{\infty}\right)} \lim_{x\to 0^+}\frac{\frac{1}{x}}{-\frac{1}{x^2}} = \lim_{x\to 0^+}(-x)=0$$

所以

$$\lim_{x\to 0^+} x^x = e^0 = 1$$

例 4.2.12 求极限 $\lim\limits_{n\to\infty}\sqrt[n]{n}$.

解 这是数列极限的问题，由于 n 不是连续变量，不能直接使用洛必达法则．我们先求极限 $\lim\limits_{x\to+\infty} x^{\frac{1}{x}}$（可以证明，若 $\lim\limits_{x\to+\infty} x^{\frac{1}{x}}=A$，则 $\lim\limits_{n\to\infty}\sqrt[n]{n}=A$，这里直接用该结论）.

$\lim\limits_{x\to+\infty} x^{\frac{1}{x}}$ 是 ∞^0 型未定式，由于

$$\lim_{x\to+\infty} x^{\frac{1}{x}} = e^{\lim\limits_{x\to+\infty}\frac{\ln x}{x}}$$

而

$$\lim_{x\to+\infty}\frac{\ln x}{x} \xlongequal{\left(\frac{\infty}{\infty}\right)} \lim_{x\to+\infty}\frac{\frac{1}{x}}{1} = \lim_{x\to+\infty}\frac{1}{x}=0$$

于是

$$\lim_{x\to+\infty} x^{\frac{1}{x}} = e^0 = 1$$

所以

$$\lim_{n\to\infty}\sqrt[n]{n} = \lim_{x\to+\infty} x^{\frac{1}{x}} = 1$$

习题 4.2

1. 求下列极限：

(1) $\lim\limits_{x\to 0}\dfrac{e^x-e^{-x}}{\sin x}$；　　(2) $\lim\limits_{x\to 1}\dfrac{\ln x}{(x-1)^2}$；

(3) $\lim\limits_{x\to 0}\dfrac{1-\cos x^2}{x^2\sin x^2}$；　　(4) $\lim\limits_{x\to+\infty}\dfrac{\ln\left(1+\frac{1}{x}\right)}{\operatorname{arc\,cot} x}$；

(5) $\lim\limits_{x\to 1^-}\dfrac{\ln\tan\frac{\pi x}{2}}{\ln(1-x)}$；　　(6) $\lim\limits_{x\to 0^+}\dfrac{\ln\sin 3x}{\ln\sin x}$.

2. 求下列极限：

(1) $\lim\limits_{x\to 1^-}\ln x\cdot\ln(1-x)$；　　(2) $\lim\limits_{x\to\infty} x(e^{\frac{1}{x}}-1)$；

(3) $\lim\limits_{x\to 0}\left[\dfrac{1}{x}-\dfrac{\ln(1+x)}{x^2}\right]$；　　(4) $\lim\limits_{x\to 0}\left(\dfrac{1}{\sin x}-\dfrac{1}{e^x-1}\right)$；

(5) $\lim\limits_{x\to 0}(\cos x)^{\frac{1}{x^2}}$；　　(6) $\lim\limits_{x\to\infty}\left(1+\frac{3}{x^2}\right)^x$；

(7) $\lim\limits_{x\to+\infty}(1+x)^{\frac{1}{\sqrt{x}}}$；　　(8) $\lim\limits_{x\to+\infty}x^{\frac{1}{x}}$；

(9) $\lim\limits_{x\to 0^+}x^{\sin x}$；　　(10) $\lim\limits_{x\to 0^+}(\sin x)^{\frac{1}{1+\ln x}}$.

3. 验证下列极限能否用洛必达法则，并求其极限：

(1) $\lim\limits_{x\to+\infty}\frac{\ln x+\cos x}{\ln x+\sin x}$；　　(2) $\lim\limits_{x\to+\infty}\frac{x+\sin x}{x}$；

(3) $\lim\limits_{x\to+\infty}\frac{e^x-e^{-x}}{e^x+e^{-x}}$.

4. 设函数 $f(x)$ 存在二阶连续的导数，且 $f(0)=0$，$f'(0)=1$，$f''(0)=2$. 试求 $\lim\limits_{x\to 0}\frac{f(x)-x}{x^2}$.

5. 试确定常数 a,b，使极限 $\lim\limits_{x\to 0}\frac{\ln(1+x)-(ax+bx^2)}{x^2}=2$ 成立.

4.3　函数单调性与极值

4.3.1　函数单调性的判别法

在第一章，我们介绍了函数在区间上单调的概念，下面利用导数来研究函数的单调性.

先从几何直观分析一下. 设函数 $y=f(x)$ 在闭区间 $[a,b]$ 上连续，在开区间 (a,b) 内可导. 如果函数 $f(x)$ 在闭区间 $[a,b]$ 上单调增加（单调减少），那么它的导数有什么特征呢？

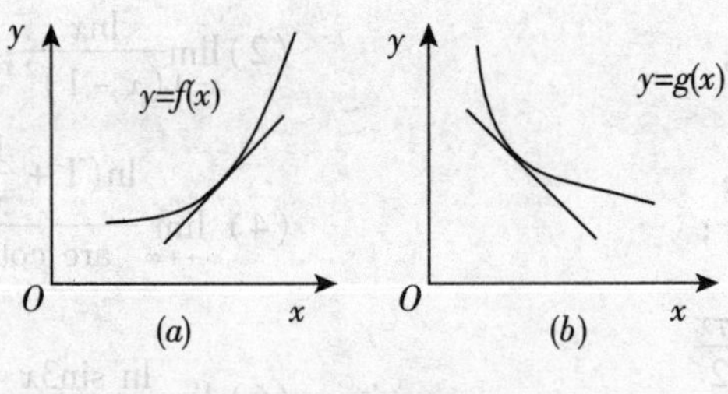

图 4－3

由图 4－3(a) 可看出，在函数单调递增区间内，曲线 $y=f(x)$ 上每点处的切线斜率是非负的，即 $f'(x)\geqslant 0$；由图 4－3(b) 可看出，在函数单调减少区间内，曲线 $y=g(x)$ 上每点处的切线斜率是非正的，即 $g'(x)\leqslant 0$. 由此推知，函数的单调性与函数导数的符号有着密切的联系.

反过来，能否用函数$f(x)$的导数的符号来判定函数$f(x)$的单调性呢？答案是肯定的，下面的定理回答了这一问题．

定理4.3.1 设函数$y=f(x)$在闭区间$[a,b]$上连续，在开区间(a,b)内可导，

(1)如果在(a,b)内$f'(x)>0$，则函数$f(x)$在闭区间$[a,b]$上单调增加；

(2)如果在(a,b)内$f'(x)<0$，则函数$f(x)$在闭区间$[a,b]$上单调减少．

证明 在闭区间$[a,b]$上任取两点x_1,x_2，不妨设$x_1<x_2$，则函数$f(x)$在闭区间$[x_1,x_2]$上连续，在开区间(x_1,x_2)内可导．由拉格朗日中值定理，至少存在一点$\xi\in(x_1,x_2)$，使得

$$f(x_2)-f(x_1)=f'(\xi)(x_2-x_1)$$

若在(a,b)内$f'(x)>0$，于是有

$$f(x_2)-f(x_1)=f'(\xi)(x_2-x_1)>0$$

从而，当$x_1<x_2$时，$f(x_1)<f(x_2)$，即函数$f(x)$在闭区间$[a,b]$上单调增加；

若在(a,b)内$f'(x)<0$，于是有

$$f(x_2)-f(x_1)=f'(\xi)(x_2-x_1)<0$$

从而，当$x_1<x_2$时，$f(x_1)>f(x_2)$，即函数$f(x)$在闭区间$[a,b]$上单调减少．

注 (1)在定理4.3.1中，如果将闭区间换成其他各种区间（包括无穷区间），那么定理结论仍成立；

(2)设函数$f(x)$在闭区间$[a,b]$上连续，在开区间(a,b)内可导．若在开区间(a,b)内，$f'(x)\geqslant0(f'(x)\leqslant0)$，且等号仅在个别点处成立，那么函数$f(x)$在闭区间$[a,b]$上单调增加(单调减少)．

若$f'(x_0)=0$，则称点x_0为函数$f(x)$的**驻点**．

例4.3.1 讨论函数$y=x-\sin x$的单调性．

解 函数$y=x-\sin x$的定义域为$(-\infty,+\infty)$，由于

$$y'=1-\cos x\geqslant0$$

且等号仅在个别点处成立，故$y=x-\sin x$在$(-\infty,+\infty)$内单调增加．

要判定一个函数在某区间上的单调性，应首先确定函数单调增减区间的**分界点**，从图4-4可知，函数单调区间的分界点只可能是函数的驻点或导数不存在的点．

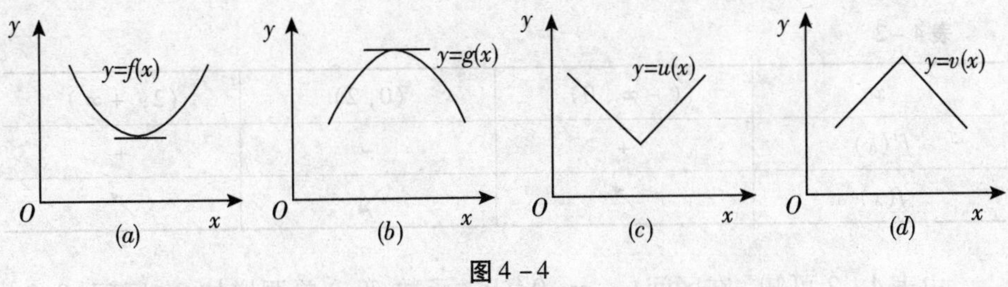

图4-4

根据上述讨论及定理4.3.1，确定函数 $y=f(x)$ 的单调增减区间的一般步骤如下：

(1)求出函数的定义域；

(2)求出函数的一阶导数；

(3)求出函数的驻点和导数不存在的点；

(4)用上述点将定义域分成若干个部分区间；

(5)在每一部分区间上讨论一阶导数的符号，做出单调性的判断.

例4.3.2 讨论函数 $f(x)=(x+1)^2(x-2)^3$ 的单调性.

解 函数 $f(x)=(x+1)^2(x-2)^3$ 的定义域是 $(-\infty,+\infty)$

$$f'(x)=(x+1)(x-2)^2(5x-1)$$

令 $f'(x)=0$ 得驻点 $x_1=-1, x_2=\frac{1}{5}, x_3=2$，列表如下：

表4-1

x	$(-\infty,-1)$	$(-1,1/5)$	$(1/5,2)$	$(2,+\infty)$
$f'(x)$	+	−	+	+
$f(x)$	↗	↘	↗	↗

在表4-1中，+和−分别表示 $f'(x)$ 在相应区间内的符号，↗及↘分别表示函数单调增加与单调减少. 由表4-1可知，在区间 $(-\infty,-1]$ 上，函数单调增加；在区间 $\left[-1,\frac{1}{5}\right]$ 上，函数单调减少；在区间 $\left[\frac{1}{5},+\infty\right)$ 上，函数单调增加.

例4.3.3 讨论函数 $f(x)=x^{\frac{2}{3}}(x-5)$ 的单调性.

解 函数 $f(x)=x^{\frac{2}{3}}(x-5)$ 的定义域为 $(-\infty,+\infty)$，

$$f'(x)=\begin{cases}\dfrac{5(x-2)}{3\sqrt[3]{x}}, & x\neq 0\\ \text{不存在}, & x=0\end{cases}$$

令 $f'(x)=0$，得驻点 $x=2$. 列表如下：

表4-2

x	$(-\infty,0)$	$(0,2)$	$(2,+\infty)$
$f'(x)$	+	−	+
$f(x)$	↗	↘	↗

由表4-2可知，在区间 $(-\infty,0]$ 上，函数 $f(x)$ 单调增加；在区间 $[0,2]$

上，函数$f(x)$单调减少；在区间$[2,+\infty)$上，函数$f(x)$单调增加.

例 4.3.4 证明当$x>1$时，$\ln x>\frac{2(x-1)}{x+1}$.

证明 设$f(x)=\ln x-\frac{2(x-1)}{x+1}$，则函数$f(x)$在$[1,+\infty)$上连续，且

$$f'(x)=\frac{1}{x}-2\left(1-\frac{2}{x+1}\right)'=\frac{1}{x}-\frac{4}{(1+x)^2}=\frac{(1-x)^2}{x(1+x)^2}>0,\ x\in(1,+\infty)$$

从而，函数$f(x)$在区间$[1,+\infty)$上单调增加，又$f(1)=0$. 所以当$x>1$时，$f(x)>f(1)=0$，即当$x>1$时，有

$$\ln x>\frac{2(x-1)}{x+1}$$

例 4.3.5 证明：方程$2x-\sin x=0$在开区间$(-1,1)$内有且仅有一个实根.

证明 设$f(x)=2x-\sin x$，则$f(x)$在闭区间$[-1,1]$上连续，且

$$f(-1)=-2-\sin(-1)<0;\quad f(1)=2-\sin 1>0$$

由闭区间上连续函数零值定理，在开区间$(-1,1)$内至少存在一点ξ，使得$f(\xi)=0$，即方程

$$2x-\sin x=0$$

在开区间$(-1,1)$内至少有一个实根.

由于当$x\in(-1,1)$时，有

$$f'(x)=2-\cos x>0$$

所以函数$f(x)$在$[-1,1]$上单调增加，即在$(-1,1)$内，方程$2x-\sin x=0$最多只有一个实根.

综上所述，方程

$$2x-\sin x=0$$

在开区间$(-1,1)$内有且仅有一个实根.

4.3.2 函数极值的求法

定义 4.3.1 设函数$y=f(x)$在x_0点的某邻域$U(x_0)$内有定义，对该邻域内任意点$x\neq x_0$：

(1) 若$f(x_0)>f(x)$，则称x_0是函数$f(x)$的极大值点，称$f(x_0)$是函数$f(x)$的极大值；

(2) 若$f(x_0)<f(x)$，则称x_0是函数$f(x)$的极小值点，称$f(x_0)$是函数$f(x)$的极小值.

极大值点与极小值点统称为**极值点**，极大值与极小值统称为**极值**.

由定义可知，函数的极值是一个局部概念，它只是极值点的函数值与极值点附近的函数值相比较而言的，因此，函数的一个极大(小)值未必是函数在某

一区间的最大(小)值，函数极大(小)值也有可能小(大)于这一函数在所讨论区间内的某一个极小(大)值.

若函数$f(x)$在闭区间$[a,b]$上有定义，且$f(x)$在点$x_0(a\leqslant x_0\leqslant b)$处取得极值，由极值点的定义，必有$x_0\in(a,b)$，即函数的极值点只可能在定义域区间的内部达到.

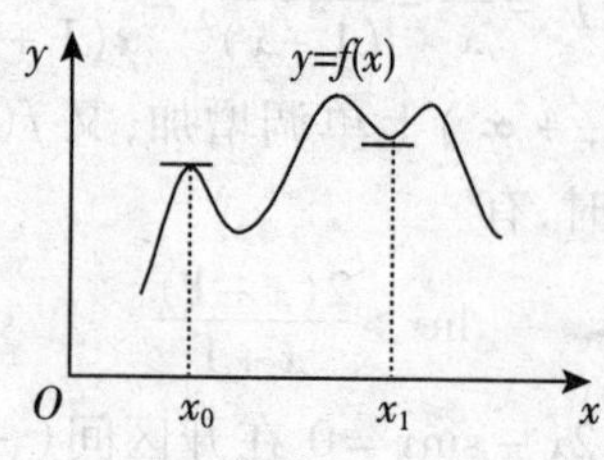

图4-5

我们来观察图4-5，根据极值的定义，函数$f(x)$在点x_0处取极大值，在点x_1处取极小值，曲线$y=f(x)$在点x_0、x_1处都有不垂直于x轴的切线，这些切线都平行于x轴，因此有$f'(x_0)=f'(x_1)=0$，即x_0、x_1均是函数$f(x)$的驻点. 一般地，有下面的定理.

定理4.3.2(极值存在的必要条件)　设函数$y=f(x)$在点x_0处可导，且在点x_0处取得极值，则必有

$$f'(x_0)=0$$

证明　设函数$y=f(x)$在点x_0处可导，且在点x_0处取得极大值，根据极大值的定义，在x_0点的某邻域$U(x_0)$内，恒有$f(x_0)>f(x)$，因此当$x<x_0$时，有

$$\frac{f(x)-f(x_0)}{x-x_0}>0$$

而当$x>x_0$时，则有

$$\frac{f(x)-f(x_0)}{x-x_0}<0$$

函数$f(x)$在点x_0处可导，于是

$$f'(x_0)=f'_-(x_0)=\lim_{x\to x_0^-}\frac{f(x)-f(x_0)}{x-x_0}\geqslant 0$$

$$f'(x_0)=f'_+(x_0)=\lim_{x\to x_0^+}\frac{f(x)-f(x_0)}{x-x_0}\leqslant 0$$

所以必有

$$f'(x_0)=0$$

同理，可证明x_0为函数$f(x)$的极小值点的情形.

函数的驻点不一定是函数的极值点. 例如，$x=0$是函数$f(x)=x^3$的驻点，

但由于$f(x)=x^3$在$(-\infty,+\infty)$内单调增加，因而$x=0$不是函数$f(x)=x^3$的极值点.

另外，连续函数的极值点也可能是导数不存在的点．例如，$x=0$是函数$f(x)=|x|$的极小值点，但$f(x)=|x|$在点$x=0$处不可导．当然，在导数不存在的点，也可能没有极值，例如，函数$f(x)=\sqrt[3]{x}$在点$x=0$处不可导，而$x=0$不是函数$f(x)=\sqrt[3]{x}$的极值点.

因此，在没有可导性的假设下，极值存在的必要条件应修正为：

如果函数$y=f(x)$在点x_0处连续，且x_0是函数$y=f(x)$的极值点，那么必有$f'(x_0)=0$或$f'(x_0)$不存在.

那么，当$f'(x_0)=0$或$f'(x_0)$不存在时，如何判断点x_0是否为函数$f(x)$的极值点呢？如果是的话，究竟是极大值点还是极小值点？

从直观上，我们不难得出下面的结论：

定理4.3.3(极值存在的一阶充分条件)　设函数$y=f(x)$在x_0点的某邻域内连续且可导($f'(x_0)$可以不存在)，x_0为函数$f(x)$的驻点或导数不存在的点，则

(1) 如果当$x<x_0$时，$f'(x)>0$，而当$x>x_0$时，$f'(x)<0$，则$f(x_0)$是函数$f(x)$极大值；

(2) 如果当$x<x_0$时，$f'(x)<0$，而当$x>x_0$时，$f'(x)>0$，则$f(x_0)$是函数$f(x)$极小值；

(3) 如果$f'(x)$在点x_0的某去心邻域内同号，则$f(x_0)$不是极值.

由上述讨论知，求函数极值的一般步骤与确定函数的单调增减区间的一般步骤类似，这里不再重述.

例4.3.6　求函数$f(x)=(x^2-1)^3+1$的极值.

解　函数$f(x)=(x^2-1)^3+1$的定义域为$(+\infty,-\infty)$

$$f'(x)=6(x^2-1)^2x=0$$

令$f'(x)=0$得驻点$x_1=-1,x_2=0,x_3=1$.

在点$x=-1$两侧，$f'(x)<0$，根据定理4.3.3，$f(-1)$不是极值；

在点$x=1$两侧，$f'(x)>0$，根据定理4.3.3，则$f(1)$不是极值；

当$x\in(-1,0)$时，$f'(x)<0$；当$x\in(0,1)$时，$f'(x)>0$，根据定理4.3.3，$f(0)=0$是函数$f(x)$的极小值.

例4.3.7　求函数$f(x)=x^{\frac{2}{3}}(x-5)$的极值.

解　函数$f(x)=x^{\frac{2}{3}}(x-5)$的定义域为$(+\infty,-\infty)$

$$f'(x)=\begin{cases}\dfrac{5(x-2)}{3\sqrt[3]{x}}, & x\neq 0\\ 不存在, & x=0\end{cases}$$

令$f'(x)=0$得驻点$x=2$.

当$x\in(-\infty,0)$时,$f'(x)>0$;当$x\in(0,2)$时,$f'(x)<0$,根据定理4.3.3,$f(0)=0$是函数$f(x)$的极大值;

当$x\in(0,2)$时,$f'(x)<0$;当$x\in(2,+\infty)$时,$f'(x)>0$,根据定理4.3.3,$f(2)=-3\sqrt[3]{4}$是函数$f(x)$的极小值.

如果函数$f(x)$在驻点$x=x_0$的附近不仅有一阶导数,而且在点x_0处有非零的二阶导数,则可用下述定理来判断$f(x_0)$是否是函数$f(x)$的极值,若是的话,可判断其是极大值还是极小值.

定理4.3.4(极值存在的二阶充分条件)　若函数$y=f(x)$在点x_0处二阶可导且

$$f'(x_0)=0,\ f''(x_0)\neq 0$$

那么

(1)若$f''(x_0)>0$,则$f(x_0)$是函数$f(x)$的极小值;

(2)若$f''(x_0)<0$,则$f(x_0)$是函数$f(x)$的极大值.

证明　只证明(1)的情形,(2)的情形可类似证明.

由二阶导数定义及$f'(x_0)=0,f''(x_0)\neq 0$得

$$f''(x_0)=\lim_{x\to x_0}\frac{f'(x)-f'(x_0)}{x-x_0}=\lim_{x\to x_0}\frac{f'(x)}{x-x_0}>0$$

由极限的局部保号性,存在x_0的某一去心邻域,在该邻域内,恒有

$$\frac{f'(x)}{x-x_0}>0\quad(x\neq x_0)$$

于是,当$x<x_0$时,$f'(x)<0$;当$x>x_0$时,$f'(x)>0$. 由定理4.3.3,$f(x_0)$是函数$f(x)$的极小值.

注　当$f'(x_0)=f''(x_0)=0$时,定理4.3.4失效,需用定理4.3.3判定.

例4.3.8　求函数$f(x)=x^3-3x$的极值.

解　函数$f(x)$的定义域为$(-\infty,+\infty)$

$$f'(x)=3(x^2-1),\ f''(x)=6x$$

令$f'(x)=0$得驻点$x_1=-1,x_2=1$. 在驻点处

$$f''(-1)=-6<0,\quad f''(1)=6>0$$

根据定理4.3.4,$f(-1)=2$为函数$f(x)$的极大值,$f(1)=-2$为函数$f(x)$的极小值.

例4.3.9　求函数$f(x)=4+8x^3-3x^4$的极值.

解　函数$f(x)$的定义域为$(-\infty,+\infty)$

$$f'(x)=12(2-x)x^2,\ f''(x)=12(4-3x)x$$

令$f'(x)=0$得驻点$x_1=0,x_2=2$,在驻点$x_2=2$处

$$f''(2)=-48<0$$

根据定理 4.3.4，$f(2)=20$ 为函数 $f(x)$ 的极大值．

由于

$$f''(0)=0$$

极值存在的二阶充分条件失效，这时须用极值存在的一阶充分条件判定．注意到当 $-\infty<x<0$ 或 $0<x<2$ 时，均有 $f'(x)>0$，根据定理 4.3.3，$f(0)$ 不是函数 $f(x)$ 的极值．

习题 4.3

1. 确定下列函数的单调区间：

(1) $y=\arctan x-x$； (2) $y=x^3-3x$；

(3) $y=3\sqrt[3]{x}(1-\frac{x}{4})$； (4) $y=x^2-\ln x$.

2. 设在 $[0,+\infty)$ 上有 $f''(x)>0$，且 $f(0)=0$. 试证明：

$F(x)=\dfrac{f(x)}{x}$ 在 $(0,+\infty)$ 内单调增加．

3. 求下列函数的极值：

(1) $y=2x^3-3x^2+1$； (2) $y=1-\ln(1+x)$；

(3) $y=x(x-1)^{\frac{1}{3}}$； (4) $y=x^2e^{-x}$.

4. 讨论方程 $x^3+x^2+2x-1=0$ 在区间 $(0,1)$ 内有几个实根．

5. 利用二阶导数求下列函数的极值：

(1) $f(x)=x^3-3x^2-9x+2$； (2) $f(x)=2x-\ln(4x)^2$.

6. 证明下列不等式：

(1) 当 $x>0$ 时，$1+x\ln(x+\sqrt{1+x^2})>\sqrt{1+x^2}$；

(2) 当 $0<x<\dfrac{\pi}{2}$ 时，$x>\sin x>\dfrac{2x}{\pi}$；

(3) 当 $e<b<a$ 时，$b^a>a^b$.

7. 讨论 a 为何值时，函数 $f(x)=a\sin x+\dfrac{1}{3}\sin 3x$ 在点 $x=\dfrac{\pi}{3}$ 处取得极值？是极大值还是极小值？

4.4 函数曲线凸性、拐点与渐近线

4.4.1 函数曲线凸性与拐点

利用函数的单调性与极值，还不能完全反映出函数图形的特征．当我们要

描绘一个函数曲线的图形时,不仅要了解函数曲线是上升的还是下降的,还要考虑函数曲线的弯曲方向. 例如,图 4-6(a)与图 4-6(b)中的函数曲线都是上升的,但它们的图形却有明显的区别,它们有着完全相反的弯曲方向.

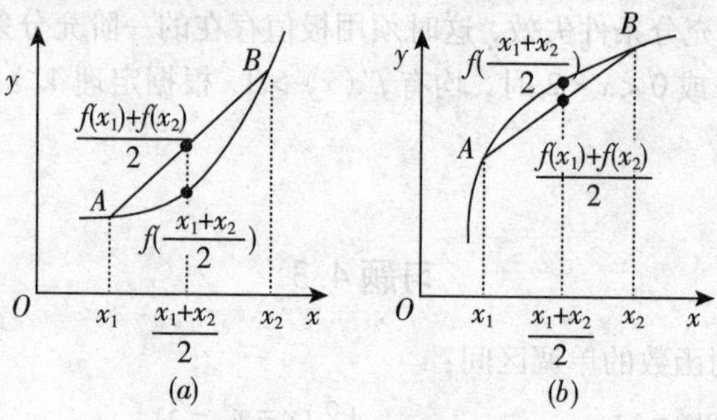

图 4-6

我们从几何上看到,在图 4-6(a)中,联结函数曲线上任意两点的弦 AB 都在曲线弧 $\overset{\frown}{AB}$ 的上方;而在图 4-6(b)中,联结函数曲线上任意两点的弦 AB 都在曲线弧 $\overset{\frown}{AB}$ 的下方. 函数曲线的这种特征就是函数曲线的凸性. 因此函数曲线的凸性可以用联结函数曲线上任意两点的弦的中点与函数曲线上相应点(即具有相同横坐标的点)的位置关系来描述,下面给出函数曲线凸性的定义.

定义 4.4.1 设函数 $y=f(x)$ 在区间 I 上连续,在 I 上任取两点 x_1,x_2:

(1)若 $f(\frac{x_1+x_2}{2})>\frac{f(x_1)+f(x_2)}{2}$,则称函数曲线 $y=f(x)$ 在区间 I 上是上凸的,用符号 $\cap$ 表示①,区间 I 称为函数 $f(x)$ 的上凸区间;

(2)若 $f(\frac{x_1+x_2}{2})<\frac{f(x_1)+f(x_2)}{2}$,则称函数曲线 $y=f(x)$ 在区间 I 上是下凸的,用符号 $\cup$ 表示②,区间 I 称为函数 $f(x)$ 的下凸区间.

显然,函数曲线 $f(x)$ 在区间 I 上是下凸的充分必要条件是函数曲线 $-f(x)$ 在区间 I 上是上凸的.

下面讨论函数曲线凸性的判别方法.

从图 4-7 可以看出,当函数曲线 $y=f(x)$ 在区间 I 上是上(下)凸时,曲线 $y=f(x)$ 上切线斜率随着 x 的增加而减少(增加),即 $f'(x)$ 是单调减少(增加)的. 如果函数 $y=f(x)$ 的二阶导数存在,由函数单调性的判别法,可以得到函数曲线上凸与下凸的判别法.

① 在经济学分析中,称 $f(x)$ 为区间 I 上的凹函数(concave function).

② 在经济学分析中,称 $f(x)$ 为区间 I 上的凸函数(convex function).

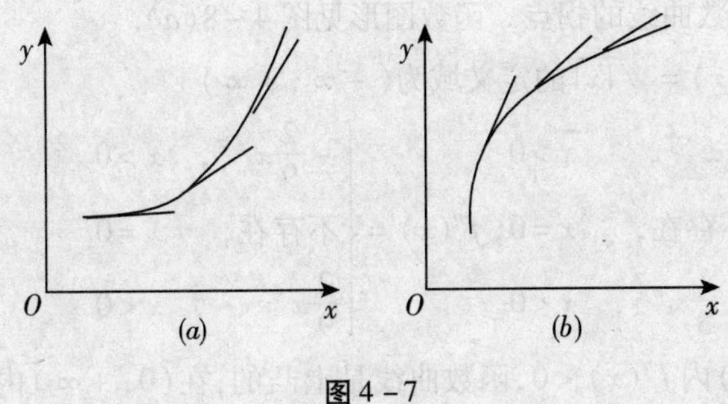

图 4-7

定理 4.4.1　若函数 $y=f(x)$ 在开区间 (a,b) 上二阶可导：

(1) 若在 (a,b) 内 $f''(x)>0$，则函数曲线 $y=f(x)$ 在区间 (a,b) 内是下凸的；

(2) 若在 (a,b) 内 $f''(x)<0$，则函数曲线 $y=f(x)$ 在区间 (a,b) 内是上凸的.

定理 4.4.1 的证明略.

例 4.4.1　讨论函数曲线 $f(x)=x^3$ 的凸性.

解　函数 $f(x)$ 的定义域为 $(-\infty,+\infty)$

$$f'(x)=3x^2,\ f''(x)=6x$$

在 $(-\infty,0)$ 内 $f''(x)<0$，函数曲线 $y=x^3$ 是上凸的，在 $(0,+\infty)$ 内 $f''(x)>0$，函数曲线 $y=x^3$ 是下凸的.

函数曲线 $y=x^3$ 在经过点 $(0,0)$ 时，函数曲线的凸性发生了改变.

定义 4.4.2　连续曲线 $y=f(x)$ 的上凸部分与下凸部分的分界点称为**拐点**.

由拐点的定义及定理 4.4.1，可推出下面的定理.

定理 4.4.2（拐点存在的必要条件）　如果函数 $y=f(x)$ 在点 x_0 处二阶可导，且点 $(x_0,f(x_0))$ 是曲线 $y=f(x)$ 的拐点，则 $f''(x_0)=0$.

注　在 $f''(x_0)$ 存在时，$f''(x_0)=0$ 仅是拐点存在的必要条件．而非充分条件．例如，曲线 $y=x^4$，有 $f''(0)=0$，但点 $(0,0)$ 不是曲线 $y=x^4$ 的拐点，因为在函数定义域 $(-\infty,+\infty)$ 内，曲线 $y=x^4$ 都是下凸的.

例 4.4.2　讨论下列曲线的拐点及上凸和下凸的区间.

(1) $f(x)=\sqrt[3]{x}$；　　　　(2) $f(x)=\sqrt[3]{|x|}$.

解　(1) 函数 $f(x)=\sqrt[3]{x}$ 的定义域为 $(-\infty,+\infty)$

$$f'(x)=\begin{cases}\frac{1}{3}x^{-\frac{2}{3}}, & x\neq 0\\ \text{不存在}, & x=0\end{cases},\ f''(x)=\begin{cases}-\frac{2}{9}x^{-\frac{5}{3}}, & x\neq 0\\ \text{不存在}, & x=0\end{cases}$$

在 $(-\infty,0)$ 内 $f''(x)>0$，函数曲线是下凸的；在 $(0,+\infty)$ 内 $f''(x)<0$，函数曲线是上凸的.

(0,0)是函数曲线的拐点．函数图形见图 4－8(a).

(2)函数 $f(x)=\sqrt[3]{|x|}$ 的定义域为 $(-\infty,+\infty)$

$$f'(x)=\begin{cases}\frac{1}{3}x^{-\frac{2}{3}}, & x>0\\ \text{不存在}, & x=0\\ -\frac{1}{3}x^{-\frac{2}{3}}, & x<0\end{cases},\quad f''(x)=\begin{cases}-\frac{2}{9}x^{-\frac{5}{3}}, & x>0\\ \text{不存在}, & x=0.\\ \frac{2}{9}x^{-\frac{5}{3}}, & x<0\end{cases}$$

在 $(-\infty,0)$ 内 $f''(x)<0$，函数曲线是上凸的；在 $(0,+\infty)$ 内 $f''(x)<0$，函数曲线也是上凸的．

于是，点(0,0)不是函数曲线的拐点．函数图形见图 4－8(b)

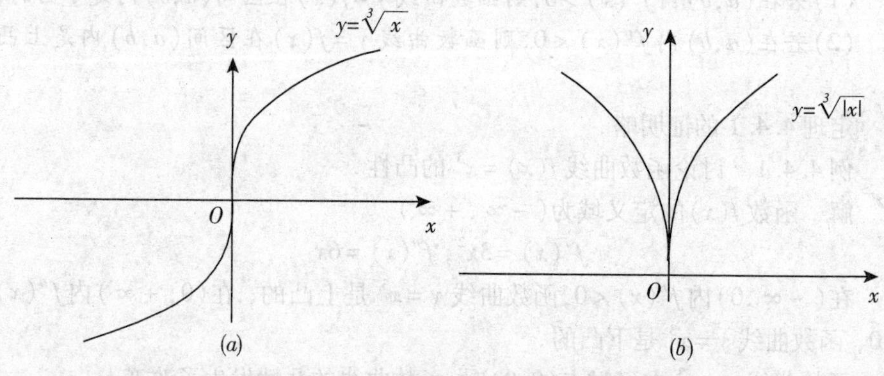

图 4－8

由例 4.4.2 可知，若曲线 $y=f(x)$ 在点 x_0 处连续且 $f''(x_0)$ 不存在，则点 $(x_0,f(x_0))$ 有可能是曲线 $y=f(x)$ 的拐点．

综上所述，若点 $(x_0,f(x_0))$ 是函数曲线 $y=f(x)$ 的拐点，则必有 $f''(x_0)=0$ 或 $f''(x_0)$ 不存在．但是，当 $f''(x_0)=0$ 或 $f''(x_0)$ 不存在时，函数曲线 $y=f(x)$ 上的点 $(x_0,f(x_0))$ 不一定是拐点，还必须用下面的定理判断．

定理 4.4.3（拐点存在的充分条件） 设函数 $y=f(x)$ 在点 x_0 的某邻域内二阶可导($f''(x_0)$ 可以不存在)，且 $f''(x_0)=0$ 或 $f''(x_0)$ 不存在．

(1)若在点 $x=x_0$ 的两侧，$f''(x)$ 的符号异号，则点 $(x_0,f(x_0))$ 是函数曲线 $y=f(x)$ 的拐点；

(2)若在点 x_0 的两侧，$f''(x)$ 的符号同号，则点 $(x_0,f(x_0))$ 不是函数曲线 $y=f(x)$ 的拐点．

综上所述，确定函数曲线 $y=f(x)$ 的拐点的程序是：

(1)确定函数 $y=f(x)$ 的定义域 I；

(2)求二阶导数，在区间 I 内求出使 $f''(x)=0$ 和 $f''(x)$ 不存在的点；

(3)用(2)中求出的点将函数定义域 I 分成若干个部分区间．在各个部分

区间内讨论 $f''(x)$ 的符号，确定函数曲线是否存在拐点．若在点 x_0 处存在拐点，求出拐点．

例 4.4.3 求函数曲线 $y=x^4-2x^3+1$ 的拐点及上凸和下凸的区间．

解 函数 $y=x^4-2x^3+1$ 的定义域为 $(-\infty,+\infty)$

$$y'=4x^3-6x^2,\ y''=12x^2-12x=12x(x-1)$$

令 $y''=0$ 解得 $x_1=0$、$x_2=1$，列表讨论如下：

表 4-3

x	$(-\infty,0)$	0	$(0,1)$	1	$(1,+\infty)$
y''	+	0	−	0	+
y	∪	拐点	∩	拐点	∪

由表 4-3 可知，在区间 $(-\infty,0)$ 内，函数曲线是下凸的；在区间 $(0,1)$ 内，函数曲线是上凸的；在区间 $(1,+\infty)$ 内，函数曲线是下凸的；函数曲线的拐点为 $(0,1)$ 和 $(1,0)$.

例 4.4.4 求函数曲线 $y=\frac{3}{5}x^{\frac{5}{3}}-\frac{3}{2}x^{\frac{2}{3}}$ 的拐点及上凸和下凸的区间．

解 函数 $y=\frac{3}{5}x^{\frac{5}{3}}-\frac{3}{2}x^{\frac{2}{3}}$ 的定义域为 $(-\infty,+\infty)$

$$y'=\begin{cases}x^{\frac{2}{3}}-x^{-\frac{1}{3}}, & x\neq 0\\ \text{不存在}, & x=0\end{cases},\qquad y''=\begin{cases}\frac{1}{3}(2x+1)x^{-\frac{4}{3}}, & x\neq 0\\ \text{不存在}, & x=0\end{cases}$$

令 $f''(x)=0$ 解得 $x=-\frac{1}{2}$，列表讨论如下：

表 4-4

x	$(-\infty,-\frac{1}{2})$	$-\frac{1}{2}$	$(-\frac{1}{2},0)$	0	$(0,+\infty)$
y''	−	0	+	不存在	+
y	∩	拐点	∪	非拐点	∪

由表 4-4 可知在区间 $(-\infty,-\frac{1}{2})$ 内，函数曲线是上凸的，在区间 $(-\frac{1}{2},0)$ 内，函数曲线是下凸的，在区间 $(0,+\infty)$ 内，函数曲线是下凸的；函数曲线的拐点为 $(-\frac{1}{2},-\frac{9}{10}\sqrt[3]{2})$.

4.4.2 渐近线

当函数 $y=f(x)$ 的定义域或值域含有无穷区间时，要在有限的平面上作出它的图形是不可能的．为了确定当 x 趋于无穷时或 y 趋于无穷时函数曲线 $y=f(x)$ 的变化趋势，有必要讨论函数曲线的渐近线．

定义 4.4.3 当函数曲线 $y=f(x)$ 上的一动点 P 沿着函数曲线无限远离原点时，如果点 P 到某定直线 L 的距离趋于零，则直线 L 称为函数曲线 $y=f(x)$ 的一条**渐近线**.

渐近线可分为水平渐近线、铅垂渐近线和斜渐近线三种情形，下面分别讨论之．

1. 水平渐近线

定义 4.4.4 若函数曲线 $y=f(x)$ 的定义域是无限区间，且

$$\lim_{x\to-\infty}f(x)=b \text{ 或 } \lim_{x\to+\infty}f(x)=b$$

其中 b 为常数，则称直线 $y=b$ 为函数曲线 $y=f(x)$ 的一条水平渐近线．

例 4.4.5 求函数曲线 $y=e^x$ 的水平渐近线．

解 因为

$$\lim_{x\to-\infty}e^x=0$$

所以，直线 $y=0$ 是函数曲线 $y=e^x$ 的水平渐近线．

例 4.4.6 求函数曲线 $y=\arctan x$ 的水平渐近线．

解 因为

$$\lim_{x\to-\infty}\arctan x=-\frac{\pi}{2},\qquad \lim_{x\to+\infty}\arctan x=\frac{\pi}{2}$$

所以，直线 $y=\frac{\pi}{2}$ 及 $y=-\frac{\pi}{2}$ 是函数曲线 $y=\arctan x$ 的水平渐近线．

2. 铅垂渐近线

定义 4.4.5 如果

$$\lim_{x\to x_0^-}f(x)=\infty \text{ 或 } \lim_{x\to x_0^+}f(x)=\infty$$

则称直线 $x=x_0$ 为函数曲线 $y=f(x)$ 的一条铅垂渐近线．

例 4.4.7 求函数曲线 $y=\frac{1}{x-1}$ 的铅垂渐近线．

解 因为

$$\lim_{x\to1}\frac{1}{x-1}=\infty$$

所以，直线 $x=1$ 是函数曲线 $y=\frac{1}{x-1}$ 的一条铅垂渐近线．

3. 斜渐近线

定义 4.4.6 设有函数曲线 $y=f(x)$，若存在直线 $y=ax+b(a\neq0)$，使得

$$\lim_{x\to-\infty}[f(x)-(ax+b)]=0$$

或

$$\lim_{x \to +\infty} [f(x) - (ax + b)] = 0$$

成立,则称直线 $y = ax + b$ 为函数曲线 $y = f(x)$ 的斜渐近线.

下面讨论斜渐近线的求法. 为了简单起见, 我们使用 $x \to \infty$ 的记号来代替 $x \to +\infty$ 或 $x \to -\infty$ 的任一种情形. 假设直线 $y = ax + b\ (a \neq 0)$ 为函数曲线 $y = f(x)$ 的斜渐近线, 则必有

$$\lim_{x \to \infty} [f(x) - (ax + b)] = 0$$

于是

$$\lim_{x \to \infty} [f(x) - ax] = b$$

将上式改写为

$$\lim_{x \to \infty} x\left[\frac{f(x)}{x} - a\right] = b$$

可得

$$\lim_{x \to \infty} \left[\frac{f(x)}{x} - a\right] = 0$$

即有

$$\lim_{x \to \infty} \frac{f(x)}{x} = a$$

于是, 我们得到求函数曲线 $y = f(x)$ 的斜渐近线 $y = ax + b$ 的公式:

$$a = \lim_{x \to \infty} \frac{f(x)}{x}; \qquad b = \lim_{x \to \infty} [f(x) - ax]$$

注 如果

(1) $\lim\limits_{x \to \infty} \frac{f(x)}{x}$ 不存在

或者

(2) $\lim\limits_{x \to \infty} \frac{f(x)}{x} = a \neq 0$ 存在, 但 $\lim\limits_{x \to \infty} [f(x) - ax]$ 不存在

那么, 我们可以断言函数曲线 $y = f(x)$ 不存在斜渐近线.

例 4.4.8 求函数曲线 $y = \frac{x^2}{x + 1}$ 的斜渐近线.

解 因为

$$a = \lim_{x \to \infty} \frac{f(x)}{x} = \lim_{x \to \infty} \frac{x^2}{x(x + 1)} = 1$$

$$b = \lim_{x \to \infty} [f(x) - ax] = \lim_{x \to \infty} \left[\frac{x^2}{x + 1} - x\right] = \lim_{x \to \infty} \frac{x^2 - x^2 - x}{x + 1} = -1$$

于是, 所求斜渐近线为 $y = x - 1$ (见图 4-9).

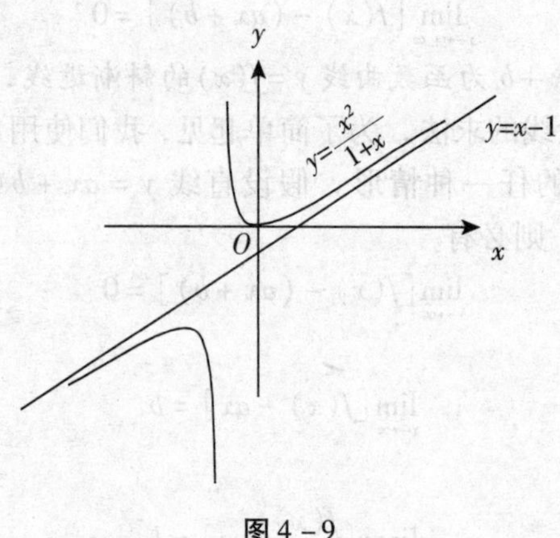

图 4－9

习题 4.4

1. 求下列函数曲线的拐点及上凸和下凸的区间：

(1) $y=x^3-5x^2+3x+5$； (2) $y=xe^{-x}$；

(3) $y=\ln(1+x^2)-2x\arctan x$； (4) $y=(x-1)\sqrt[5]{x^3}$.

2. 利用函数曲线的凸性，证明下列不等式：

(1) $\frac{1}{2}(x^n+y^n)>(\frac{x+y}{2})^n,(x>0,y>0,x\neq y,n>1)$；

(2) $\frac{\ln x+\ln y}{2}<\ln\frac{x+y}{2},(x>0,y>0,x\neq y)$；

(3) $xe^x+ye^y>(x+y)e^{\frac{x+y}{2}},(x>0,y>0,x\neq y)$.

3. 求 a,b 的值，使点(1,3)为函数曲线 $y=ax^3+bx^2$ 的拐点．

4. 试确定函数曲线 $y=ax^3+bx^2+cx+d$ 中的常数 a,b,c,d 的值，使得在点 $x=-2$处，函数曲线的切线为水平，点(1，−10)为拐点，且点(−2,44)在函数曲线上．

5. 试确定 $y=k(x^2-3)^2$ 中常数 k 的值，使函数曲线在拐点的法线通过原点(0,0).

6. 试证明函数曲线 $y=\frac{x-1}{x^2+1}$有三个拐点位于同一条直线上．

7. 设 $y=f(x)$ 在点 $x=x_0$ 处的某邻域内具有三阶连续的导数，如果 $f''(x_0)=0$，而 $f'''(x_0)\neq 0$，试问 $(x_0,f(x_0))$ 是否为函数曲线 $y=f(x)$ 的拐点．

8. 求下列函数曲线的渐近线．

(1) $y=\frac{x^2}{2x-1}$； (2) $y=x\ln(e+\frac{1}{x})$.

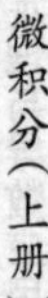

4.5 函数图形的描绘

描点作图是作函数图形的基本方法．现在掌握了微积分的基本知识，如果先利用微分法讨论函数或函数曲线的性态，如函数的奇偶性、单调性、极值、凹凸性、拐点、渐近线等，然后再描点作图，就能使作出来的函数图形较为准确．

作函数 $y=f(x)$ 的图形的基本步骤如下：

(1)确定函数 $y=f(x)$ 的定义域，间断点，以明确函数图形的范围；

(2)讨论函数的奇偶性与周期性，用以判断图形的对称形、周期性；

(3)讨论函数的单调性与极值，函数曲线的凸性与拐点．这样，我们掌握了函数图形的大致形状；

(4)讨论函数曲线的渐近线，以把握函数曲线伸向无穷远的变化趋势；

(5)有时为了使图形描得更准确些，还需要描出函数曲线上若干个特殊的点，例如，函数曲线与坐标轴的交点；

(6) 根据以上讨论，描点作出函数 $y=f(x)$ 的图形．

例 4.5.1 作函数 $f(x)=\dfrac{1}{\sqrt{2\pi}}e^{-\frac{x^2}{2}}$ 的图形．

解 (1)函数的定义域为 $(-\infty,+\infty)$．

(2) 该函数为偶函数，其图形关于 y 轴对称，因此，可只讨论 $x>0$ 时的函数图形．

(3) 确定单调性，极值，拐点与上凸、下凸区间．

$$y'=-\frac{x}{\sqrt{2\pi}}e^{-\frac{x^2}{2}}<0,\qquad y''=\frac{x^2-1}{\sqrt{2\pi}}e^{-\frac{x^2}{2}}$$

令 $y''=0$，解得 $x=1$

以 $x=1$ 为分点，将 $(0,+\infty)$ 划分为两个部分区间 $(0,1)$ 和 $(1,+\infty)$，并讨 $f'(x)$ 与 $f''(x)$ 在这两个部分区间内的符号．讨论结果列表如下：

表 4-5

x	0	(0,1)	1	(1, +∞)
$f'(x)$	0	−	−	−
$f''(x)$	−	−	0	+
$f(x)$	极大值	↘∩	拐点	↘∪

拐点为 $\left(1,\dfrac{1}{\sqrt{2\pi e}}\right)$，$f(0)=\dfrac{1}{\sqrt{2\pi}}$ 是函数的极大值．

(4)由于

$$\lim_{x \to +\infty} f(x) = \lim_{x \to +\infty} \frac{1}{\sqrt{2\pi}} e^{-\frac{x^2}{2}} = 0$$

所以，$y=0$ 是函数曲线的水平渐近线．

(5)描出函数曲线上的点$(0,\frac{1}{\sqrt{2\pi}})$、$(1,\frac{1}{\sqrt{2\pi e}})$，并画出函数曲线在 y 轴右侧的图形，然后画出 y 轴左侧的图形，如图 4－10.

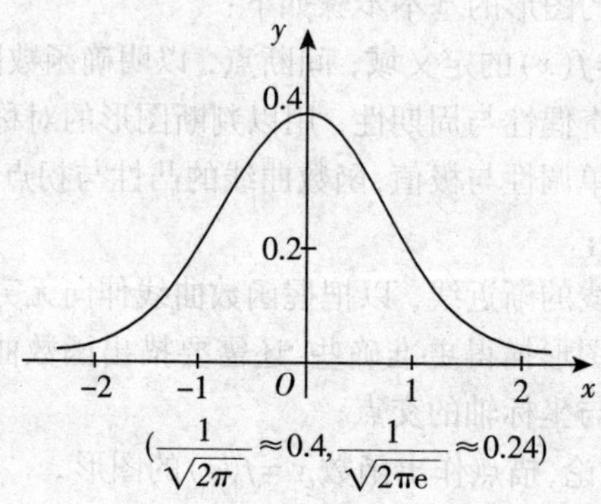

$(\frac{1}{\sqrt{2\pi}} \approx 0.4, \frac{1}{\sqrt{2\pi e}} \approx 0.24)$

图 4－10

例 4.5.2 作函数 $y=\frac{4(x+1)}{x^2}-2$ 的图形．

解 (1)函数的定义域为$(-\infty,0)\cup(0,+\infty)$

(2)确定函数曲线的渐近线．

因为

$$\lim_{x \to \pm\infty}\left[\frac{4(x+1)}{x^2}-2\right] = -2$$

所以，$y=-2$ 是函数曲线的水平渐近线；

又因为

$$\lim_{x \to 0}\left[\frac{4(x+1)}{x^2}-2\right] = \infty$$

所以，$x=0$ 是函数曲线的铅垂渐近线．

(3)确定单调性，极值，拐点与上凸、下凸区间．

$$y' = -\frac{4(x+2)}{x^3}, \quad y'' = \frac{8(x+3)}{x^4}$$

令 $y'=0$，得 $x_1=-2$；令 $y''=0$，得 $x_2=-3$

以 x_1、x_2 为分点，将定义域划分为部分区间，并讨论 y' 与 y''在部分区间内的符号．讨论结果列表如下：

表 4-6

x	$(-\infty,-3)$	-3	$(-3,-2)$	-2	$(-2,0)$	0	$(0,+\infty)$
y'	−		−	0	+		−
y''	−	0	+		+		+
y	↘∩	$-\frac{26}{9}$（拐点）	↘∪	−3（极小值）	↗∪	间断	↘∪

$f(-2)=-3$ 是函数的极小值，函数曲线拐点为$(-3,-\frac{26}{9})$.

(4) 选点$(-1,-2)$、$(1,6)$、$(2,1)$、$(3,-\frac{2}{9})$，描点作出函数曲线的图形，如图 4-11.

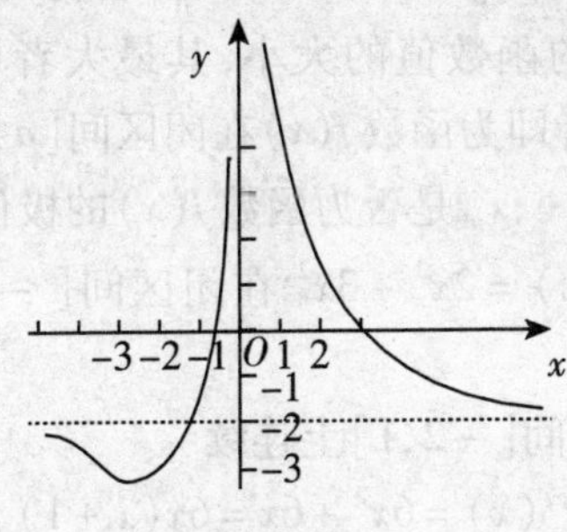

图 4-11

习题 4.5

1. 描绘函数$f(x)=\frac{(x-1)^3}{(x+1)^2}$的图形.

2. 描绘函数$y=\frac{c}{1+be^{-ax}}$(a,b,c均为大于 0 的常数)的图形.

4.6 函数的最值及其在经济中的应用

4.6.1 函数的最值及其求法

在许多经济理论与应用问题中，需要求函数在某区间上的最大值和最小值.

函数的最值与极值是两个不同的概念，最值是对整个定义域而言的，是整体性的；极值是相对于极值点的某个邻域而言的，是局部的. 另外，最值可以在区间的端点取得，而极值则只能在区间的内部取得．

若函数 $y=f(x)$ 在闭区间 $[a,b]$ 上连续，则函数 $f(x)$ 在 $[a,b]$ 上一定有最大值与最小值．函数 $f(x)$ 的最值点可以在区间 $[a,b]$ 的端点，也可以在开区间 (a,b) 内．由定义，开区间 (a,b) 内的最值点是函数 $f(x)$ 的极值点．

由前面的分析讨论，求连续函数 $f(x)$ 在闭区间 $[a,b]$ 上的最值时，只需分别计算 $f(x)$ 在开区间 (a,b) 内的驻点、导数不存在的点以及端点 a 和 b 处的函数值，然后再加以比较，其中最大者为函数 $f(x)$ 在闭区间 $[a,b]$ 上的最大值，最小者为函数 $f(x)$ 在闭区间 $[a,b]$ 上的最小值．于是，求闭区间 $[a,b]$ 上连续函数 $f(x)$ 最值的一般步骤是：

(1) 求出函数 $f(x)$ 在开区间 (a,b) 内的驻点及导数不存在的点，设其点数有限，得到可能的极值点 $x_1,x_2,\cdots,x_n$；

(2) 计算出函数值 $f(x_1)$，$f(x_2)$，$\cdots$，$f(x_n)$ 以及 $f(a)$，$f(b)$；

(3) 比较(2)中所有的函数值的大小，其最大者即为函数 $f(x)$ 在闭区间 $[a,b]$ 上的最大值，最小者即为函数 $f(x)$ 在闭区间 $[a,b]$ 上的最小值．

这里不必讨论 $x_1,x_2,\cdots,x_n$ 是否为函数 $f(x)$ 的极值点．

例 4.6.1 求函数 $f(x)=2x^3+3x^2$ 在闭区间 $[-2,1]$ 上的最大值与最小值．

解 函数 $f(x)$ 在闭区间 $[-2,1]$ 上连续

$$f'(x)=6x^2+6x=6x(x+1)$$

令 $f'(x)=0$ 得驻点 $x_1=-1$，$x_2=0$．在驻点处函数值分别为

$$f(-1)=1,\ f(0)=0$$

在区间端点处函数值分别为

$$f(-2)=-4,\ f(1)=5$$

比较上述函数值的大小，函数 $f(x)$ 在 $[-2,1]$ 上的最大值为 $f(1)=5$，最小值为 $f(-2)=-4$.

例 4.6.2 求函数 $f(x)=\sqrt[3]{(x^2-2x)^2}$ 在闭区间 $[0,3]$ 上的最大值与最小值．

解 函数 $f(x)$ 在闭区间 $[0,3]$ 上连续

$$f'(x)=\begin{cases}\dfrac{2}{3}\cdot\dfrac{2(x-1)}{\sqrt[3]{x^2-2x}}, & x\in(0,3)\text{且}x\neq 2\\ \text{不存在}, & x=2\end{cases}$$

令 $f'(x)=0$ 得驻点 $x=1$．在驻点及一阶导数不存在点处函数值分别为

$$f(1)=1,\ f(2)=0$$

在区间端点处函数值分别为

$$f(0)=0,\ f(3)=\sqrt[3]{9}$$

比较上述函数值的大小，函数$f(x)$在$[0,3]$上的最大值为$f(3)=\sqrt[3]{9}$，最小值为$f(0)=f(2)=0$.

注 在求函数的最大值与最小值时，若遇到下述两种特殊情况时，都能比较简便地求出函数的最大值与最小值：

(1)如果函数$y=f(x)$在闭区间$[a,b]$上连续且单调，则函数$f(x)$在区间端点a,b处取得最值；

(2)若函数$y=f(x)$在区间I上连续，且在该区间上有唯一极值$f(x_0)$. 当$f(x_0)$为极小值时，$f(x_0)$就是函数$y=f(x)$在区间I上的最小值(图4-12(a))；当$f(x_0)$为极大值时，$f(x_0)$就是函数$y=f(x)$在区间I上的最大值(图4-12(b)).

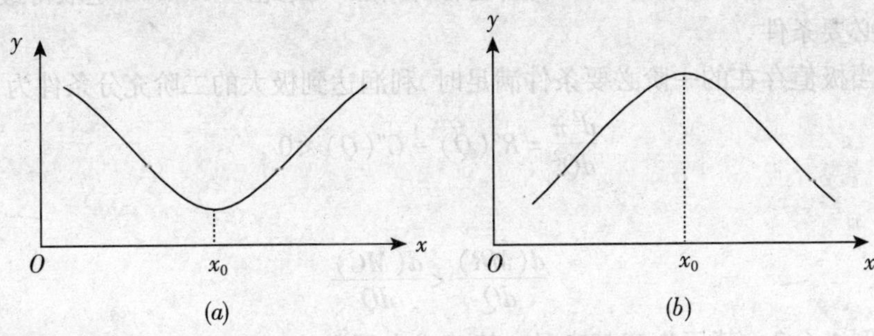

图4-12

4.6.2 函数最值在经济分析中的应用

前面，我们讨论了求函数的极值和函数在指定区间上的最值问题，现在我们要把这些讨论的结论应用到一些实际经济问题上来.

在本小节的讨论之前，先对下面所涉及的经济函数作如下假定：

设$y=f(x)$是定义在区间I上的函数

(1)函数$f(x)$在区间I上可导；

(2)如果函数$f(x)$在区间I上有最大(小)值，则最大(小)值点位于区间I的内部.

1. 最大利润

设总收益函数为$R(Q)$，其中Q为销量；总成本函数为$C(Q)$，其中Q为产量. 在产量等于销量的情况下，利润函数定义为总收益函数与总成本函数之差，记做π，即

$$\pi=\pi(Q)=R(Q)-C(Q)$$

若厂商的目标是利润最大化，则厂商应选择产量Q的值，使利润函数$\pi(Q)$取最大值.

假设在产量 $Q=Q_0$ 时,利润达到最大, 则由极值存在的一阶必要条件有

$$\frac{d\pi}{dQ}\bigg|_{Q=Q_0}=R'(Q_0)-C'(Q_0)=0$$

上式可写为: 当 $Q=Q_0$ 时

$$MR=MC$$

其中,MR 表示边际收益(*marginal revenue*), MC 表示边际成本(*marginal cost*).

上式的经济意义是: **当利润达到最大时, 边际收益等于边际成本**. 假如边际收益不等于边际成本, 若 $R'(Q_0)>C'(Q_0)$, 则在产量 $Q=Q_0$ 的基础上再多生产一个单位产品, 所增加的收益大于所增加的成本, 因而利润有所增加; 若 $R'(Q_0)<C'(Q_0)$, 则在产量 $Q=Q_0$ 的基础上少生产一个单位产品, 所减少的收益小于所减少的成本, 因而利润也有所增加. 因此, $MR=MC$ 是取得最大利润的必要条件.

当极值存在的一阶必要条件满足时,利润达到极大的二阶充分条件为

$$\frac{d^2\pi}{dQ^2}=R''(Q)-C''(Q)<0$$

或

$$\frac{d(MR)}{dQ}<\frac{d(MC)}{dQ}$$

例 4.6.3 某厂生产某产品, 其总成本函数为 $C=1000+3Q$,市场需求函数为 $Q=1000-100P$, 求产量为多少时利润最大? 最大利润为多少?

解 反需求函数为 $P=10-\frac{Q}{100}$,于是总收益函数为

$$R=P\cdot Q=\left(10-\frac{Q}{100}\right)Q=10Q-\frac{Q^2}{100}$$

利润函数为

$$\pi=R-C=-\frac{Q^2}{100}+7Q-1000\quad(0\leqslant Q<+\infty)$$

$$\pi'=-\frac{Q}{50}+7,\quad \pi''=-\frac{1}{50}$$

令 $\pi'=0$ 解得驻点 $Q=350$.

由于

$$\pi''\Big|_{Q=350}=-\frac{1}{50}<0$$

从而 $Q=350$ 是利润函数的极大值点,由极值点的唯一性可知,$Q=350$ 也是利润函数的最大值点,故当产量为 $Q=350$ 时利润最大, 最大利润为

$$\pi\Big|_{Q=350}=\left(-\frac{Q^2}{100}+7Q-1000\right)\Big|_{Q=350}=225$$

2. **最大收益**

在已知商品需求函数的条件下,若企业的目标是获得最大收益,那么,企业应以总收益函数 $R=P\cdot Q$ 为目标函数来决策产量水平或产品的价格.

例 4.6.4 已知需求函数为 $Q=75-P^2$,问价格 P 为何值时,总收益最大?当总收益达到最大时,需求价格弹性为多少?

解 总收益函数为

$$R(P)=P\cdot Q=75P-P^3 \qquad (P\geqslant 0)$$

$$R'=75-3P^2=3(25-P^2)=0$$

令 $R'=0$ 解得驻点 $P=5$($P=-5$ 舍去)

由于

$$R''=-6P,\ R''(5)=-30<0$$

从而 $P=5$ 是总收益函数的极大值点,由极值点的唯一性可知,$P=5$ 也是总收益函数的最大值点,故当价格为 $P=5$ 时总收益最大.

需求价格弹性为

$$E_d=-\frac{P}{Q}\cdot\frac{dQ}{dP}=\frac{2P^2}{75-P^2}$$

当 $P=5$ 时,需求价格弹性为

$$E_d\Big|_{P=5}=1$$

在上例中,当总收益达到最大时,需求价格弹性为单位弹性,这绝非偶然.当需求价格弹性 $E_d>1$ 时,需求是富于弹性的,降价可使总收益增加;当需求价格弹性 $E_d<1$ 时,需求是缺乏弹性的,提价可使总收益增加.因此,**当总收益达到最大时,需求价格弹性一定为单位弹性**.

3. **平均成本最小**

设企业的总成本函数为 $C=C(Q)$,平均成本函数为

$$\bar{C}=\frac{C(Q)}{Q} \quad (Q>0)$$

若企业以平均成本最小为目标来决策产量水平,这就是求平均成本函数的最小值问题.

假设在产量 $Q=Q_0>0$ 时,平均成本达到最小,则由极值存在的一阶必要条件,有

$$\frac{d\bar{C}}{dQ}\Big|_{Q=Q_0}=\frac{QC'(Q)-C(Q)}{Q^2}\Big|_{Q=Q_0}=\frac{1}{Q}\left[C'(Q)-\frac{C(Q)}{Q}\right]\Big|_{Q=Q_0}=0$$

因为 $Q_0>0$,上式可写为:当 $Q=Q_0$ 时

$$MC=AC$$

其中,AC 表示平均成本(*average cost*).

上式的经济意义是:**平均成本达到最小时,边际成本等于平均成本**.从而

$MC=AC$ 是取得最小平均成本的必要条件．

例4.6.5　已知某厂的生产成本函数为

$$C=Q^2+50Q+10000$$

(1)求使平均成本达到最小时的产量．

(2)求最小平均成本和相应的边际成本．

解　(1) 平均成本函数为

$$\bar{C}(Q)=Q+50+\frac{10000}{Q}\quad(0<Q<+\infty)$$

$$\bar{C}'(Q)=1-\frac{10000}{Q^2},\ \bar{C}''(Q)=\frac{20000}{Q^3}$$

令 $\bar{C}'(Q)=0$ 解得驻点 $Q=100$($Q=-100$ 舍去).

由于

$$\bar{C}''(100)=\frac{1}{50}>0$$

从而 $Q=100$ 是平均成本函数的极小值点,由极值点的唯一性可知,$Q=100$ 也是平均成本函数的最小值点，故当产量为 $Q=100$ 时平均成本最小．

(2)最小平均成本为

$$\bar{C}(100)=250$$

产量为 $Q=100$ 时的边际成本为

$$MC(100)=(2Q+50)\Big|_{Q=100}=250$$

4. 最佳时间的选择

由于资金有时间价值，因此,在分析投资问题时,必须把发生在不同时间的资金流转化成在同一个时点的等价资金流．在经济分析中，一般的做法是将投资成本与投资收益先转化成投资成本的现值与投资收益的现值(经济学中称为贴现)，然后再做投资决策分析．

例4.6.6　某酒厂有一批新酿的好酒，如果现在(假定 $t=0$)就出售，总收入为 K(元)．如果窖藏起来待来日按陈酒价格出售,t 年末收入为

$$R=Ke^{\sqrt{t}}$$

假定银行年利率为 r，并以连续复利计．试求窖藏多少年售出可使总收入的现值最大，并求 $r=0.1$ 时的 t 值．

解　现值函数为

$$P(t)=Ke^{\sqrt{t}-rt}\quad(0\leqslant t<+\infty)$$

$$P'(t)=Ke^{\sqrt{t}-rt}\left(\frac{1}{2\sqrt{t}}-r\right),P''(t)=Ke^{\sqrt{t}-rt}\left[\left(\frac{1}{2\sqrt{t}}-r\right)^2-\frac{1}{4\sqrt{t^3}}\right]$$

令 $P'(t)=0$ 解得驻点 $t_0=\frac{1}{4r^2}$

由于

$$P''(t_0) = -\frac{Ke^{\sqrt{t_0} - rt_0}}{4\sqrt{t_0^3}} < 0$$

从而 $t_0 = \frac{1}{4r^2}$ 是现值函数的极大值点，由极值点的唯一性可知，$t_0 = \frac{1}{4r^2}$ 也是现值函数的最大值点，故好酒窖藏 $t_0 = \frac{1}{4r^2}$ 年售出可使总收入的现值最大．当银行年利率为 $r = 0.1$ 时，相应的最佳时间是 $t_0 = 25$（年）．

5. **最优批量**

当一个商场进一批货物时，除支付购买这批货物的成本外，还需一笔采购费．在货物没有出售完毕前，还需将部分货物库存起来，这需一笔库存费．最优批量问题是：如何决策每批的进货数量，即批量，以使采购费与库存费之和达到最小．

例 4.6.7 某商场每年销售某商品 100 万件，分批采购进货，每批进货数量相同．已知每批采购费为 1000 元，而未出售商品的库存费为每件 0.05 元/年．设库存商品数量是均匀的（即库存商品数量是每批进货数量的一半），问批量为多少时，才能使采购费与库存费之和达到最小？此时，采购费与库存费各是多少？

解 设每批进货数量为 x，则库存量为 $\frac{x}{2}$，库存费为

$$E_1(x) = 0.05 \times \frac{x}{2}$$

每年采购费为

$$E_2(x) = 1000 \times \frac{1000000}{x}$$

一年内的总费用函数为

$$E(x) = E_1(x) + E_2(x) = \frac{10^9}{x} + \frac{x}{40},\ x \in (0, +\infty)$$

$$E'(x) = \frac{1}{40} - \frac{10^9}{x^2},\ E''(x) = \frac{2 \times 10^9}{x^3}$$

令 $E'(x) = 0$ 解得驻点 $x = 2 \times 10^5$ （$x = -2 \times 10^5$ 舍去）

由于

$$E''(2 \times 10^5) > 0$$

从而 $x = 2 \times 10^5$ 是总费用函数的极小值点，由极值点的唯一性可知，$x = 2 \times 10^5$ 也是总费用函数的最小值点，故当批量为 2×10^5 件时，采购费与库存费之和最小，此时

$$E_1(2 \times 10^5) = E_2(2 \times 10^5) = 5000（元）$$

可以证明，一般地，当选择的批量使采购费与库存费之和达到最小时，必有

采购费与库存费相等.

注 从实际意义看，总费用函数的定义域为不超100万的全体自然数，但是要利用微积分的方法解决该问题，我们必须假设变量是连续的，这也是经济分析中常用的方法. 因此，在上面例题中，我们设总费用函数的定义域为$x\in(0,+\infty)$.

习题4.6

1. 求下列函数的最大值、最小值：

(1)$f(x)=2x^3-3x^2+50,\ x\in[-2,1]$； (2)$f(x)=|x|e^x,\ x\in[-2,2]$；

(3)$f(x)=(x-1)\sqrt[3]{x^2},\ x\in[-1,2]$； (4)$f(x)=\dfrac{x^2}{1+x},\ x\in[-\dfrac{1}{2},1]$.

2. 判断下列函数是否存在最大值、最小值，若存在，试求出其值：

(1)$f(x)=x^2-2x-1,\quad(-\infty<x<+\infty)$；

(2)$f(x)=\dfrac{x}{1+x^2},\quad 0<x<+\infty$；

(3)$f(x)=x^2-\dfrac{54}{x},\quad -\infty<x<0$.

3. 某厂生产某产品，其总成本函数为$C=6Q^2+18Q+54$(元)，每件商品的售价为258元. 求利润最大时的产量和利润.

4. 某厂生产某产品，其固定成本为2万元，每多生产1百台成本将增加1万元；总收益函数为

$$R=\begin{cases}4Q-\dfrac{1}{2}Q^2, & 0\leqslant Q\leqslant 4\\ 8, & Q>4\end{cases}$$

Q的单位为百台，R的单位为万元. 求每年产量为多少台时利润最大？最大利润为多少？

5. 某厂产品的成本函数为$C=200+50Q+Q^2$，市场需求函数为$Q=100-P$，政府对每件商品征收销售税t个单位，问：

(1)当产量Q为多少时，企业获得最大利润？

(2)在企业获得最大利润的情况下，政府对每件商品征收销售税为多少时，总税额最大？

6. 已知某商品的需求函数为$Q=\dfrac{100}{P+1}-1$，问价格为多少时，总收益最大？并求出总收益最大时，总收益的价格弹性.

7. 设生长在某块土地上的木材价值是时间t的函数

$$y=2^{\sqrt{t}}$$

其中，t 以年为单位，y 以千元为单位，设树木生长期间的保养费不计．假设资金的年贴现率为 r，按连续贴现计算，试确定伐木出售的最佳时间．

8. 某公司每年销售某种商品 D 件，分批购货，每批手续费为 C_1 元，每件商品库存费为 C_2 元/年．商品均匀销售，不许缺货．问公司应分几批购进商品，才能使手续费与库存费之和达到最小？

4.7 泰勒中值定理

对一个较复杂的函数，当我们在定义域中某一特殊点附近研究函数的性态时，用一个较简单的函数来近似表示，对我们处理问题是非常有用的．就计算函数值的复杂性而言，多项式函数是相对简单的，只要对自变量进行有限次加、减、乘三种算术运算，便能求出其函数值．因此我们经常在自变量变化的一个局部范围内，用多项式函数来近似表示一个复杂的函数．

设一元函数 $y=f(x)$ 在 $x=x_0$ 点处可导，构造一次多项式函数

$$P_1(x)=f(x_0)+f'(x_0)(x-x_0)$$

因为

$$f(x_0)=P_1(x_0),\ f'(x_0)=P_1'(x_0)$$

所以，函数 $f(x)$ 与一次多项式函数 $P_1(x)$ 在 $x=x_0$ 点处具有相同的函数值和相同的一阶导数值．

事实上，函数 $y=f(x_0)+f'(x_0)(x-x_0)$ 是函数曲线 $y=f(x)$ 上在点 $(x_0,f(x_0))$ 处的切线方程，当 x 充分接近 x_0 时，我们有近似表达式

$$f(x)\approx f(x_0)+f'(x_0)(x-x_0) \tag{4-6}$$

一般地，设一元函数 $y=f(x)$ 在点 $x=x_0$ 处 n 阶可导，构造 n 次多项式函数

$$P_n(x)=a_0+a_1(x-x_0)+a_2(x-x_0)^2+\cdots+a_n(x-x_0)^n$$

使得函数 $f(x)$ 与多项式函数 $P_n(x)$ 在点 $x=x_0$ 处具有相同的函数值和相同的一到 n 阶的导数值，即

$$f(x_0)=P_n(x_0)$$

$$f'(x_0)=P_n'(x_0)$$

$$f''(x_0)=P_n''(x_0)$$

$$\cdots\cdots$$

$$f^{(n)}(x_0)=P_n^{(n)}(x_0)$$

则有

$$P_n(x)=f(x_0)+f'(x_0)(x-x_0)+\frac{f''(x_0)}{2!}(x-x_0)^2+\cdots+\frac{f^{(n)}(x_0)}{n!}(x-x_0)^n$$

当 x 充分接近 x_0 时,我们有近似表达式

$$f(x)\approx f(x_0)+f'(x_0)(x-x_0)+\frac{f''(x_0)}{2!}(x-x_0)^2+\cdots+\frac{f^{(n)}(x_0)}{n!}(x-x_0)^n \tag{4-7}$$

上述近似表达式存在一个明显的缺陷，这一近似计算方法并没有给出近似计算所产生的误差估计．本节探讨的泰勒中值定理提供了用多项式函数近似表达一个函数的一条途径，并且可以估计误差，从而在理论上和应用中都起着重要的作用．

通常，式(4-7)的两端不相等．在点 x 处,用等式右端的多项式近似计算等式左端的函数值时,一定存在误差，这一误差称为 n 阶余项，记为$R_n(x)$ 即

$$R_n(x)=f(x)-P_n(x)$$

于是

$$f(x)=f(x_0)+f'(x_0)(x-x_0)+\frac{f''(x_0)}{2!}(x-x_0)^2+\cdots+\frac{f^{(n)}(x_0)}{n!}(x-x_0)^n+R_n(x)$$

定理 4.7.1(*Taylor* 中值定理) 设函数 $f(x)$ 在含点 x_0 的某个开区间 (a, b)内有直到 $n+1$ 阶的导数，则对任意一点 $x\in(a, b)$,有

$$f(x)=f(x_0)+f'(x_0)(x-x_0)+\frac{f''(x_0)}{2!}(x-x_0)^2+\cdots+\frac{f^{(n)}(x_0)}{n!}(x-x_0)^n+R_n(x) \tag{4-8}$$

其中

$$R_n(x)=\frac{f^{(n+1)}(\xi)}{(n+1)!}(x-x_0)^{n+1}\qquad(\xi\text{ 介于 }x\text{ 与 }x_0\text{ 之间}).$$

证 设 $R_n(x)=f(x)-P_n(x),x\neq x_0,x\in(a,b)$，显然函数 $R_n(x)$ 和 $(x-x_0)^{n+1}$在以 x 和 x_0 为端点的闭区间上连续，在对应的开区间内可导，且 $(x-x_0)^{n+1}$的导数不为零,再注意到

$$R_n(x_0)=R_n'(x_0)=\cdots=R_n^{(n-1)}(x_0)=R_n^{(n)}(x_0)=0$$

由柯西中值定理,得

$$\frac{R_n(x)}{(x-x_0)^{n+1}}=\frac{R_n(x)-R_n(x_0)}{(x-x_0)^{n+1}-0}=\frac{R_n'(\xi_1)}{(n+1)(\xi_1-x_0)^n}$$

(ξ_1 介于 x 与 x_0 之间)

在以 ξ_1 和 x_0 为端点的区间上再次使用柯西中值定理,得

$$\frac{R_n(x)}{(x-x_0)^{n+1}}=\frac{R_n'(\xi_1)-R_n'(x_0)}{(n+1)(\xi_1-x_0)^n-0}=\frac{R_n''(\xi_2)}{n(n+1)(\xi_2-x_0)^{n-1}}$$

（ξ_2 介于 ξ_1 与 x_0 之间）

如此接连使用柯西中值定理 $n+1$ 次，得到

$$\frac{R_n(x)}{(x-x_0)^{n+1}}=\frac{R_n^{(n+1)}(\xi)}{(n+1)!}\qquad (\xi \text{ 在 } x \text{ 与 } x_0 \text{ 之间})$$

因为

$$P_n^{(n+1)}(x)=0$$

所以

$$R_n^{(n+1)}(x)=f^{(n+1)}(x)$$

即得

$$R_n(x)=\frac{f^{(n+1)}(\xi)}{(n+1)!}(x-x_0)^{n+1}\tag{4-9}$$

公式(4-8)称为 $f(x)$ 按 $(x-x_0)$ 的幂展开到 n 阶的**泰勒公式**，公式(4-9)称为**拉格朗日型余项**.

注 (1)当 $n=0$ 时，泰勒定理就变成了拉格朗日定理，即泰勒定理是拉格朗日中值定理的推广.

(2)当 $f^{(n+1)}(x)$ 是开区间 (a,b) 内的有界函数时，用拉格朗日型余项可以估计误差：

$$|R_n(x)|\leqslant\frac{M}{(n+1)!}|x-x_0|^{n+1}$$

其中 $|f^{(n+1)}(x)|\leqslant M$. 此时，当 $x\to x_0$ 时，$R_n(x)$ 是比 $(x-x_0)^n$ 较高阶的无穷小，即 $R_n(x)=o((x-x_0)^n)$，称其为**佩亚诺(*Peano*)型余项**. 此时，公式(4-8)可写为

$$f(x)=f(x_0)+f'(x_0)(x-x_0)+\frac{f''(x_0)}{2!}(x-x_0)^2+\cdots+\frac{f(n)(x_0)}{n!}(x-x_0)^n+o((x-x_0)^n)$$

(3)最常用到的是 $x_0=0$ 的情形，这时的 n 阶泰勒公式也称为 **n 阶麦克劳林公式**. 带有拉格朗日型余项的 n 阶麦克劳林公式是

$$f(x)=f(0)+\frac{f'(0)}{1!}x+\frac{f''(0)}{2!}x^2+\cdots+\frac{f^{(n)}(0)}{n!}x^n+\frac{f^{(n+1)}(\theta x)}{(n+1)!}x^{n+1}\quad(0<\theta<1)$$

例 4.7.1 写出 $f(x)=e^x$ 的 n 阶麦克劳林公式.

解 因为

$$f'(x)=f''(x)=\cdots=f^{(n)}(x)=f^{(n+1)}(x)=e^x$$

所以

$$f(0)=f'(0)=f''(0)=\cdots=f^{(n)}(0)=1,\ f^{(n+1)}(\theta x)=e^{\theta x}$$

代入(4-8),即得

$$e^x=1+x+\frac{x^2}{2!}+\cdots+\frac{x^n}{n!}+\frac{x^{n+1}}{(n+1)!}e^{\theta x}\quad(0<\theta<1)$$

注 由上述公式,我们有近似计算公式

$$e^x\approx1+x+\frac{x^2}{2!}+\cdots+\frac{x^n}{n!}$$

误差为

$$|R_n(x)|=\left|\frac{x^{n+1}e^{\theta x}}{(n+1)!}\right|<\frac{e^{\theta|x|}|x|^{n+1}}{(n+1)!}\quad(0<\theta<1)$$

例如,取 $x=1$,得 e 的近似值

$$e^x\approx1+1+\frac{1}{2!}+\cdots+\frac{1}{n!}$$

误差

$$|R_n(1)|=\frac{e^{\theta}}{(n+1)!}<\frac{3}{(n+1)!}$$

当 $n=9$ 时,$e\approx2.718281$,其误差为

$$|R_9(1)|<\frac{3}{10!}<0.000\,001$$

例 4.7.2 写出函数 $f(x)=\sin x$ 的 n 阶麦克劳林公式.

解 因为

$$f'(x)=\cos x,\ f''(x)=-\sin x,\ f'''(x)=-\cos x$$

$$f^{(4)}(x)=\sin x,\ \cdots,\ f^{(n)}(x)=\sin\left(x+\frac{n\pi}{2}\right)\quad(n=0,1,2,\cdots)$$

所以

$$f(0)=0,\ f'(0)=1,\ f''(0)=0,\ f'''(0)=-1,\ f^{(4)}(1)=0,\cdots$$

他们顺序循环地取四个数 0,1,0,-1. 于是令 $n=2m$ 有

$$\sin x=x-\frac{x^3}{3!}+\frac{x^5}{5!}-\cdots+(-1)^{m-1}\frac{x^{2m-1}}{(2m-1)!}+R_{2m}(x)$$

其中 $$R_{2m}(x)=\frac{\sin\left[\theta x+(2m+1)\frac{\pi}{2}\right]}{(2m+1)!}x^{2m+1}\quad(0<\theta<1)$$

类似地可写出另外三个常用的、带有拉格朗日型余项的初等函数的麦克劳林公式:

(1) $$\cos x=1-\frac{x^2}{2!}+\frac{x^4}{4!}-\cdots+(-1)^m\frac{x^{2m}}{(2m)!}+R_{2m+1}(x)$$

其中 $$R_{2m+1}(x)=\frac{\cos\left[\theta x+(m+1)\pi\right]}{(2m+2)!}x^{2m+2}\quad(0<\theta<1)$$

$$(2)\ln(1+x)=x-\frac{x^2}{2}+\frac{x^3}{3}-\cdots+(-1)^{n-1}\frac{x^n}{n}+R_n(x)$$

其中 $$R_n(x)=(-1)^n\frac{x^{n+1}}{(n+1)(1+\theta x)^{n+1}}\quad(0<\theta<1)$$

$$(3)(1+x)^a=1+ax+\frac{a(a-1)}{2!}x^2+\cdots+\frac{a(a-1)\cdots(a-n+1)}{n!}x^n+R_n(x)$$

其中 $$R_n(x)=\frac{a(a-1)\cdots(a-n)}{(n+1)!}(1+\theta x)^{a-n-1}x^{n+1}\quad(0<\theta<1)$$

例 4.7.3 试按$(x+1)$的升幂展开函数$f(x)=x^3+3x^2-2x+4$.

解 设$x_0=-1$,则

$$f(-1)=8$$

$$f'(x)=3x^2+6x-2,\qquad f'(-1)=-5$$

$$f''(x)=6x+6,\qquad f''(-1)=0$$

$$f'''(x)=6,\qquad f'''(-1)=6$$

当$n>3$时,

$$f^{(n)}(x)=0$$

所以

$$\begin{aligned}f(x)&=f(x_0)+f'(x_0)(x-x_0)+\frac{f''(x_0)}{2!}(x-x_0)^2+\frac{f'''(x_0)}{3!}(x-x_0)^3+R_4(x)\\&=f(-1)+f'(-1)(x+1)+\frac{f''(-1)}{2!}(x+1)^2+\frac{f'''(-1)}{3!}(x+1)^3+0\\&=8-5(x+1)+(x+1)^3\end{aligned}$$

例 4.7.4 求极限$\lim\limits_{x\to0}\frac{e^x-\cos x-x}{\ln(1+x^2)}$.

解 这是$\frac{0}{0}$型未定式. 当$x\to0$时,$\ln(1+x^2)\sim x^2$,在分母中使用无穷小代换.

将分子中的e^x和$\cos x$用带佩亚诺型余项的二阶麦克劳林公式表示.

$$e^x=1+x+\frac{x^2}{2!}+o(x^2),\qquad \cos x=1-\frac{x^2}{2!}+o(x^2)$$

于是

$$\lim_{x\to0}\frac{e^x-\cos x-x}{\ln(1+x^2)}=\lim_{x\to0}\frac{(1+x+\frac{x^2}{2})-(1-\frac{x^2}{2})-x+o(x^2)}{x^2}=\lim_{x\to0}\frac{x^2+o(x^2)}{x^2}=1$$

习题 4.7

1. 试按 $(x+1)$ 的升幂展开函数 $f(x)=1+3x+5x^2-2x^3$.

2. 利用已知函数的麦克劳林公式求出函数 $f(x)=xe^{-x}$ 带佩亚诺型余项的 n 阶麦克劳林公式.

3. 利用已知函数的麦克劳林公式求出函数 $f(x)=x\ln(1-x^2)$ 带佩亚诺型余项的麦克劳林公式.

4. 利用泰勒公式求下列极限:

(1) $\lim\limits_{x\to 0}\dfrac{\sin x-x}{x\ln(1+x^2)}$;　　(2) $\lim\limits_{x\to 0}\dfrac{\cos x-e^{-\frac{x^2}{2}}}{x^4}$;

(3) $\lim\limits_{x\to 0}\dfrac{1-x^2-e^{-x^2}}{x\sin^3 2x}$.

总习题 4

1. 填空题:

(1) 函数曲线 $y=(x-1)^2(x-3)^2$ 的拐点的个数为________.

(2) 当 $Q=Q_0$ 时,收益函数 $R=R(Q)$ 取最大值, 这时,需求价格弹性 $E_d=$ ________.

(3) 设生产函数为 $Q=AL^{\alpha}K^{\beta}$,其中 Q 是产出量, L 是劳动投入量, K 是资本投入量, 而 A,α,β 均为大于零的参数,则当 $Q=1$ 时 K 关于 L 的弹性为________.

(4) 已知函数 $f(x)=\dfrac{1}{3}\sin 3x-a\cos x$ 在 $x=\dfrac{\pi}{3}$ 处取极值, 则 $a=$________, $f(\dfrac{\pi}{3})$ 为极值.

(5) 若 $f(x)$ 在点 x_0 处的某个邻域内具有二阶导数, 则 $f(x)$ 可以写出________阶泰勒公式, 其表达式为 $f(x)=$________.

2. 选择题:

(1) 设 $f(x)=|x(1-x)|$, 则(　　).

(A) $x=0$ 是 $f(x)$ 的极值点, $(0,0)$ 不是函数曲线 $y=f(x)$ 的拐点;

(B) $x=0$ 不是 $f(x)$ 的极值点, $(0,0)$ 是函数曲线 $y=f(x)$ 的拐点;

(C) $x=0$ 是 $f(x)$ 的极值点, $(0,0)$ 是函数曲线 $y=f(x)$ 的拐点;

(D) $x=0$ 不是 $f(x)$ 的极值点, $(0,0)$ 不是函数曲线 $y=f(x)$ 的拐点.

(2) 若函数 $f(x)$ 在点 $x=x_0$ 处连续, 并取得极大值,则必有(　　).

(A) $f'(x_0)=0$　　(B) $f''(x_0)<0$

(C) $f'(x_0)=0$ 且 $f''(x_0)<0$　(D) $f'(x_0)=0$ 或 $f'(x_0)$ 不存在

(3)设函数 $y=f(x)$ 具有二阶导数，且 $f'(x)>0$，$f''(x)>0$，Δx 为自变量 x 在点 x_0 处的增量，Δy 与 dy 分别为 $f(x)$ 在点 x_0 处对应的增量与微分，若 $\Delta x>0$，则(　)

(A) $0<dy<\Delta y$　(B) $0<\Delta y<dy$

(C) $\Delta y<dy<0$　(D) $dy<\Delta y<0$

(4) $f'(x)$ 在 $[a,b]$ 上连续，且 $f'(a)>0$，$f'(b)<0$，则错误的是(　).

(A)至少存在一点 $x_0\in(a,b)$，使 $f(x_0)>f(a)$；

(B)至少存在一点 $x_0\in(a,b)$，使 $f(x_0)>f(b)$；

(C)至少存在一点 $x_0\in(a,b)$，使 $f'(x_0)=0$；

(D)至少存在一点 $x_0\in(a,b)$，使 $f(x_0)=0$.

(5)以下四个命题中，正确的是(　).

(A)若 $f'(x)$ 在 $(0,1)$ 内连续，则 $f(x)$ 在 $(0,1)$ 内有界；

(B)若 $f(x)$ 在 $(0,1)$ 内连续，则 $f(x)$ 在 $(0,1)$ 内有界；

(C)若 $f'(x)$ 在 $(0,1)$ 内有界，则 $f(x)$ 在 $(0,1)$ 内有界；

(D)若 $f(x)$ 在 $(0,1)$ 内有界，则 $f'(x)$ 在 $(0,1)$ 内有界.

3. 求极限 $\lim\limits_{n\to\infty}\sqrt{n}(\sqrt[n]{n}-1)$.

4. 设函数 $f(x)$ 在 $[a,+\infty)$ 上连续，在 $(a,+\infty)$ 内可导，且 $f(a)<0$，$f'(x)>k>0$，其中 k 为常数，证明方程 $f(x)=0$ 在 $\left[a,a-\dfrac{1}{k}f(a)\right]$ 上有且仅有一个实根.

5. 设 $f(x)=\begin{cases}\dfrac{g(x)-e^{-x}}{x}, & 若\ x\neq0\\ 0, & 若\ x=0\end{cases}$

其中 $g(x)$ 有二阶连续导数，且 $g(0)=1$，$g'(0)=-1$.

(1)求 $f'(x)$；

(2)讨论 $f'(x)$ 在 $(-\infty,+\infty)$ 上的连续性.

6. 设 $f''(x_0)$ 存在，证明 $\lim\limits_{h\to0}\dfrac{f(x_0+h)+f(x_0-h)-2f(x_0)}{h^2}=f''(x_0)$.

7. 设 $f(x)$ 在 $[a,b]$ 上连续，在 (a,b) 内可导，且 $f(a)=f(b)=1$，试证存在 $\xi,\eta\in(a,b)$，使得

$$e^{\eta-\xi}[f(\eta)+f'(\eta)]=1$$

8. 设 $f(x)$ 在 (a,b) 内二阶可导，且 $f''(x)\geqslant0$. 证明对于 (a,b) 内任意两点 x_1、x_2 及 $0<t<1$，有 $f[(1-t)x_1+tx_2]\leqslant(1-t)f(x_1)+tf(x_2)$

9. 设某产品的需求函数为 $Q=Q(P)$，收益函数为 $R=PQ$，其中 P 为产品价格，Q 为需求量(产量)，$Q(P)$ 为单调递减函数. 如果当价格为 P_0，对应产

量为 Q_0 时，边际收益 $\left.\dfrac{dR}{dQ}\right|_{Q=Q_0}=a>0$，收益对价格的边际效应 $\left.\dfrac{dR}{dP}\right|_{P=P_0}=c<0$，需求对价格的弹性 $E_d=b>1$. 求 P_0 和 Q_0.

10. 已知厂商的总收益函数和总成本函数分别为 $R=\alpha Q-\beta Q^2$（$\alpha>0$，$\beta>0$），$C=aQ^2+bQ+c$（$a>0,b>0,c>0$）. 厂商追求最大利润，政府对厂商征收销售税：

（1）确定税率 t，使政府征收产品税额最大；

（2）试说明当税率 t 增加时，产品的价格随之增加，而产量随之下降；

（3）当政府征收销售税额最大时，税率由消费者和厂商分别分担，确定各分担多少？

第5章 不定积分

在微分学中,我们已经解决了"已知一个函数$f(x)$,如何求其导数$f'(x)$的问题".但是,在科学技术和经济学的许多问题中,我们常常需要解决与此相反的问题,那就是"已知一个函数$f(x)$的导数$f'(x)$,如何求出函数$f(x)$的问题".这类问题是微分法的逆问题.在数学上,人们把解决这类问题的方法,称为求不定积分.本章首先引入不定积分的概念,然后介绍不定积分的性质及其计算方法.

5.1 不定积分的概念

5.1.1 原函数的概念

定义 5.1.1 设$f(x)$是定义在某区间I上的已知函数.如果存在可导函数$F(x)$,使其对区间I上的任意一点x,都有

$$F'(x)=f(x) \quad 或 \quad dF(x)=f(x)dx$$

则称函数$F(x)$为$f(x)$在I上的一个**原函数**.

例如,在区间$(-\infty,+\infty)$内,因为$(\sin x)'=\cos x$,故$\sin x$是$\cos x$的原函数;又因为$(x^2+3)'=(x^2)'=2x$,故x^2+3与x^2都是$2x$的原函数,即一个函数的原函数可能不唯一.

那么,是否任一个函数都有原函数?如果一个函数有原函数,它的原函数有多少?怎样找出所有原函数?第一个问题是否定的,我们将在第六章中讨论,这里先给出几个定理.

定理 5.1.1 若函数$f(x)$在区间I上连续,则在区间I上$f(x)$的原函数一定存在.

定理 5.1.2 若函数$F(x)$是$f(x)$在区间I上的一个原函数,则$F(x)+C$也是$f(x)$区间I上的原函数,其中C是任意常数.

证明 由已知$F(x)$是$f(x)$在区间I上的一个原函数,则

$$F'(x)=f(x)$$

而

$$[F(x)+C]'=F'(x)=f(x)$$

由定义 5.1.1 知 $F(x)+C$ 也是 $f(x)$ 的原函数.

现在的问题是:$f(x)$ 的原函数是否都包含在函数 $F(x)+C$ 中呢?

定理 5.1.3 若 $F(x)$ 与 $G(x)$ 都是 $f(x)$ 在区间 I 上的原函数, 则

$$G(x)=F(x)+C(\text{常数})$$

证明 因为 $F(x)$ 与 $G(x)$ 都是 $f(x)$ 在区间 I 上的原函数, 则

$$F'(x)=f(x),\quad G'(x)=f(x)$$

于是

$$[G(x)-F(x)]'=G'(x)-F'(x)=f(x)-f(x)=0$$

故由拉格郎日中值定理的推论 4.1.2 知,$G(x)-F(x)$ 为常数,即

$$G(x)-F(x)=C\quad (C\text{ 为某个常数})$$

移项得

$$G(x)=F(x)+C\quad (C\text{ 为某个常数})$$

因此,若 $F(x)$ 是 $f(x)$ 的一个原函数,则当 C 为任意常数时,表达式

$$F(x)+C$$

就可以表示 $f(x)$ 任意的原函数,也就是说 $f(x)$ 的全体原函数所组成的集合就是函数族 $\{F(x)+C\mid -\infty<C<+\infty\}$.

注 连续函数的原函数不一定都是初等函数. 如函数 e^{-x^2}, $\frac{\sin x}{x}$, $\frac{1}{\ln x}$, $\frac{1}{\sqrt{1+x^4}}$ 等在其连续区间上原函数存在. 但不是初等函数.

5.1.2 不定积分的概念

定义 5.1.2 在区间 I 上,函数 $f(x)$ 的全体原函数所组成的集合,称为 $f(x)$ 在 I 上的**不定积分**,记为

$$\int f(x)\,dx$$

其中 $\int$ 称为**积分号**,$f(x)$ 称为**被积函数**,$f(x)\,dx$ 称为**被积表达式**, x 称为**积分变量**,C 称为**积分常数**.

由定义 5.1.2 与定理 5.1.2 可知,若 $F(x)$ 是 $f(x)$ 在区间 I 上的一个原函数,则 $F(x)+C$ 就是 $f(x)$ 在区间 I 上的不定积分,即

$$\int f(x)\,dx=F(x)+C \tag{5.1.1}$$

例 5.1.1 求函数 $f(x)=x^3$ 的不定积分 $\int x^3dx$.

解 因为 $(\frac{1}{4}x^4)'=x^3$,所以 $\frac{1}{4}x^4$ 是 x^3 的一个原函数. 于是

$$\int x^3dx = \frac{1}{4}x^4 + C$$

例 5.1.2 求函数 $f(x) = \frac{1}{x}$ 的不定积分 $\int \frac{1}{x}dx$.

解 因为 $f(x) = \frac{1}{x}$ 的定义域是 $(-\infty, 0) \cup (0, +\infty)$,于是

当 $x>0$ 时,$(\ln x)' = \frac{1}{x}$,所以 $\ln x$ 是 $\frac{1}{x}$ 在 $(0, +\infty)$ 内的一个原函数. 因此在 $(0, +\infty)$ 内,

$$\int \frac{1}{x}dx = \ln x + C$$

当 $x<0$ 时,$[\ln(-x)]' = \frac{1}{-x}(-1) = \frac{1}{x}$,所以 $\ln(-x)$ 是 $\frac{1}{x}$ 在 $(-\infty, 0)$ 内的一个原函数. 因此在 $(-\infty, 0)$ 内,

$$\int \frac{1}{x}dx = \ln(-x) + C$$

于是,综上所述得

$$\int \frac{1}{x}dx = \ln|x| + C$$

例 5.1.3 求函数 $f(x) = \sin x$ 的不定积分 $\int \sin x dx$.

解 因为 $f(x) = \sin x$ 的定义域是 $(-\infty, +\infty)$,且

$$(-\cos x)' = \sin x$$

所以 $(-\cos x)$ 是 $\sin x$ 在 $(-\infty, +\infty)$ 内的一个原函数. 因此

$$\int \sin x dx = -\cos x + C$$

5.1.3 不定积分的几何意义

设 $F(x)$ 是 $f(x)$ 的一个原函数,则在几何上将函数曲线 $y = F(x)$ 的图形称为 $f(x)$ 的一条**积分函数曲线**,且该函数曲线上点 $(x, F(x))$ 处切线的斜率等于 $f(x)$,即满足

$$F'(x) = f(x)$$

由于不定积分是 $f(x)$ 全体原函数 $F(x) + C$(C 为任意常数)所组成的集合,那么,对于每一个给定的常数 C 的值,都有一条确定的积分曲线,当 C 取不同值时,得到不同的积分曲线,所有的积分曲线组成了 $f(x)$ 的积分曲线族. 由于积分曲线族中每一条积分曲线在 x 处的切线斜率都等于 $f(x)$,任意两条积分曲线在对应点的纵坐标之间相差一个常数. 因此,积分曲线在 x 处的切线相互平行,曲线互不相交,只要知道积分曲线过一点 (x_0, y_0),就可以确定积分常数 C,

这条积分曲线也就完全确定了，且此曲线上任意一点处的切线斜率都等于 $f(x)$. 如图 5 – 1 所示.

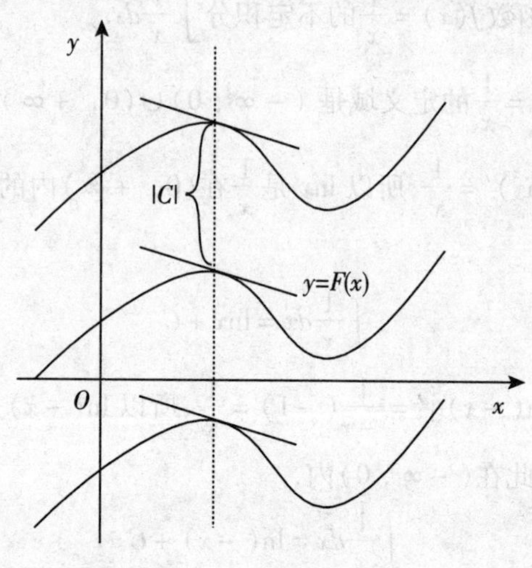

图 5 – 1

例 5.1.4 设曲线在 x 点的切线斜率为 $2x$，且过点(1, 2)，求此曲线方程.

解 设所求的曲线方程为 $y=f(x)$，则由题意有

$$y'=2x$$

即 $y=f(x)$ 是 $2x$ 的一个原函数.

又因为

$$(x^2)'=2x$$

即 x^2 也是 $2x$ 的一个原函数，由定理 5.1.3 知

$$y=x^2+C$$

又因为曲线过点(1, 2)，所以 $2=1+C$，则 $C=1$.

故所求曲线方程为

$$y=x^2+1$$

5.1.4 不定积分的基本性质

性质 5.1.1 求不定积分与求导数(或微分)互为逆运算，即

(1) $\left[\int f(x)dx\right]'=f(x)$ 或 $d\left[\int f(x)dx\right]=f(x)dx$

(2) $\int F'(x)dx=F(x)+C$ 或 $\int dF(x)=F(x)+C$

注 由(1)′知，被积表达式 $f(x)dx$ 中的 dx 就是自变量 x 的微分.

性质 5.1.2 非零常数因子可以提到积分号前面，即

$$\int kf(x)dx = k\int f(x)dx \qquad (k\neq 0, k\text{ 为常数}) \tag{5.1.2}$$

性质5.1.3 函数代数和的不定积分等于函数不定积分的代数和．即

$$\int [f(x) \pm g(x)]dx = \int f(x)dx \pm \int g(x)dx \tag{5.1.3}$$

证明 因为

$$\begin{aligned}[\int f(x)dx \pm \int g(x)dx]' &= [\int f(x)dx]' \pm [\int g(x)dx]' \\ &= f(x) \pm g(x)\end{aligned}$$

所以$\int f(x)dx \pm \int g(x)dx$是$f(x) \pm g(x)$的原函数．

性质5.1.3对于有限个函数的代数和也是成立的．即

$$\int [f_1(x) \pm f_2(x) \pm \cdots \pm f_n(x)]dx = \int f_1(x)dx \pm \int f_2(x)dx \pm \cdots \pm \int f_n(x)dx$$

习题5.1

1. 验证在$(-\infty, +\infty)$内，$\sin^2 x$，$-\frac{1}{2}\cos 2x$，$-\cos^2 x$都是同一函数的原函数．

2. 验证在$(-\infty, +\infty)$内，$(e^x + e^{-x})^2$，$(e^x - e^{-x})^2$都是$2(e^{2x} - e^{-2x})$的原函数．

3. 已知一个函数的导数是$\frac{1}{\sqrt{1-x^2}}$，并且当$x=0$时，该函数值是π，求这个函数．

4. 设曲线通过点$(1, 0)$，且其上任一点处切线的斜率等于这点横坐标的平方，求此曲线的方程．

5. 分别求函数$y=\cos x$通过点$(0, 1)$与点$(\pi, -1)$的积分曲线的方程．

6. 已知$f(x) = k\tan 2x$的一个原函数是$\frac{2}{3}\ln\cos 2x$，求常数k．

7. 已知$\int f(x+1)dx = xe^{x+1} + C$，求函数$f(x)$．

8. 设$\sin\frac{1}{x}$是$f(x)$的原函数，求$f'(x)$．

5.2 基本积分表

因为求不定积分与求导数(或微分)互为逆运算，所以由基本求导公式，可

得下列**基本积分公式**(式中 C 为任意常数).

(1) $\int kdx = kx + C$(k 为常数);　(2) $\int x^{\alpha}dx = \frac{1}{\alpha+1}x^{\alpha+1} + C \quad (\alpha \neq -1)$;

(3) $\int \frac{1}{x}dx = \ln|x| + C$;　(4) $\int a^{x}dx = \frac{1}{\ln a}a^{x} + C$;

(5) $\int e^{x}dx = e^{x} + C$;　(6) $\int \sin xdx = -\cos x + C$;

(7) $\int \cos xdx = \sin x + C$;　(8) $\int \sec^{2}xdx = \tan x + C$;

(9) $\int \csc^{2}xdx = -\cot x + C$;　(10) $\int \sec x\tan xdx = \sec x + C$;

(11) $\int \csc x\cot xdx = -\csc x + C$;　(12) $\int \frac{1}{\sqrt{1-x^{2}}}dx = \arcsin x + C$;

(13) $\int \frac{1}{1+x^{2}}dx = \arctan x + C$.

以上 13 个基本积分公式组成**基本积分表**,基本积分公式是计算不定积分的基础,请读者务必牢记.

利用不定积分的性质和基本积分公式,可以解决一些简单函数的不定积分的计算问题.

例 5.2.1　求 $\int (1-\frac{1}{\sqrt{x}})^{2}dx$.

解　$\int (1-\frac{1}{\sqrt{x}})^{2}dx = \int (1-\frac{2}{\sqrt{x}}+\frac{1}{x})dx = \int dx - 2\int x^{-\frac{1}{2}}dx + \int \frac{1}{x}dx$

$$= x - 2\cdot\frac{1}{1-\frac{1}{2}}x^{1-\frac{1}{2}} + \ln|x| + C$$

$$= x - 4x^{\frac{1}{2}} + \ln|x| + C$$

例 5.2.2　求 $\int \frac{2^{2x}-3^{x}}{e^{x}}dx$.

解　$\int \frac{2^{2x}-3^{x}}{e^{x}}dx = \int (\frac{4}{e})^{x}dx - \int (\frac{3}{e})^{x}dx$

$$= \frac{1}{\ln(\frac{4}{e})}(\frac{4}{e})^{x} - \frac{1}{\ln(\frac{3}{e})}(\frac{3}{e})^{x} + C$$

$$= e^{-x}(\frac{4^{x}}{\ln 4-1} - \frac{3^{x}}{\ln 3-1}) + C$$

例 5.2.3　求 $\int \frac{2x^{2}+1}{(1+x^{2})x^{2}}dx$.

解 $\int \frac{2x^2+1}{(1+x^2)x^2}dx = \int \frac{x^2+(x^2+1)}{(1+x^2)x^2}dx = \int \frac{1}{1+x^2}dx + \int \frac{1}{x^2}dx$

$$= \arctan x - \frac{1}{x} + C$$

例 5.2.4 求 $\int \frac{x^4}{1+x^2}dx.$

解 因为

$$\frac{x^4}{1+x^2} = \frac{x^4-1+1}{1+x^2} = x^2-1+\frac{1}{1+x^2}$$

所以

$$\int \frac{x^4}{1+x^2}dx = \int (x^2-1)dx + \int \frac{1}{1+x^2}dx$$

$$= \frac{1}{3}x^3 - x + \arctan x + C$$

例 5.2.5 求 $\int \sin^2 \frac{x}{2}dx.$

解 利用三角公式恒等变形．因为

$$\sin^2 \frac{x}{2} = \frac{1-\cos x}{2}$$

所以

$$\int \sin^2 \frac{x}{2}dx = \int \frac{1-\cos x}{2}dx = \frac{1}{2}\int (1-\cos x)dx$$

$$= \frac{1}{2}\int dx - \frac{1}{2}\int \cos x dx$$

$$= \frac{1}{2}x - \frac{1}{2}\sin x + C$$

例 5.2.6 求 $\int \tan^2 x dx.$

解 $\int \tan^2 x dx = \int (\sec^2 x - 1)dx = \int \sec^2 x dx - \int dx$

$$= \tan x - x + C$$

由于以上方法，是直接利用不定积分的性质和基本积分公式得到结果，所以也称为**直接积分法**．

例 5.2.7 设已知生产某产品 Q 个单位的边际成本 $C'(Q)=150-2Q$，且固定成本为 125 万元，求总成本函数和平均成本函数．

解 因为总成本函数 $C(Q)$ 是其边际成本 $C'(Q)$ 的原函数，所以

$$C(Q) = \int C'(Q)dQ = \int (150-2Q)dQ$$

$$= 150Q - Q^2 + C$$

由题设 $C(0)=125$，得 $C=125$.
故总成本函数为

$$C(Q)=150Q-Q^2+125$$

平均成本函数为

$$\bar{C}(Q)=150-Q+\frac{125}{Q}$$

例 5.2.8 设某商品的需求量 Q 对价格 P 的弹性为 $E_d=\frac{5P+2P^2}{Q}$，又知该商品价格为 10 个单位时的需求量为 500 个单位，求需求函数 $Q=f(P)$.

解 由已知需求量 Q 对价格 P 的弹性为

$$E_d=-Q'\cdot\frac{P}{Q}=\frac{5P+2P^2}{Q}$$

$$Q'=-5-2P$$

于是

$$Q=\int(-5-2P)dP=-5P-P^2+C$$

由题设当 $P=10$ 时，$Q=500$，代入上式得 $C=650$.
故需求函数为

$$Q=650-5P-P^2$$

习题 5.2

1. 求下列不定积分：

(1) $\int(2x+\sqrt[3]{x}-1)dx$；　(2) $\int\frac{1}{x\sqrt{x}}dx$；

(3) $\int(\sqrt{x}+1)(\frac{1}{\sqrt{x}}-1)dx$；　(4) $\int\frac{(x-2)^2}{x^3}dx$；

(5) $\int\frac{x^2}{x^2+1}dx$；　(6) $\int\frac{3x^4+3x^2+1}{x^2+1}dx$；

(7) $\int e^x(1-3^x)dx$；　(8) $\int\frac{6^x-2^x}{3^x}dx$；

(9) $\int\cos^2\frac{x}{2}dx$；　(10) $\int\frac{\cos2x}{\sin x+\cos x}dx$；

(11) $\int\frac{1-\sin^3x}{\sin^2x}dx$；　(12) $\int\cot x(\csc x-\sin x)dx$；

(13) $\int(1-\frac{1}{x^2})\sqrt{x\sqrt{x}}dx$；　(14) $\int\frac{\cos^2x+1}{\cos2x+1}dx$.

2. 设某企业的边际收益是 $R'(Q)=100-0.01Q$（其中 Q 为产品的销售

量). 试求收益函数 $R(Q)$ 和平均收益函数.

3. 某商品的需求量 Q 为价格 p 的函数. 已知需求量的变化率为

$$Q'(p) = -1000\ln3\left(\frac{1}{3}\right)^p$$

且该商品的最大需求量为1000. 求该商品的需求函数 $Q(p)$.

5.3 换元积分法

能用不定积分的性质和基本积分公式直接计算的不定积分是很有限的. 因此,我们还需要进一步讨论不定积分的计算方法. 本节介绍计算不定积分的两个基本技巧之一 —— **换元积分法**,简称**换元法**.

5.3.1 第一类换元法

例如, $\int 2\cos2xdx \neq 2\sin2x + C$,那么怎样计算不定积分 $\int 2\cos2xdx$ 呢? 分析其原因在于被积函数 $\cos2x$ 是一个复合函数,不能直接利用基本积分公式,但如果我们能找出复合函数的一个中间变量 u,与中间变量的微分 du,就可以利用公式 $\int \cos udu = \sin u + C$ 来求出这个不定积分. 为此我们先来介绍下面的定理:

定理 5.3.1 设 $\int f(u)du = F(u) + C$,且 $u = \varphi(x)$ 具有连续的导数,则有换元公式

$$\int f[\varphi(x)]\varphi'(x)dx = \int f(u)du = F[\varphi(x)] + C \tag{5.3.1}$$

证明 因为

$$\int f(u)du = F(u) + C$$

所以 $F(u)$ 是 $f(u)$ 的原函数,于是

$$\left[\int f(u)du\right]_{u=\varphi(x)} = [F(u) + C]_{u=\varphi(x)} = F[\varphi(x)] + C \tag{5.3.2}$$

由 $u = \varphi(x)$ 的可导性及复合函数的微分法, 得

$$\frac{dF[\varphi(x)]}{dx} = F'[\varphi(x)]\frac{d\varphi(x)}{dx} = f[\varphi(x)]\varphi'(x)$$

从而

$$\int f[\varphi(x)]\varphi'(x)dx = F[\varphi(x)] + C \tag{5.3.3}$$

由(5.3.2) 与(5.3.3)式, 得

$$\int f[\varphi(x)]\varphi'(x)dx = \left[\int f(u)du\right]_{u=\varphi(x)} = F[\varphi(x)] + C$$

由此定理可知,若 u 为自变量时,有 $\int f(u)du = F(u) + C$ 成立,当 $u=\varphi(x)$ 为可导函数,把 u 换成 $\varphi(x)$ 时,有 $\int f[\varphi(x)]\varphi'(x)dx = F[\varphi(x)] + C$ 成立. 这就表明,求函数 $f[\varphi(x)]\varphi'(x)$ 的不定积分,可以通过作变量代换:令 $u=\varphi(x)$,使其转换为函数 $f(u)$ 的不定积分,求出原函数后再把 u 换成 $\varphi(x)$ 即可. 公式(5.3.1)称为**第一类换元积分公式**.

这样计算不定积分 $\int 2\cos 2xdx$ 时,可令 $u=2x, du=2dx$,则

$$\int 2\cos 2xdx = \int \cos 2x \cdot 2dx = \int \cos udu = \sin u + C = \sin 2x + C$$

同时根据微分的性质,有

$$dx = \frac{1}{2}d(2x) = \frac{1}{2}du$$

于是

$$\int 2\cos 2xdx = \int 2\cos 2x \cdot \frac{1}{2}d(2x) = \int \cos 2xd(2x) = \sin 2x + C$$

由此看出:如果能把一个不定积分的被积函数的某个因子连同 dx 凑成一个函数 $\varphi(x)$ 的微分 $d\varphi(x)$,而剩余部分是 $\varphi(x)$ 的复合函数 $f[\varphi(x)]$,而且 $\int f(u)du = F(u) + C$,也可求出原来的不定积分. 我们也称这种方法为第一类换元积分法,或者称为**凑微分法**.

凑微分法的关键是"凑微分". 比如在公式 $\int e^x dx = e^x + C$ 中,可将积分变量 x 换成可导函数 $\varphi(x)$,得

$$\int e^{\varphi(x)} d\varphi(x) = e^{\varphi(x)} + C$$

于是

$$\int e^{-2x}dx = -\frac{1}{2}\int e^{-2x}d(-2x) = -\frac{1}{2}e^{-2x} + C$$

就是把公式 $\int e^x dx = e^x + C$ 中的积分变量 x 换成可导函数 $\varphi(x) = -2x$ 后所得. 而

$$\int \frac{\ln x}{x}dx = \int \ln xd\ln x = \frac{1}{2}\ln^2 x + C$$

就是把公式 $\int x^\alpha dx = \frac{x^{\alpha+1}}{\alpha+1} + C$ 中的积分变量 x 换成可导函数 $\varphi(x) = \ln x$ 后所得.

例 5.3.1 求 $\int 5e^{5x-2}dx$.

解 令 $u=5x-2$,由 $d(5x-2)=5dx$, 得 $dx=\frac{1}{5}d(5x-2)$

于是

$$\int 5e^{5x-2}dx=\int e^{5x-2}d(5x-2)=e^{5x-2}+C$$

例 5.3.2 求 $\int \frac{1}{3x+2}dx$.

解 令 $u=3x+2$,由 $d(3x+2)=3dx$, 得 $dx=\frac{1}{3}d(3x+2)$

于是

$$\begin{aligned}\int \frac{1}{3x+2}dx &= \int \frac{1}{3x+2}\cdot\frac{1}{3}d(3x+2)\\ &=\frac{1}{3}\int \frac{1}{3x+2}d(3x+2)=\frac{1}{3}\ln|3x+2|+C\end{aligned}$$

熟悉以后,换元的过程可以省略,直接凑微分.

例 5.3.3 求 $\int \frac{1}{a^2-x^2}dx(a>0)$.

解

$$\begin{aligned}\int \frac{1}{a^2-x^2}dx &=\frac{1}{2a}\int [\frac{1}{a+x}+\frac{1}{a-x}]dx\\ &=\frac{1}{2a}\int \frac{1}{a+x}d(a+x)-\frac{1}{2a}\int \frac{1}{a-x}d(a-x)\\ &=\frac{1}{2a}\ln|a+x|-\frac{1}{2a}\ln|a-x|+C\\ &=\frac{1}{2a}\ln|\frac{a+x}{a-x}|+C\end{aligned}$$

例 5.3.4 求 $\int \tan x dx$.

解

$$\begin{aligned}\int \tan x dx &= \int \frac{\sin x}{\cos x}dx=-\int \frac{d\cos x}{\cos x}\\ &= -\ln|\cos x|+C\end{aligned}$$

同理可得

$$\int \cot x dx=\ln|\sin x|+C$$

例 5.3.5 求 $\int x\sqrt{x^2-1}dx$.

解

$$\int x\sqrt{x^2-1}dx=\frac{1}{2}\int \sqrt{x^2-1}d(x^2-1)$$

$$=\frac{1}{2}\cdot\frac{1}{1+\frac{1}{2}}(x^2-1)^{\frac{1}{2}+1}+C$$

$$=\frac{1}{3}(x^2-1)^{\frac{3}{2}}+C$$

例 5.3.6　求 $\int\frac{e^{3\sqrt{x}}}{\sqrt{x}}dx$.

解
$$\int\frac{e^{3\sqrt{x}}}{\sqrt{x}}dx=\int e^{3\sqrt{x}}\frac{1}{\sqrt{x}}dx=2\int e^{3\sqrt{x}}d\sqrt{x}$$

$$=\frac{2}{3}\int e^{3\sqrt{x}}d(3\sqrt{x})=\frac{2}{3}e^{3\sqrt{x}}+C$$

例 5.3.7　求 $\int\sec x dx$.

解
$$\int\sec x dx=\int\frac{1}{\cos x}dx=\int\frac{\cos x}{\cos^2 x}dx$$

$$=\int\frac{d\sin x}{1-\sin^2 x}=\frac{1}{2}\ln\left|\frac{1+\sin x}{1-\sin x}\right|+C$$

$$=\frac{1}{2}\ln\left|\frac{1+\sin x}{\cos x}\right|^2+C=\ln|\sec x+\tan x|+C$$

同理可得

$$\int\csc x dx=\ln|\csc x-\cot x|+C$$

例 5.3.8　求 $\int\frac{e^x}{\sqrt{e^x+1}}dx$.

解
$$\int\frac{e^x}{\sqrt{e^x+1}}dx=\int\frac{d(e^x+1)}{\sqrt{e^x+1}}=2\sqrt{e^x+1}+C$$

例 5.3.9　求 $\int\cos^2 x dx$.

解
$$\int\cos^2 x dx=\int\frac{1+\cos 2x}{2}dx=\frac{1}{2}\left[\int dx+\int\cos 2x dx\right]$$

$$=\frac{1}{2}\int dx+\frac{1}{4}\int\cos 2x d(2x)$$

$$=\frac{1}{2}x+\frac{1}{4}\sin 2x+C$$

例 5.3.10　求 $\int\sin^2 x\cos^3 x dx$.

解
$$\int\sin^2 x\cos^3 x dx=\int\sin^2 x(1-\sin^2 x)\cos x dx$$

$$=\int[\sin^2 x-\sin^4 x]d\sin x$$

$$=\frac{1}{3}\sin^3 x-\frac{1}{5}\sin^5 x+C$$

例 5.3.11 求 $\int \sec^6 x dx$.

解 $\int \sec^6 x dx = \int (\sec^2 x)^2 \sec^2 x dx = \int (1+\tan^2 x)^2 d\tan x$

$$= \int (1+2\tan^2 x+\tan^4 x) d\tan x$$

$$= \tan x+\frac{2}{3}\tan^3 x+\frac{1}{5}\tan^5 x+C$$

例 5.3.12 设 $f(x)$ 的一个原函数是 $\arctan x$，求 $\int xf(1-x^2)dx$.

解 由已知条件，有 $\int f(x)dx=\arctan x+C$

于是

$$\int xf(1-x^2)dx = -\frac{1}{2}\int f(1-x^2)d(1-x^2)$$

$$= -\frac{1}{2}\arctan(1-x^2)+C$$

5.3.2 第二类换元法

在利用第一类换元积分法计算不定积分时，我们通过变量代换 $u=\varphi(x)$，将不定积分 $\int f[\varphi(x)]\varphi'(x)dx$ 变成不定积分 $\int f(u)du$，只要求出后一个积分，再将变量回代，即是前一个积分的结果．即

$$\int f[\varphi(x)]\varphi'(x)dx \xlongequal{\varphi(x)=u} \int f(u)du=F(u)+C=F[\varphi(x)]+C.$$

下面将要介绍的是，适当地选择变量代换 $x=\varphi(t)$，将不定积分 $\int f(x)dx$ 变成新的不定积分 $\int f[\varphi(t)]\varphi'(t)dt$，如果利用积分公式能计算出新积分的原函数，并把原函数中的变量 t 换成 $\varphi^{-1}(x)$（即回代），就可求出原不定积分的原函数．这是另一种形式的变量代换，称为**第二类换元积分法**．

定理 5.3.2 设 $f(x)$ 连续，$x=\varphi(t)$ 具有连续的导函数，且 $\varphi'(t)\neq 0$，则

$$\int f(x)dx=\left[\int f[\varphi(t)]\varphi'(t)dt\right]_{t=\varphi^{-1}(x)} \tag{5.3.4}$$

其中 $t=\varphi^{-1}(x)$ 是 $x=\varphi(t)$ 的反函数．

证明 由假设条件可知，$f[\varphi(t)]\varphi'(t)$ 连续，则存在原函数 $F(t)$，使得

$$\int f[\varphi(t)]\varphi'(t)dt=F(t)+C$$

由于 $t=\varphi^{-1}(x)$ 是 $x=\varphi(t)$ 的反函数,则

$$\left[\int f[\varphi(t)]\varphi'(t)dt\right]_{t=\varphi^{-1}(x)}=F[\varphi^{-1}(x)]+C$$

又利用复合函数和反函数的求导法则，得

$$\frac{dF[\varphi^{-1}(x)]}{dx}=\frac{dF(t)}{dt}\cdot\frac{dt}{dx}$$

$$=f[\varphi(t)]\varphi'(t)\cdot\frac{1}{\varphi'(t)}=f[\varphi(t)]=f(x)$$

即 $F[\varphi^{-1}(x)]$ 是 $f(x)$ 的一个原函数，所以

$$\int f(x)dx=F[\varphi^{-1}(x)]+C$$

故

$$\int f(x)dx=\left[\int f[\varphi(t)]\varphi'(t)dx\right]_{t=\varphi^{-1}(x)}=F[\varphi^{-1}(x)]+C$$

第二类换元积分法的关键，在于根据被积函数的特征，寻求一个适当的代换式 $x=\varphi(t)$ 或者 $t=\varphi^{-1}(x)$，其目的就是要将一个不易计算的积分，转化为一个容易计算的积分．公式(5.3.4)称为**第二类换元积分公式**．下面举例说明公式(5.3.4)的应用．

例 5.3.13 求 $\int x\sqrt{x+1}dx$.

解 令 $t=\sqrt{x+1}$,则 $x=t^2-1(t\geqslant 0)$, $dx=2tdt$

于是

$$\int x\sqrt{x+1}dx=\int(t^2-1)t\cdot 2tdt=2\int(t^4-t^2)dt$$

$$=\frac{2}{5}t^5-\frac{2}{3}t^3+C=\frac{2}{5}(x+1)^{\frac{5}{2}}-\frac{2}{3}(x+1)^{\frac{3}{2}}+C$$

一般地,若不定积分中的被积函数含有 $\sqrt[n]{ax+b}$($a\neq 0$, n 为正整数)时,则可令 $t=\sqrt[n]{ax+b}$ 清除根式．这种代换,称为**一次根式代换**．

例 5.3.14 求 $\int\frac{1}{1+\sqrt[3]{1+x}}dx$.

解 令 $t=\sqrt[3]{1+x}$,则 $x=t^3-1$, $dx=3t^2dt$

于是

$$\int\frac{1}{1+\sqrt[3]{1+x}}dx=\int\frac{1}{1+t}\cdot 3t^2dt=3\int\frac{t^2}{1+t}dt$$

$$=3\int(t-1)dt+3\int\frac{dt}{1+t}$$

$$=\frac{3}{2}t^2-3t+3\ln|1+t|+C$$

$$=\frac{3}{2}(\sqrt[3]{1+x})^2-3\sqrt[3]{1+x}+3\ln|1+\sqrt[3]{1+x}|+C$$

例 5.3.15 求 $\int\frac{1}{\sqrt{1+e^x}}dx.$

解 令 $t=\sqrt{1+e^x}$,则 $e^x=t^2-1, e^xdx=2tdt, dx=\frac{2t}{t^2-1}dt$

于是

$$\int\frac{1}{\sqrt{1+e^x}}dx=\int\frac{2t}{t(t^2-1)}dt=\int\frac{2}{t^2-1}dt=\ln\left|\frac{t-1}{t+1}\right|+C$$

$$=\ln\left|\frac{\sqrt{1+e^x}-1}{\sqrt{1+e^x}+1}\right|+C=x-2\ln(\sqrt{1+e^x}+1)+C$$

例 5.3.16 求 $\int\sqrt{a^2-x^2}dx(a>0)$.

解 令 $x=a\sin t(-\frac{\pi}{2}<t<\frac{\pi}{2})$, 则 $t=\arcsin\frac{x}{a}, dx=a\cos tdt$

于是

$$\int\sqrt{a^2-x^2}dx=\int\sqrt{a^2(1-\sin^2t)}a\cos tdt$$

$$=a^2\int\cos^2tdt=a^2\int\frac{1+\cos2t}{2}dt$$

$$=\frac{a^2}{2}(t+\frac{1}{2}\sin2t)+C=\frac{a^2}{2}(t+\sin t\cos t)+C$$

$$=\frac{a^2}{2}\arcsin\frac{x}{a}+\frac{a^2}{2}\cdot\frac{x}{a}\cdot\frac{\sqrt{a^2-x^2}}{a}+C$$

$$=\frac{a^2}{2}\arcsin\frac{x}{a}+\frac{1}{2}x\sqrt{a^2-x^2}+C$$

一般地,若不定积分中的被积函数含有二次根式 $\sqrt{a^2-x^2}$, $\sqrt{a^2+x^2}$ 或 $\sqrt{x^2-a^2}$,为了消除根号,通常利用三角函数关系式来换元. 比如

(1)被积函数含有因式 $\sqrt{a^2-x^2}$,则令 $x=a\sin t(|t|<\frac{\pi}{2})$;

(2)被积函数含有因式 $\sqrt{a^2+x^2}$,则令 $x=a\tan t(|t|<\frac{\pi}{2})$;

(3)被积函数含有因式 $\sqrt{x^2-a^2}$,则令 $x=a\sec t(0<t<\frac{\pi}{2})$.

我们称以上代换为**三角代换**. 在采用三角代换求不定积分时,为了将 t 回代 x , 可根据代换式 $x=\varphi(t)$ 的形式,构造一个以 t 为锐角的直角三角形(如图 5-2),将会给变量回代带来许多方便.

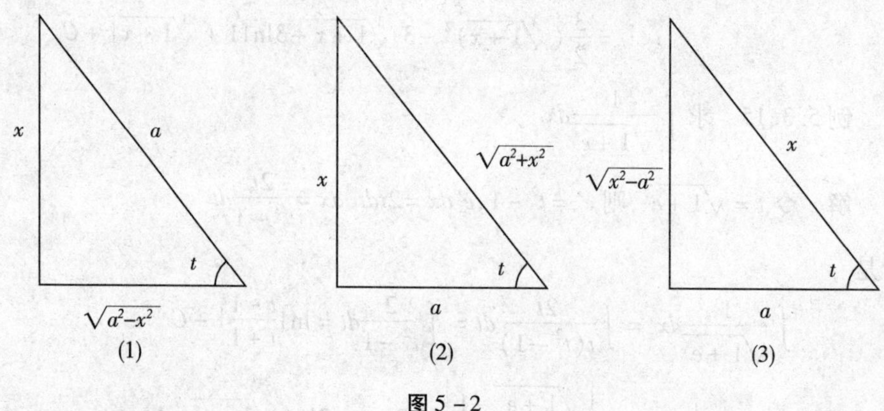

图 5-2

例 5.3.17　求 $\int \frac{dx}{\sqrt{a^2+x^2}}$ $(a>0)$.

解　令 $x=a\tan t\left(-\frac{\pi}{2}<t<\frac{\pi}{2}\right)$，则 $dx=a\sec^2 t dt$

于是

$$\int \frac{dx}{\sqrt{a^2+x^2}}=\int \frac{a\sec^2 t}{a\sec t}dt=\int \sec t dt$$

$$=\ln|\sec t+\tan t|+C_1$$

$$=\ln\left|\frac{\sqrt{a^2+x^2}}{a}+\frac{x}{a}\right|+C_1=\ln\left|x+\sqrt{a^2+x^2}\right|+C$$

其中 $C=C_1-\ln a$.

例 5.3.18　求 $\int \frac{dx}{x^2\sqrt{x^2-1}}$

解　令 $x=\sec t\left(0<t<\frac{\pi}{2}\right)$，则 $dx=\sec t\tan t dt$

于是

$$\int \frac{dx}{x^2\sqrt{x^2-1}}=\int \frac{\sec t\tan t}{\sec^2 t\tan t}dt=\int \frac{1}{\sec t}dt$$

$$=\int \cos t dt=\sin t+C=\frac{\sqrt{x^2-1}}{x}+C$$

下面我们再介绍一种很有用的代换—— **倒代换**.

例 5.3.19　求 $\int \frac{\sqrt{x^2+1}}{x^4}dx$.

解　令 $x=\frac{1}{t}$，则 $dx=-\frac{1}{t^2}dt$

于是

$$\int \frac{\sqrt{x^2+1}}{x^4}dx = \int \frac{\sqrt{\frac{1}{t^2}+1}}{\frac{1}{t^4}}\left(-\frac{1}{t^2}\right)dt$$

$$= -\int (t^2+1)^{\frac{1}{2}} t dt = -\frac{1}{2}\int (t^2+1)^{\frac{1}{2}} d(t^2+1)$$

$$= -\frac{1}{3}(t^2+1)^{\frac{3}{2}} + C = -\frac{1}{3}\frac{(x^2+1)^{\frac{3}{2}}}{x^3} + C$$

例 5.3.20 求 $\int \frac{dx}{(x-1)\sqrt{x^2-2}}$.

解 令 $x-1=\frac{1}{t}$,则 $dx=-\frac{1}{t^2}dt$

于是

$$\int \frac{dx}{(x-1)\sqrt{x^2-2}} = \int \frac{1}{\frac{1}{t}\sqrt{\left(\frac{1}{t}+1\right)^2-2}}\left(-\frac{1}{t^2}\right)dt$$

$$= \int \frac{-dt}{\sqrt{1+2t-t^2}} = \int \frac{d(1-t)}{\sqrt{2-(1-t)^2}}$$

$$= \arcsin\frac{1-t}{\sqrt{2}} + C = \arcsin\frac{x-2}{\sqrt{2}(x-1)} + C$$

注 如果被积函数是分式,分母、分子关于 x 的最高次数分别是 n 和 m,当 $n-m>1$ 时,可试用倒代换.

为了以后计算不定积分方便,我们将几个重要的积分公式补充到基本积分表中,以便于在今后的积分中引用.

(14) $\int \tan x dx = -\ln|\cos x| + C$;

(15) $\int \cot x dx = \ln|\sin x| + C$;

(16) $\int \sec x dx = \ln|\sec x + \tan x| + C$;

(17) $\int \csc x dx = \ln|\csc x - \cot x| + C$;

(18) $\int \frac{1}{a^2-x^2}dx = \frac{1}{2a}\ln\left|\frac{a+x}{a-x}\right| + C$;

(19) $\int \frac{1}{a^2+x^2}dx = \frac{1}{a}\arctan\frac{x}{a} + C$;

(20) $\int \frac{1}{\sqrt{a^2-x^2}}dx = \arcsin\frac{x}{a} + C$;

(21) $\int \sqrt{a^2-x^2}dx=\frac{a^2}{2}\arcsin x+\frac{1}{2}x\sqrt{a^2-x^2}+C$;

(22) $\int \frac{1}{\sqrt{x^2\pm a^2}}dx=\ln\left|x+\sqrt{x^2\pm a^2}\right|+C \quad (a>0)$.

习题 5.3

1. 填空：

(1) $dx=(\quad)d(3x)$；　(2) $dx=(\quad)d(1-7x)$；

(3) $xdx=(\quad)dx^2$；　(4) $xdx=(\quad)d(1+2x^2)$；

(5) $x^2dx=(\quad)d(3x^3+1)$；　(6) $e^{2x}dx=(\quad)de^{2x}$；

(7) $\frac{1}{x}dx=(\quad)d(2\ln x)$；　(8) $e^{-\frac{1}{3}x}dx=(\quad)d(e^{-\frac{1}{3}x}-\frac{1}{3})$；

(9) $\sin 2xdx=(\quad)d\cos 2x$；

(10) $\cos(-3x)dx=(\quad)d\sin(-3x)$；

(11) $\frac{1}{1+4x^2}dx=(\quad)d\arctan 2x$；

(12) $\frac{1}{\sqrt{1+x}}dx=(\quad)d\sqrt{1+x}$.

2. 求下列不定积分：

(1) $\int\frac{1}{\sqrt{2-5x}}dx$；　(2) $\int\cos(5x+1)dx$；

(3) $\int\frac{\tan(2x+1)}{\cos^2(2x+1)}dx$；　(4) $\int\frac{1}{x^2+9}dx$；

(5) $\int\frac{1}{9-4x^2}dx$；　(6) $\int e^{2x}(1-9^x)dx$；

(7) $\int\frac{2x-5}{x^2-5x+2}dx$；　(8) $\int\frac{1}{\sqrt{x}(1+x)}dx$；

(9) $\int\frac{e^x}{\sqrt{3e^x+2}}dx$；　(10) $\int\frac{1}{e^x+e^{-x}}dx$；

(11) $\int(1-\frac{1}{x^2})\sqrt{2x}dx$；　(12) $\int\frac{1+\sin\sqrt{x}}{\sqrt{x}}dx$；

(13) $\int\frac{\sin x}{\sqrt{1+2\cos x}}dx$；　(14) $\int\frac{(1+\ln x)^2}{x}dx$；

(15) $\int\frac{1}{x\ln x}dx$；　(16) $\int\frac{x}{\sqrt{2-3x^2}}dx$；

(17) $\int \frac{1}{x^2}\cos\frac{1}{x}dx$； (18) $\int x^2 e^{-x^3}dx$；

(19) $\int \frac{\arctan x}{1+x^2}dx$； (20) $\int \tan^3 x\sec x dx$；

(21) $\int \frac{\arctan\sqrt{x}}{\sqrt{x}(1+x)}dx$； (22) $\int \frac{1}{x^2-2x+5}dx$；

(23) $\int \sin^3 x dx$； (24) $\int \frac{1}{1+e^x}dx$.

3. 求下列不定积分：

(1) $\int \frac{1}{1+\sqrt{x}}dx$； (2) $\int \frac{x}{\sqrt{3-x}}dx$；

(3) $\int \frac{1}{\sqrt{x}+\sqrt[3]{x}}dx$； (4) $\int \frac{dx}{1+\sqrt{1-x^2}}$；

(5) $\int \frac{x^2}{\sqrt{u^2-x^2}}dx$； (6) $\int \frac{\sqrt{x^2-4}}{x}dx$；

(7) $\int \frac{1}{\sqrt{(x^2+1)^3}}dx$； (8) $\int \frac{1}{x\sqrt{x^2-9}}dx$；

(9) $\int \frac{1}{\sqrt{1+e^{2x}}}dx$； (10) $\int \frac{x^2}{\sqrt{2-x}}dx$；

(11) $\int \frac{1}{x^2\sqrt{x^2+1}}dx$； (12) $\int \frac{1+2\sqrt{x}}{\sqrt{x}(x+\sqrt{x})}dx$.

4. 若已知 $\int f(x)dx = F(x)+C$，求：

(1) $\int f(ax+b)dx$； (2) $\int e^{-2x}f(e^{-2x})dx$；

(3) $\int \cos 3x f(\sin 3x)dx$； (4) $\int \frac{f'(\ln x)}{x\sqrt{f(\ln x)}}dx$.

5.4 分部积分法

利用直接积分法和换元积分法，可以解决大量的不定积分的计算问题．可是当被积函数形如 $\int xe^x dx$，$\int x\sin x dx$，$\int e^x \sin x dx$，$\int \ln x dx$，$\int \arctan x dx$ 等类型的不定积分时，前面的方法却失效了．在本节中，我们将介绍计算不定积分的另一个基本技巧——**分部积分法**．

设函数 $u=u(x)$，$v=v(x)$ 具有连续导数，则由两个函数乘积的导数公式

$$(uv)' = u'v + uv'$$

移项,得

$$uv' = (uv)' - u'v$$

对上式两端求不定积分,得

$$\int uv'dx = uv - \int vu'dx \tag{5.4.1}$$

公式(5.4.1)式称为**分部积分公式**. 它表明:如果不定积分$\int uv'dx$不易计算,而不定积分$\int vu'dx$又比较容易计算时,采用分部积分公式(5.4.1),将会使不定积分$\int uv'dx$的计算问题得到解决. 公式(5.4.1)的等价形式为

$$\int u(x)dv(x) = u(x)v(x) - \int v(x)du(x). \tag{5.4.2}$$

在分部积分的具体计算过程中, 关键在于如何正确地选定 u 和 v'. 下面举例说明.

例 5.4.1　求$\int xe^x dx$.

解　设　$u = x, v'dx = e^x dx$, 则 $du = dx, v = e^x$

由(5.4.1)式, 得

$$\int xe^x dx = \int xde^x = xe^x - \int e^x dx = xe^x - e^x + C$$

注　求这个积分时,如果设 $u = e^x, dv = xdx$,那么

$$du = e^x dx, v = \frac{x^2}{2}$$

于是

$$\int xe^x dx = \frac{x^2}{2}e^x - \int \frac{x^2}{2}e^x dx$$

显然上式后一个积分比原积分更不容易求出. 为了积分$\int uv'dx$容易计算,在运用分部积分公式时一般要考虑以下两点:

(1)v 要容易求得;

(2)积分$\int vu'dx$要比积分$\int uv'dx$容易计算.

例 5.4.2　求$\int x\cos 2xdx$.

解　设 $u = x, v'dx = \cos 2xdx$, 则 $du = dx, dv = d\,\frac{\sin 2x}{2}$

由(5.4.2)式, 得

$$\int x\cos 2xdx = \int xd\left(\frac{\sin 2x}{2}\right)$$

$$=\frac{1}{2}x\sin2x-\int\frac{1}{2}\sin2xdx$$
$$=\frac{1}{2}x\sin2x+\frac{1}{4}\cos2x+C$$

应用(5.4.2)式的关键是将选定 u，而把剩余部分与 dx 凑微分，熟悉以后可以直接利用(5.4.2)式求积分.

例 5.4.3 求 $\int x^2e^xdx$.

解
$$\int x^2e^xdx=\int x^2de^x$$
$$=x^2e^x-\int 2xe^xdx=x^2e^x-2\int xde^x$$
$$=x^2e^x-2(xe^x-\int e^xdx)$$
$$=x^2e^x-2xe^x+2e^x+C$$

由以上例子可以知道：当被积函数为幂函数(或多项式 $a_0x^n+a_1x^{n-1}+\cdots+a_{n-1}x+a_n$)与指数函数或正(余)弦三角函数的乘积时，一般采用分部积分法，并选择幂函数为 u. 这样使用一次分部积分，就可以使幂函数的方幂降低一次(这里假定幂指数是正整数)，从而使得第二个积分 $\int vu'dx$ 容易计算.

例 5.4.4 求 $\int x\ln xdx$.

解
$$\int x\ln xdx=\frac{x^2}{2}\ln x-\int\frac{x^2}{2}\cdot\frac{1}{x}dx=\frac{x^2}{2}\ln x-\frac{1}{2}\int xdx$$
$$=\frac{x^2}{2}\ln x-\frac{x^2}{4}+C$$

例 5.4.5 求 $\int x\arctan xdx$

解
$$\int x\arctan xdx=\int\arctan xd(\frac{x^2}{2})$$
$$=\frac{x^2}{2}\arctan x-\int\frac{x^2}{2}\cdot\frac{1}{1+x^2}dx$$
$$=\frac{x^2}{2}\arctan x-\frac{1}{2}\int\frac{x^2-1+1}{1+x^2}dx$$
$$=\frac{x^2}{2}\arctan x-\frac{1}{2}\int(1-\frac{1}{1+x^2})dx$$
$$=\frac{x^2}{2}\arctan x-\frac{1}{2}(x-\arctan x)+C$$

由以上两个例子可以知道：当被积函数为幂函数与对数函数或反三角函数的乘积时，一般采用分部积分法，并选择对数函数或反三角函数为 u.

例 5.4.6 求 $\int x^2 \sin x dx$.

解 $$\begin{aligned}\int x^2 \sin x dx &= -\int x^2 d\cos x \\ &= -x^2\cos x + \int 2x\cos x dx \\ &= -x^2\cos x + 2\int x d\sin x \\ &= -x^2\cos x + 2(x\sin x - \int \sin x dx) \\ &= -x^2\cos x + 2x\sin x + 2\cos x + C\end{aligned}$$

例 5.4.7 求 $\int e^x \sin x dx$.

解 $$\begin{aligned}\int e^x\sin x dx &= \int \sin x de^x = e^x\sin x - \int e^x\cos x dx \\ &= e^x\sin x - \int \cos x de^x \\ &= e^x\sin x - e^x\cos x - \int e^x\sin x dx\end{aligned}$$

移项整理得

$$\int e^x\sin x dx = \frac{1}{2}e^x(\sin x - \cos x) + C$$

例 5.4.8 求 $\int e^{\sqrt{2x+1}} dx$.

解 令 $t = \sqrt{2x+1}$，则 $x = \frac{1}{2}(t^2 - 1)$， $dx = tdt$

于是

$$\begin{aligned}\int e^{\sqrt{2x+1}} dx &= \int te^t dt = \int tde^t \\ &= te^t - \int e^t dt = te^t - e^t + C \\ &= \sqrt{2x+1}e^{\sqrt{2x+1}} - e^{\sqrt{2x+1}} + C\end{aligned}$$

例 5.4.9 设 $f(x)$ 有连续的二阶导数，求 $\int xf''(2x)dx$.

解 $$\begin{aligned}\int xf''(2x)dx &= \int x\cdot\frac{1}{2}df'(2x) \\ &= \frac{1}{2}xf'(2x) - \frac{1}{2}\int f'(2x)dx \\ &= \frac{1}{2}xf'(2x) - \frac{1}{4}f(2x) + C\end{aligned}$$

习题 5.4

1. 求下列不定积分：

(1) $\int x\ln x dx$；　　(2) $\int \ln(1+x^2)dx$；

(3) $\int \frac{\ln\ln x}{x}dx$；　　(4) $\int \ln^2 x dx$；

(5) $\int \arcsin x dx$；　　(6) $\int \arctan\sqrt{x}dx$；

(7) $\int x^2\sin x dx$；　　(8) $\int x^3\cos x^2 dx$；

(9) $\int xe^{-2x}dx$；　　(10) $\int e^{\sqrt[3]{x}}dx$；

(11) $\int e^x\sin 2x dx$；　　(12) $\int e^{-x}\cos x dx$；

(13) $\int \frac{\arcsin x}{\sqrt{x+1}}dx$；　　(14) $\int x^2\cos^2\frac{x}{2}dx$.

2. 已知$f(x)$的一个原函数是$\sin x$，求$\int xf'(x)dx$.

3. 已知$f'(e^x)=1+x$,求$f(x)$.

4. 已知$f(x)$的一个原函数是$x\ln x$,求$\int xf''(x)dx$.

5.5　有理函数的积分

我们把由两个多项式的商所表示的函数,称为**有理函数**,其一般形式为：

$$f(x)=\frac{P_n(x)}{Q_m(x)}=\frac{a_0x^n+a_1x^{n-1}+\cdots+a_{n-1}x+a_n}{b_0x^m+b_1x^{m-1}+\cdots+b_{m-1}x+b_m} \tag{5.5.1}$$

其中 m ,n 为非负整数；$a_i(i=0,1,\cdots,n)$与$b_j(j=0,1,\cdots,m)$为常数且$a_0\neq 0$, $b_0\neq 0$.

在(5.5.1)式中，假设分子与分母没有公因子，那么当$m>n$时，称$f(x)$为**真分式**；当$m\leqslant n$时，称$f(x)$为**假分式**.

利用多项式除法，可以将一个假分式化为一个多项式与真分式之和．例如

$$f(x)=\frac{x^3+2x^2+1}{x^2+1}=x+2-\frac{x+1}{x^2+1}$$

由于多项式的积分问题已经解决，因此有理函数积分的关键,就在于如何计算一个真分式的不定积分．为了计算真分式的不定积分,我们不加证明地给

出有关真分式$f(x)=\frac{P_n(x)}{Q_m(x)}$的几个结论：

(1)根据代数学的理论，任何多项式 $Q_m(x)$，在实数范围内总能分解成一次因式和二次质因式的乘积，即

$$Q_m(x)=b_0(x-a)^{\alpha}\cdots(x-b)^{\beta}(x^2+px+q)^{\lambda}\cdots(x^2+rx+s)^{\mu} \quad (5.5.2)$$

其中 $b_0,a,\cdots,b,p,q,\cdots,r,s$ 为常数，且 $p^2-4q<0,\cdots,r^2-4s<0,\alpha,\cdots,\beta,\lambda,\cdots,\mu$ 为正整数.

(2) 若分母 $Q_m(x)$ 中含有因式$(x-a)^k$，则真分式$f(x)$分解后有下列 k 个部分分式之和，即

$$\frac{A_1}{(x-a)^k}+\frac{A_2}{(x-a)^{k-1}}+\cdots+\frac{A_k}{x-a}$$

其中 $A_i(i=1,2,\cdots,k)$为常数.

(3)若分母 $Q_m(x)$ 中含有因式$(x^2+px+q)^k$，且 $p^2-4q<0$，则真分式$f(x)$分解后有下列 k 个部分分式之和，即

$$\frac{M_1x+N_1}{(x^2+px+q)^k}+\frac{M_2x+N_2}{(x^2+px+q)^{k-1}}+\cdots+\frac{M_kx+N_k}{x^2+px+q}$$

其中 $M_j,N_j(j=1,2,\cdots,k)$为常数.

(4) 若分母 $Q_m(x)$ 有形如(5.5.2)式的形式，则真分式$f(x)$可以唯一地分解为如下部分分式之和，即

$$\begin{aligned}f(x)=\frac{P_n(x)}{Q_m(x)}&=\frac{A_1}{(x-a)^{\alpha}}+\frac{A_2}{(x-a)^{\alpha-1}}+\cdots+\frac{A_{\alpha}}{x-a}+\cdots\\&+\frac{B_1}{(x-b)^{\beta}}+\frac{B_2}{(x-b)^{\beta-1}}+\cdots+\frac{B_{\beta}}{x-b}\\&+\frac{M_1x+N_1}{(x^2+px+q)^{\lambda}}+\frac{M_2x+N_2}{(x^2+px+q)^{\lambda-1}}+\cdots+\frac{M_{\lambda}x+N_{\lambda}}{x^2+px+q}\\&+\cdots\\&+\frac{E_1x+F_1}{(x^2+rx+s)^{\mu}}+\frac{E_2x+F_2}{(x^2+rx+s)^{\mu-1}}+\cdots+\frac{E_{\mu}x+F_{\mu}}{x^2+rx+s}\end{aligned} \quad (5.5.3)$$

其中 $A_1,\cdots,A_{\alpha},B_1,\cdots,B_{\beta},M_1,\cdots,M_{\lambda},\cdots,N_1,\cdots,N_{\lambda},E_1,\cdots,E_{\mu},F_1,\cdots,F_{\mu}$ 等都是常数.

(5.5.3) 式的部分分式中的常数,可采用比较等式两端 x 同次幂的系数方法或者取特殊值确定.

例 5.5.1 求 $\int\frac{2x-1}{x^2-5x+6}dx$.

解 由于 $\frac{2x-1}{x^2-5x+6}=\frac{2x-1}{(x-3)(x-2)}$,设 $\frac{2x-1}{x^2-5x+6}=\frac{A}{x-3}+\frac{B}{x-2}$

整理得

$$2x-1=(A+B)x-(2A+3B)$$

比较等式两端 x 同次幂的系数，得

$$\begin{cases}A+B=2\\2A+3B=1\end{cases}$$

解得　$A=5, B=-3.$

于是

$$\int\frac{2x-1}{x^2-5x+6}dx=\int\frac{5}{x-3}dx-\int\frac{3}{x-2}dx$$

$$=5\ln|x-3|-3\ln|x-2|+C$$

$$=\ln\left|\frac{(x-3)^5}{(x-2)^3}\right|+C$$

例 5.5.2　求 $\int\frac{2x^2-1}{x(x-1)^2}dx.$

解　设　$\frac{2x^2-1}{x(x-1)^2}=\frac{A}{x}+\frac{B}{x-1}+\frac{C}{(x-1)^2}$

整理得

$$2x^2-1=A(x-1)^2+Bx(x-1)+Cx$$

取 x 分别为 0,1,2，得 $A=-1, C=1, B=3.$

于是

$$\int\frac{2x^2-1}{x(x-1)^2}dx=\int\frac{-1}{x}dx+\int\frac{3}{x-1}dx+\int\frac{1}{(x-1)^2}dx$$

$$=-\ln|x|+3\ln|x-1|-\frac{1}{x-1}+C$$

$$=\ln\left|\frac{(x-1)^3}{x}\right|-\frac{1}{x-1}+C$$

例 5.5.3　求 $\int\frac{3x}{1-x^3}dx.$

解　由于 $1-x^3=(1-x)(1+x+x^2)$，设 $\frac{3x}{1-x^3}=\frac{A}{1-x}+\frac{Bx+C}{1+x+x^2}$

整理得

$$3x=(A-B)x^2+(A+B-C)x+(A+C)$$

比较上式两端 x 的同次幂的系数得

$$\begin{cases}A-B=0\\A+B-C=3\\A+C=0\end{cases}$$

解得 $A=B=1, C=-1.$

于是

$$\int\frac{3x}{1-x^3}dx=\int\frac{1}{1-x}dx+\int\frac{x-1}{1+x+x^2}dx$$

$$=-\ln|1-x|+\frac{1}{2}\int\frac{2x-2}{1+x+x^2}dx$$

$$=-\ln|1-x|+\frac{1}{2}\left[\int\frac{2x+1}{1+x+x^2}dx-\int\frac{3}{1+x+x^2}dx\right]$$

$$=-\ln|1-x|+\frac{1}{2}\int\frac{d(1+x+x^2)}{1+x+x^2}-\frac{3}{2}\int\frac{d(x+\frac{1}{2})}{(x+\frac{1}{2})^2+\frac{3}{4}}$$

$$=-\ln|1-x|+\frac{1}{2}\ln|1+x+x^2|-\frac{3}{2}\cdot\frac{2}{\sqrt{3}}\arctan\frac{2(x+\frac{1}{2})}{\sqrt{3}}+C$$

$$=\ln\left|\frac{\sqrt{1+x+x^2}}{1-x}\right|-\sqrt{3}\arctan\frac{2x+1}{\sqrt{3}}+C$$

例5.5.4　求$\int\frac{2x^3+x-1}{(1+x^2)^2}dx$.

解　设　$\frac{2x^3+x-1}{(1+x^2)^2}=\frac{Ax+B}{1+x^2}+\frac{Cx+D}{(1+x^2)^2}$

整理得

$$2x^3+x-1=Ax^3+Bx^2+(A+C)x+(B+D)$$

比较上式两端x的同次幂的系数,得

$$\begin{cases}A=2\\B=0\\A+C=1\\B+D=-1\end{cases}$$

解得$A=2,B=0,C=-1,D=-1$.

于是

$$\int\frac{2x^3+x-1}{(1+x^2)^2}dx=\int\left[\frac{2x}{1+x^2}-\frac{x+1}{(1+x^2)^2}\right]dx$$

$$=\int\frac{d(1+x^2)}{1+x^2}-\frac{1}{2}\int\frac{d(1+x^2)}{(1+x^2)^2}-\int\frac{dx}{(1+x^2)^2}$$

$$=\ln|1+x^2|+\frac{1}{2(1+x^2)}-\int\frac{dx}{(1+x^2)^2}$$

而

$$\int\frac{dx}{(1+x^2)^2}\xlongequal{x=\tan t}\int\cos^2 t dt=\frac{1}{2}\int(1+\cos 2t)dt$$

$$=\frac{1}{2}t+\frac{1}{4}\sin 2t+C=\frac{1}{2}\arctan x+\frac{x}{2(1+x^2)}+C$$

故

$$\int\frac{2x^3+x-1}{(1+x^2)^2}dx=\ln|1+x^2|+\frac{1}{2}(\frac{1-x}{1+x^2}-\arctan x)+C$$

由上述例题可知，有理函数分解为多项式及部分分式之和后，不仅各个部分都能积出来，而且它们的原函数都是初等函数.

习题 5.5

求下列不定积分：

1. $\int\frac{xdx}{x^2-3x+2}$；

2. $\int\frac{2x+1}{(x-1)^2}dx$；

3. $\int\frac{x+1}{x^2-2x+5}dx$；

4. $\int\frac{xdx}{(x+1)^2(x+4)^2}$；

5. $\int\frac{x^4dx}{x^3+1}$；

6. $\int\frac{x^3+1}{x^2-1}dx$；

7. $\int\frac{dx}{x(x-1)^2}$；

8. $\int\frac{dx}{(1+x^2)(1+2x)}$.

总习题 5

1. 填空题(请将正确答案直接填在题中横线上)：

(1)若 $\int f(x)dx=(x^2-1)e^{-x}+c$，则 $f(x)=$________________.

(2) $\int\frac{1+x+\ln x}{x}dx=$________________.

(3) 若 $f(x)=x+\sqrt{x}(x>0)$，则 $\int f'(x^2)dx=$________________.

(4) $f'(\ln x)=1+x$，则 $f(x)=$________________.

(5) 若 $\frac{\ln x}{x}$ 为 $f(x)$ 的一个原函数，则 $\int xf'(x)dx=$________________.

2. 选择题(请在每小题的四个备选答案中，选出一个正确的答案，并将其号码填在题中的括号内)：

(1)设 $\int(1-k)\sin 2xdx=k\cos 2x+C$，则 $k=$(　　).

(A) -1　　(B) -2　　(C) 1　　(D) 2

(2)若 $f(x)$ 为连续函数，且 $\int f(x)dx=F(x)+C$，则下列各式中正确

的是(　　).

(A) $\int f(ax+b)dx=F(ax+b)+C$　(B) $\int f(x^n)x^{n-1}dx=F(x^n)+C$

(C) $\int f(\ln x)\frac{1}{x}dx=F(\ln x)+C$　(D) $\int f(e^{-x})e^{-x}dx=F(e^{-x})+C$

(3)若 e^{-x} 是 $f(x)$ 的一个原函数,则 $\int xf(x)dx=$(　　).

(A) $e^{-x}(1-x)+C$　(B) $e^{-x}(1+x)+C$

(C) $e^{-x}(x-1)+C$　(D) $-e^{-x}(1+x)+C$

(4) 设 $f'(\sin x)=\cos^2 x$,$f(0)=0$,则 $f(x)=$(　　).

(A) $\sin x-\frac{1}{3}\sin^3 x$　(B) $\sin^2 x-\frac{1}{3}\sin^6 x$

(C) $x^2-\frac{1}{3}x^6$　(D) $x-\frac{1}{3}x^3$

(5)设函数 $f(x)$ 连续,且 $\int xf(x)dx=x^2e^x+c$,则 $\int f(x)dx=$(　　).

(A) $(x+1)e^x+C$　(B) $(x-1)e^x+C$

(C) $(x+2)e^x+C$　(D) $(2-x)e^x+C$

3. 求下列不定积分:

(1) $\int \frac{1}{x\sqrt{x^2-1}}dx$;　(2) $\int \cos^4 x dx$;

(3) $\int \frac{dx}{\sqrt{5-2x-x^2}}$;　(4) $\int (\arcsin x)^2 dx$;

(5) $\int \frac{dx}{x^2\sqrt{1+x^2}}$ $(x>0)$;　(6) $\int x(1+x^2)e^{x^2}dx$;

(7) $\int \ln(x+\sqrt{1+x^2})dx$;　(8) $\int \frac{dx}{x(1+x^{10})^2}$.

4. 设 $\frac{\sin x}{x}$ 是 $f(x)$ 的一个原函数,求 $\int xf'(x)dx$.

5. 设 $F(x)$ 为 $f(x)$ 的一个原函数,且 $f(x)F(x)=\frac{1}{2}xe^{x^2}$,已知 $F(0)=1$,$F(x)>0$,求 $f(x)$.

6. 设 $F(x)=f(x)-\frac{1}{f(x)}$,$G(x)=f(x)+\frac{1}{f(x)}$,$F'(x)=G^2(x)$,且 $f(\frac{\pi}{4})=1$,求 $f(x)$.

7. 若 $f(x)$ 的一个原函数为 e^{x^2},求 $\int x^2 f''(x)dx$.

8. 设 $f(\sin^2 x)=\frac{x}{\sin x}(0<x<1)$,求 $\int \frac{\sqrt{x}}{\sqrt{1-x}}f(x)dx$.

第 6 章　定积分及其应用

定积分是一元函数积分学的一个基本概念，它是从大量的实际问题中抽象出来的．本章将从实际问题出发引出定积分的概念，讨论定积分的性质与定积分的几何意义，探讨定积分与不定积分的关系，解决定积分的计算和应用问题．

6.1　定积分的概念

6.1.1　引例

1. 曲边梯形的面积

在直角坐标系中，由三条直线 $x=a, x=b, y=0$（x 轴）和一条连续曲线 $y=f(x)$（$f(x)\geqslant 0, a\leqslant x\leqslant b$）所围成的平面图形，称为曲边梯形（如图 6－1）．如何计算曲边梯形的面积呢？

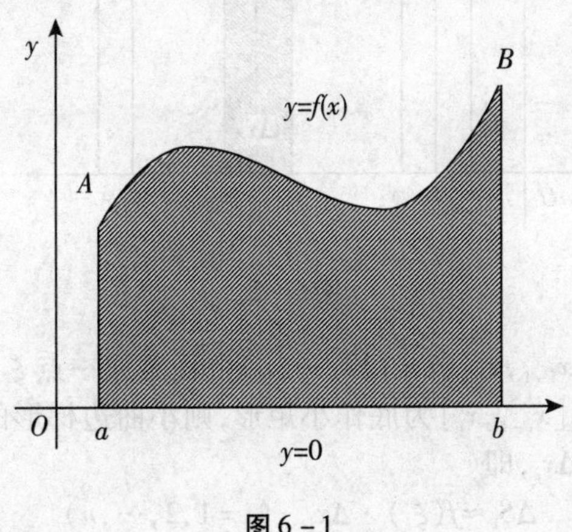

图 6－1

我们知道，当 $f(x)\equiv c$ 时，曲边梯形就是矩形，其面积可以由公式

$$矩形面积 = 底边长 \times 高 = (b-a)\times c$$

来计算．

当 $f(x)$ 不恒等于常数时，曲边梯形在底边上各点处的高 $f(x)$ 在区间 $[a,b]$ 是一个变量，故它的面积不能用上述公式来定义和计算．但是由于 $f(x)$ 在区间 $[a,b]$ 上是连续的，从区间 $[a,b]$ 的一个很小区间段来看，虽然它也是一个变

量,但是它在小区间上的变化很小,可以近似看作为一个常量. 如果我们把区间$[a,b]$任意的划分成 n 个小区间,并且每一个小区间上任取一点,再以该点处的高来近似地代替该小区间上小曲边梯形的高,那么每个小曲边梯形的面积可以用小矩形面积来近似代替,我们把所有这些小矩形面积求和作为曲边梯形面积的近似值. 这样,当区间$[a,b]$上每个小区间的长度都趋近与于零时,全部小矩形面积的和的极限就可定义为曲边梯形的面积.

根据上述的思想,可以用下面的方法和步骤来求曲边梯形的面积:

首先在区间$[a,b]$中任意插入 $n-1$ 个分点

$$a=x_0<x_1<x_2<\cdots<x_{n-1}<x_n=b$$

将其分成 n 个小区间$[x_0,x_1],[x_1,x_2],\cdots,[x_{n-1},x_n]$,第 i 个小区间的长度记为 $\Delta x_i=x_i-x_{i-1}(i=1,2,\cdots,n)$,过各分点 x_i 做垂直于 x 轴的直线,将曲边梯形分成 n 个小曲边梯形(如图 6-2),若用 S 表示曲边梯形的面积,ΔS_i 表示第 i 个小曲边梯形的面积,则有

$$S=\Delta S_1+\Delta S_2+\cdots+\Delta S_n=\sum_{i=1}^{n}\Delta S_i$$

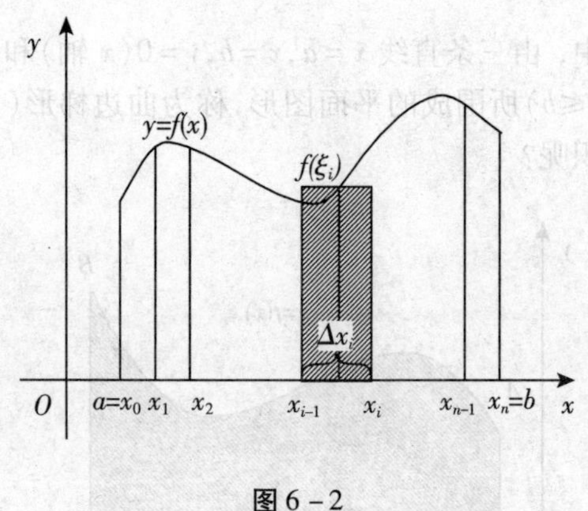

图 6-2

在每个小区间$[x_{i-1},x_i]$$(i=1,2,\cdots,n)$上任意取一点 $\xi_i(x_{i-1}\leqslant\xi_i\leqslant x_i)$,以 $f(\xi_i)$为高,以小区间$[x_{i-1},x_i]$为底作小矩形,则小曲边梯形的面积就近似等于小矩形面积 $f(\xi_i)\cdot\Delta x_i$,即

$$\Delta S_i\approx f(\xi_i)\cdot\Delta x_i\quad(i=1,2,\cdots,n)$$

把所有小矩形面积相加,就得到曲边梯形面积的近似值,即

$$S=\sum_{i=1}^{n}\Delta S_i\approx\sum_{i=1}^{n}f(\xi_i)\Delta x_i$$

记 $\Delta x=\max\{\Delta x_1,\Delta x_2,\cdots,\Delta x_n\}$,当 $\Delta x\to 0$ 时,分点的个数无限增多,上面和式的极限如果存在,就定义为曲边梯形的面积,即

$$S=\lim_{\Delta x\to 0}\sum_{i=1}^{n}f(\xi_i)\Delta x_i$$

2. 变速直线运动的路程

设某物体作直线运动．已知其速度 $v=v(t)$ 是时间间隔 $[T_1,T_2]$ 上关于时间 t 的连续函数，且 $v(t)\geqslant 0$，计算在这段时间内物体所经过的路程 S.

我们知道，对于匀速直线运动，有公式

$$路程=速度\times时间$$

但是，当物体作变速直线运动时，其速度是变量，因此不能采用上述公式来计算路程．然而物体的运动速度 $v=v(t)$ 是连续函数，在很短的一段时间内，速度的变化是很微小的，可以近似的看作匀速，于是我们将时间间隔 $[T_1,T_2]$ 分成小区间段，在每个小区间段上，以匀速运动代替变速运动，就可算出物体在每个小区间段上路程的近似值，再将这些路程的近似值求和，得到整个路程的近似值，最后当每个小的时间间隔区间长度都趋近于零时，整个时间间隔 $[T_1,T_2]$ 上所有部分路程的近似值之和的极限，就是所求变速直线运动的路程．

具体步骤如下：

在时间间隔区间 $[T_1,T_2]$ 中插入任意 $n-1$ 个分点

$$T_1=t_0<t_1<\cdots<t_{n-1}<t_n=T_2$$

将其分成 n 个小区间 $[t_0,t_1],[t_1,t_2],\cdots,[t_{n-1},t_n]$，第 i 个时间间隔区间长度记为 $\Delta t_i=t_i-t_{i-1}(i=1,2,\cdots,n)$，相应的第 i 个小的区间 $[t_{i-1},t_i]$ 上物体经过的路程为 $\Delta S_i(i=1,2,\cdots,n)$，在每个小的区间 $[t_{i-1},t_i](i=1,2,\cdots,n)$ 上任取一点 ξ_i，把 $v(\xi_i)$ 作为该时段的速度，则该时段路程的近似为

$$\Delta S_i\approx v(\xi_i)\cdot\Delta t_i\quad(i=1,2,\cdots,n)$$

把全时段的所有路程的近似值相加，就得到在 $[T_1,T_2]$ 时段上路程的近似值，即

$$S=\sum_{i=1}^{n}\Delta S_i\approx\sum_{i=1}^{n}v(\xi_i)\Delta t_i$$

记 $\Delta t=\max\{\Delta t_1,\Delta t_1,\cdots,\Delta t_n\}$，则当 $\Delta t\to 0$ 时，分点的个数无限增多，上面和式的极限如果存在，就定义为所求的路程，即

$$S=\lim_{\Delta t\to 0}\sum_{i=1}^{n}v(\xi_i)\Delta t_i$$

6.1.2 定积分的概念

在上面两个例子中，我们把一个曲边梯形面积与变速直线运动的路程的计算问题，通过“化整为零，以常代变，积零为整，无限累加”的步骤，归结成了一个特殊的和式的极限．虽然它们的实际背景不一样，但解决问题所用的方法却是相同的，我们抓住它们在数量关系上共同的本质与特性，就得到下面的：

定义 6.1.1 设 $f(x)$ 在 $[a,b]$ 上有界，用任意 $n-1$ 个分点 $x_i(i=1,2,\cdots,n-1)$ 插入区间 $[a,b]$ 中，

$$a=x_0<x_1<x_2<\cdots<x_{n-1}<x_n=b$$

将区间$[a,b]$分成 n 个小区间$[x_{i-1},x_i]$$(i=1,2,\cdots,n)$，第 i 个小区间的长度记为

$$\Delta x_i=x_i-x_{i-1}\quad(i=1,2,\cdots,n)$$

在每个小区间$[x_{i-1},x_i]$上任意取一点 $\xi_i(x_{i-1}\leqslant\xi_i\leqslant x_i)$，作和式

$$S_n=\sum_{i=1}^{n}f(\xi_i)\Delta x_i$$

若当 $\Delta x=\max\limits_{1\leqslant i\leqslant n}\{\Delta x_i\}\to0$ 时，分点的个数无限增多，S_n 有确定的极限值 I，并且极限值 I 与区间$[a,b]$上的分法及每个小区间上 ξ_i 的取法无关，则称此极限值 I 为函数 $f(x)$ 在区间$[a,b]$上的**定积分**，记做 $\int_a^b f(x)dx$，即

$$I=\int_a^b f(x)dx=\lim_{\Delta x\to0}\sum_{i=1}^{n}f(\xi_i)\Delta x_i$$

其中 $f(x)$ 称为**被积函数**，$f(x)dx$ 称为**被积表达式**，x 称为**积分变量**，a 称为**积分下限**，b 称为**积分上限**，$[a,b]$称为**积分区间**，$S_n=\sum\limits_{i=1}^{n}f(\xi_i)\Delta x_i$ 称为**积分和**.

按照定义 6.1.1，曲线 $y=f(x)(f(x)\geqslant0)$，x 轴以及两条直线 $x=a,x=b$ 所围成的曲边梯形的面积就可以记为

$$S=\int_a^b f(x)dx$$

作变速直线运动的物体在时间间隔$[T_1,T_2]$上经历的路程也可以记为

$$S=\int_{T_1}^{T_2}v(t)dt$$

注 (1)如果函数 $f(x)$ 在$[a,b]$上的定积分存在，我们就称 $f(x)$ 可积，其定积分 $\int_a^b f(x)dx=$ 常数，且此常数只与被积函数和积分区间$[a,b]$有关，而与积分变量的符号无关，即

$$\int_a^b f(x)dx=\int_a^b f(u)du=\int_a^b f(t)dt$$

(2)对于定义 6.1.1 中的区间$[a,b]$，事实上已经假定了 $a<b$，而 $a>b$ 与 $a=b$ 的情况不在我们所定义的范围内，为了方便起见，作如下规定：

①若 $a>b$，则 $\int_a^b f(x)dx=-\int_b^a f(x)dx$；

②若 $a=b$，则 $\int_a^b f(x)dx=\int_a^a f(x)dx=0$.

6.1.3 函数可积的条件

下面我们不加证明的给出有关函数可积的几个定理：

定理 6.1.1 若函数 $f(x)$ 在 $[a,b]$ 上连续，则函数 $f(x)$ 在 $[a,b]$ 上可积．

定理 6.1.2 若函数 $f(x)$ 在 $[a,b]$ 上有界，且只有有限个间断点，则函数 $f(x)$ 在 $[a,b]$ 上可积．

定理 6.1.3 若函数 $f(x)$ 在 $[a,b]$ 上单调有界，则函数 $f(x)$ 在 $[a,b]$ 上可积．

例 6.1.1 利用定积分的定义求 $\int_0^4 (2x+3)dx$.

解 因为被积函数 $f(x)=2x+3$ 在区间 $[0,4]$ 上连续，故 $f(x)$ 在区间 $[0,4]$ 上可积．

由定义 6.1.1 知，定积分与区间 $[0,4]$ 的分法及点 ξ_i 的取法无关，因此为了计算方便，不妨把区间用等分点 $x_i=\frac{4i}{n}(i=1,2,\cdots,n-1)$ 将区间 $[0,4]$ 分成 n 个小区间，其区间长度为 $\Delta x_i=\frac{4}{n}$，并在小区间上选取 ξ_i 为右端点，即 $\xi_i=x_i(i=1,2,\cdots,n)$，则积分和为

$$\begin{aligned} S_n &= \sum_{i=1}^{n} f(\xi_i)\Delta x_i = \sum_{i=1}^{n}\left(\frac{8}{n}i+3\right)\cdot\frac{4}{n} \\ &= \frac{4}{n^2}\sum_{i=1}^{n}(8i+3n) = \frac{4}{n^2}\left(8\sum_{i=1}^{n} i+3n^2\right) \\ &= \frac{4}{n^2}\left[8\cdot\frac{n(n+1)}{2}+3n^2\right] = 28+\frac{16}{n} \end{aligned}$$

则当 $\Delta x\to 0(n\to\infty)$ 时，将上式两端同时取极限，由定积分的定义，得

$$\int_0^4 (2x+3)dx = \lim_{\Delta x\to 0} S_n = \lim_{n\to\infty}\left(28+\frac{16}{n}\right) = 28$$

6.1.4 定积分的几何意义

由定义 6.1.1 可知，在区间 $[a,b]$ 上，当连续函数 $f(x)\geqslant 0$ 时，定积分 $\int_a^b f(x)dx$ 在几何上表示由曲线 $y=f(x)$、两条直线 $x=a$、$x=b$ 与 x 轴所围成的曲边梯形的面积；当 $f(x)\leqslant 0$ 时，由曲线 $y=f(x)$、两条直线 $x=a$、$x=b$ 与 x 轴所围成的曲边梯形位于 x 轴下方，定积分 $\int_a^b f(x)dx$ 表示上述的曲边梯形的面积的负值；当 $f(x)$ 在 $[a,b]$ 上既取得正值又取得负值时，函数 $f(x)$ 的图形某些部分在 x 轴的上方，而其他部分在 x 轴的下方（如图 6－3），此时定积分 $\int_a^b f(x)dx$ 的值表示 x 轴上方图形面积减去 x 轴下方图形面积所得之差．

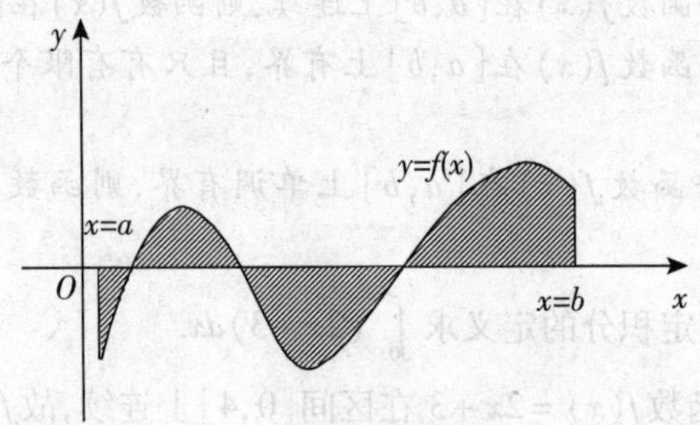

图 6－3

习题 6.1

1. 利用定积分的定义,计算下列积分:

(1) $\int_0^1 x dx$;　　　　(2) $\int_0^1 e^x dx$.

2. 利用定积分的几何意义,直接给出下列式子的值:

(1) $\int_0^1 \sqrt{1-x^2}dx$;　　　　(2) $\int_{-\frac{\pi}{2}}^{\frac{3\pi}{2}} \cos x dx$;

(3) $\int_{-\frac{\pi}{2}}^{\frac{\pi}{2}} \sin x dx$;　　　　(4) $\int_{-1}^{1} \sqrt{1-x^2}dx$.

6.2　定积分的性质

性质 6.2.1　若函数 $f(x) \equiv 1$,则 $\int_a^b f(x)dx = \int_a^b dx = b-a$.

证明　$\int_a^b dx = \int_a^b 1dx = \lim_{\Delta x\to 0}\sum_{i=1}^{n} 1\cdot\Delta x_i = \lim_{\Delta x\to 0}(b-a) = b-a$

性质 6.2.2　若函数 $f(x)$ 与 $g(x)$ 在区间 $[a,b]$ 上可积,则 $f(x)\pm g(x)$ 也在区间 $[a,b]$ 上可积,且

$$\int_a^b [f(x)\pm g(x)]dx = \int_a^b f(x)dx \pm \int_a^b g(x)dx.$$

证明

$$\begin{aligned}\int_a^b [f(x)\pm g(x)]dx &= \lim_{\Delta x\to 0}\sum_{i=1}^{n}[f(\xi_i)\pm g(\xi_i)]\Delta x_i \\ &= \lim_{\Delta x\to 0}\sum_{i=1}^{n} f(\xi_i)\Delta x_i \pm \lim_{\Delta x\to 0}\sum_{i=1}^{n} g(\xi_i)\Delta x_i \\ &= \int_a^b f(x)dx \pm \int_a^b g(x)dx\end{aligned}$$

性质 6.2.2 对于有限个函数代数和的定积分也是成立的,即

$$\int_a^b [f_1(x) \pm f_2(x) \pm \cdots \pm f_n(x)]dx = \int_a^b f_1(x)dx \pm \int_a^b f_2(x)dx \pm \cdots \pm \int_a^b f_n(x)dx.$$

性质 6.2.3　若函数 $f(x)$ 在区间 $[a,b]$ 上可积，k 为常数，则 $kf(x)$ 在区间 $[a,b]$ 上也可积，且

$$\int_a^b kf(x)dx = k\int_a^b f(x)dx$$

即常数因子可以直接提到积分符号的前面.

性质 6.2.4（区间可加性定理）　若函数 $f(x)$ 在区间 $[a,b]$ 上可积，常数 c 满足 $a<c<b$，则

$$\int_a^b f(x)dx = \int_a^c f(x)dx + \int_c^b f(x)dx \tag{6.2.1}$$

证明　由已知 $f(x)$ 在 $[a,b]$ 上可积，所以无论把 $[a,b]$ 怎样划分，积分和的极限都是存在的.

因此我们在划分区间时，每次都选择 c 为分点，譬如，把 c 作为插入的第 k 个分点，即 $c=x_k$，则 $[a,b]$ 上的积分和等于 $[a,c]$ 上的积分和与 $[c,b]$ 上的积分和之和，即

$$S_n = \sum_{i=1}^{n} f(\xi_i)\Delta x_i = \sum_{i=1}^{k} f(\xi_i)\Delta x_i + \sum_{i=k+1}^{n} f(\xi_i)\Delta x_i$$

当 $\Delta x \to 0$ 时，对上式两端取极限，得

$$\int_a^b f(x)dx = \int_a^c f(x)dx + \int_c^b f(x)dx$$

这个性质表明定积分对于积分区间具有可加性. 事实上当 c 点不在 $[a,b]$ 内，结论亦同样成立. 比如常数 c 满足 $a<b<c$，且函数 $f(x)$ 在 $[a,c]$ 上可积，则由上面已经证明的结论可知

$$\int_a^c f(x)dx = \int_a^b f(x)dx + \int_b^c f(x)dx$$

移项得

$$\int_a^b f(x)dx = \int_a^c f(x)dx - \int_b^c f(x)dx$$

$$= \int_a^c f(x)dx + \int_c^b f(x)dx$$

故

$$\int_a^b f(x)dx = \int_a^c f(x)dx + \int_c^b f(x)dx$$

同理可证，$c<a<b$ 的情形.

性质 6.2.5（保号性）　若函数 $f(x)$ 在 $[a,b]$ 上可积，且 $f(x) \geqslant 0$，则

$$\int_a^b f(x)dx \geqslant 0$$

证明 因为$f(x)\geqslant 0$,所以当$a\leqslant \xi_i\leqslant b$时,$f(\xi_i)\geqslant 0$,由定义6.1.1有积分和

$$S_n=\sum_{i=1}^{n}f(\xi_i)\Delta x_i\geqslant 0$$

那么,当$\Delta x\to 0$时,根据极限的保号性可得

$$\int_a^b f(x)dx=\lim_{\Delta x\to 0}\sum_{i=1}^{n}f(\xi_i)\Delta x_i\geqslant 0$$

推论1(比较定理) 若函数$f(x)$与$g(x)$在区间$[a,b]$上可积,且在区间$[a,b]$上满足

$$f(x)\geqslant g(x)$$

则

$$\int_a^b f(x)dx\geqslant \int_a^b g(x)dx$$

证明 由已知在$[a,b]$上,$f(x)-g(x)\geqslant 0$,则由性质6.2.5,有

$$\int_a^b f(x)dx-\int_a^b g(x)dx=\int_a^b [f(x)-g(x)]dx\geqslant 0$$

即

$$\int_a^b f(x)dx\geqslant \int_a^b g(x)dx$$

推论2 若函数$f(x)$在区间$[a,b]$可积,且$|f(x)|$在区间$[a,b]$上也可积,则

$$\left|\int_a^b f(x)dx\right|\leqslant \int_a^b |f(x)|dx$$

例6.2.1 求证:$\left|\int_{10}^{20}\frac{\sin x}{\sqrt{1+x^2}}dx\right|<1.$

证明 因为$|\sin x|\leqslant 1$且$x\geqslant 10$,则

$$\left|\frac{\sin x}{\sqrt{1+x^2}}\right|<\left|\frac{\sin x}{\sqrt{x^2}}\right|\leqslant \frac{1}{x}\leqslant \frac{1}{10}$$

由性质6.2.5的推论2,得

$$\left|\int_{10}^{20}\frac{\sin x}{\sqrt{1+x^2}}dx\right|\leqslant \int_{10}^{20}\left|\frac{\sin x}{\sqrt{1+x^2}}\right|dx<\int_{10}^{20}\frac{1}{10}dx=1$$

性质6.2.6(估值定理) 若函数$f(x)$在区间$[a,b]$上可积,M与m分别是函数$f(x)$在区间$[a,b]$上的最大值与最小值,则

$$m(b-a)\leqslant \int_a^b f(x)dx\leqslant M(b-a)\qquad(6.2.2)$$

证明 当$x\in[a,b]$时,有

$$m\leqslant f(x)\leqslant M$$

根据性质6.2.5的推论1,得

$$\int_a^b m dx \leqslant \int_a^b f(x)dx \leqslant \int_a^b M dx$$

又由性质6.2.3和性质6.2.1，得

$$m(b-a) \leqslant \int_a^b f(x)dx \leqslant M(b-a)$$

例6.2.2 估计定积分 $\int_{\frac{\pi}{4}}^{\frac{5\pi}{4}}(1+\sin^2 x)dx$ 的值.

解 因为被积函数 $f(x)=1+\sin^2 x(\frac{\pi}{4}\leqslant x\leqslant\frac{5\pi}{4})$ 连续且可导，则由

$$f'(x)=\sin 2x=0$$

得驻点 $x_1=\frac{\pi}{2}, x_2=\pi$.

而 $f(\frac{\pi}{2})=2$， $f(\pi)=1$， $f(\frac{\pi}{4})=\frac{3}{2}$， $f(\frac{5\pi}{4})=\frac{3}{2}$

所以 $f(x)$ 在区间 $[\frac{\pi}{4},\frac{5\pi}{4}]$ 上的最小值是1，最大值是2，即

$$1\leqslant 1+\sin^2 x\leqslant 2$$

故由性质6.2.6，得

$$\pi\leqslant\int_{\frac{\pi}{4}}^{\frac{5\pi}{4}}(1+\sin^2 x)dx\leqslant 2\pi$$

性质6.2.7（积分中值定理） 若 $f(x)$ 在区间 $[a,b]$ 上连续，则在区间 $[a,b]$ 上至少存在一点 ξ，使得

$$\int_a^b f(x)dx=f(\xi)(b-a) \qquad \xi\in[a,b]$$

证明 由 $f(x)$ 在 $[a,b]$ 上连续知，$f(x)$ 在 $[a,b]$ 上必有最小值 m 和最大值 M，即对任意的 $x\in[a,b]$ 均有

$$m\leqslant f(x)\leqslant M$$

由性质6.2.6，得

$$m(b-a)\leqslant\int_a^b f(x)dx\leqslant M(b-a)$$

即

$$m\leqslant\frac{1}{(b-a)}\int_a^b f(x)dx\leqslant M$$

再由闭区间上连续函数介值定理的推论，在 $[a,b]$ 上至少存在一点 ξ，使得

$$\frac{1}{(b-a)}\int_a^b f(x)dx=f(\xi)$$

于是

$$\int_a^b f(x)dx=f(\xi)(b-a)$$

当 $f(x)\geqslant 0$ 时，性质 6.2.7 在几何上表示：由曲线 $y=f(x)$，x 轴以及两条直线 $x=a$，$x=b$ 所围成的曲边梯形的面积，等于以区间 $[a,b]$ 为底边，以 $f(\xi)$ 为高的矩形面积（见图 6－4）.

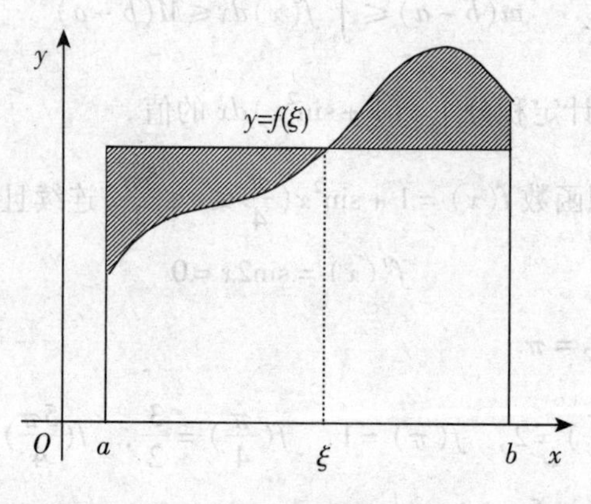

图 6－4

由积分中值定理所得

$$f(\xi)=\frac{\int_a^b f(x)\,dx}{(b-a)}$$

称为函数 $f(x)$ 在区间 $[a,b]$ 上的平均值. 例如在图 6－4 中，$f(\xi)$ 就可看作图形中曲边梯形的平均高度.

习题 6.2

1. 确定下列定积分的符号：

(1) $\int_1^2 x\ln x dx$；　　(2) $\int_0^{\frac{\pi}{4}} \frac{1-\cos^4 x}{2}dx$；

(3) $\int_0^1 \frac{\sin x - x\cos x}{\cos x + x\sin x}dx$；　　(4) $\int_{-1}^1 |x| dx$；

2. 不计算积分，比较下列各组积分值的大小：

(1) $\int_0^1 x^2 dx$ 与 $\int_0^1 x^3 dx$；　　(2) $\int_1^3 x^2 dx$ 与 $\int_1^3 x^3 dx$；

(3) $\int_1^2 \ln x dx$ 与 $\int_1^2 \ln^2 x dx$；　　(4) $\int_3^4 \ln x dx$ 与 $\int_3^4 \ln^2 x dx$.

3. 估计下列积分的值：

(1) $\int_1^4 (x^2+1)dx$；　　(2) $\int_1^2 \frac{x}{1+x^2}dx$；

(3) $\int_{-1}^2 \ln(1+x^2)dx$；　　(4) $\int_2^0 e^{x^2-x}dx$.

4. 证明下列不等式：

(1) $0\leqslant\int_1^2(2x^3-x^4)\,dx\leqslant\dfrac{27}{16}$；　　(2) $\dfrac{\pi}{2}\leqslant\int_0^{\frac{\pi}{2}}\dfrac{\sqrt{2}}{\sqrt{2-\sin^2 x}}dx\leqslant\dfrac{\pi}{\sqrt{2}}$.

5. 设 $f(x)$ 在 $[a,b]$ 上连续，设 $g(x)$ 在 $[a,b]$ 上连续且不变号，求证至少存在一点 $\xi\in(a,b)$，使得

$$\int_a^b f(x)g(x)\,dx=f(\xi)\int_a^b g(x)\,dx.$$

6.3 微积分学基本定理

在 6.1 节中我们已经看到，定积分是一个复杂和式的极限，要想通过求积分和的极限来计算定积分常常是非常困难的．因此我们必须寻求计算定积分的有效方法．本节我们先从实际问题中去寻找解决问题的线索，再介绍计算定积分的方法．

6.3.1 变速直线运动中路程函数与速度函数之间的联系

从 6.1 节中知道，作变速直线运动的物体，在时间间隔区间 $[T_1,T_2]$ 上所经过的路程 S 可以用速度 $v(t)$ 在时间间隔 $[T_1,T_2]$ 上的定积分

$$S=\int_{T_1}^{T_2}v(t)\,dt$$

来表示；另一方面，作变速直线运动的物体，在 $[T_1,T_2]$ 这段时间间隔上通过的路程又可以用速度 $v(t)$ 的原函数 $S(t)$ 在区间 $[T_1,T_2]$ 上的增量

$$S(T_2)-S(T_1)$$

来表示．由此可见，在区间 $[T_1,T_2]$ 上的路程函数 $S(t)$ 与速度函数 $v(t)$ 之间有如下关系：

$$\int_{T_1}^{T_2}v(t)\,dt=S(T_2)-S(T_1)$$

上式表明：速度函数 $v(t)$ 在区间 $[T_1,T_2]$ 上的定积分等于 $v(t)$ 的原函数 $S(t)$ 在区间 $[T_1,T_2]$ 上的增量．

6.3.2 积分上限的函数与原函数存在定理

设函数 $f(x)$ 在区间 $[a,b]$ 上连续，当 x 为 $[a,b]$ 上任意一点时，$f(x)$ 在区间 $[a,x]$ 上也是连续的，从而定积分 $\int_a^x f(x)\,dx$ 也是存在的．这时，x 既表示定积分的上限，又表示积分变量．由于定积分与积分变量无关，所以我们可把积分变量改用其他符号，比如用 t 表示，则上面的定积分可以写为

$$\int_a^x f(t)\,dt$$

若积分上限 x 在区间 $[a,b]$ 上任意取值，则对应于每一个确定的值，定积分 $\int_a^x f(t)\,dt$ 都有一个对应值，因此定积分 $\int_a^x f(t)\,dt$ 是定义在区间 $[a,b]$ 上一个关于积分上限 x 的函数，称为**积分上限函数或变上限积分**，记为 $\Phi(x)$，即

$$\Phi(x)=\int_a^x f(t)\,dt \quad (a\leqslant x\leqslant b)$$

积分上限函数具有如下性质：

定理 6.3.1　若函数 $f(x)$ 在 $[a,b]$ 上连续，则积分上限函数

$$\Phi(x)=\int_a^x f(t)\,dt \tag{6.3.1}$$

在 $[a,b]$ 上可导，并且它的导数是

$$\Phi'(x)=\frac{d}{dx}\int_a^x f(t)\,dt=f(x) \quad (a\leqslant x\leqslant b) \tag{6.3.2}$$

证明　设给自变量 x 一个增量 Δx，这时函数 $\Phi(x)$ 相应的增量为

$$\begin{aligned}\Delta\Phi(x)&=\Phi(x+\Delta x)-\Phi(x)\\&=\int_a^{x+\Delta x} f(t)\,dt-\int_a^x f(t)\,dt\\&=\int_a^x f(t)\,dt+\int_x^{x+\Delta x} f(t)\,dt-\int_a^x f(t)\,dt\\&=\int_x^{x+\Delta x} f(t)\,dt\end{aligned}$$

由积分中值定理，得

$$\Delta\Phi(x)=\int_x^{x+\Delta x} f(t)\,dt=f(\xi)\Delta x$$

其中 ξ 介于 x 与 $x+\Delta x$ 之间，于是在上式两端同除 Δx，得

$$\frac{\Delta\Phi(x)}{\Delta x}=f(\xi)$$

令 $\Delta x\to 0$，对上式两端取极限，有

$$\lim_{\Delta x\to 0}\frac{\Delta\Phi(x)}{\Delta x}=\lim_{\Delta x\to 0}f(\xi)$$

而当 $\Delta x\to 0$，必有 $\xi\to x$，再由 $f(x)$ 在 $[a,b]$ 上连续，因此

$$\lim_{\Delta x\to 0}f(\xi)=\lim_{\xi\to x}f(\xi)=f(x)$$

故当 $x\in[a,b]$ 时，$\Phi(x)$ 可导，且

$$\Phi'(x)=\frac{d}{dx}\int_a^x f(t)\,dt=f(x)$$

特别地，当积分上限函数是复合函数时，还有下面的结论：

推论 1　若函数 $f(x)$ 在 $[a,b]$ 上连续，$\varphi(x)$ 在 $[a,b]$ 上可导，则

$$\frac{d}{dx}\int_a^{\varphi(x)} f(t)\,dt = f[\varphi(x)]\cdot\varphi'(x) \tag{6.3.3}$$

推论 2 若函数 $f(x)$ 在 $[a,b]$ 上连续，$\varphi_1(x)$ 与 $\varphi_2(x)$ 在 $[a,b]$ 上可导，则

$$\frac{d}{dx}\int_{\varphi_1(x)}^{\varphi_2(x)} f(t)\,dt = f[\varphi_2(x)]\varphi_2'(x) - f[\varphi_1(x)]\varphi_1'(x) \tag{6.3.4}$$

由定理 6.3.1 得出，连续函数 $f(x)$ 取变上限 x 的定积分后求导数，其结果还原为 $f(x)$，这就说明，变上限积分 $\Phi(x)$ 是连续函数 $f(x)$ 的一个原函数，即有如下定理：

定理 6.3.2（原函数存在定理） 若函数 $f(x)$ 在 $[a,b]$ 上连续，则函数

$$\Phi(x) = \int_a^x f(t)\,dt$$

就是 $f(x)$ 在 $[a,b]$ 上的一个原函数．

这个定理，不仅肯定了连续函数的原函数的存在性，而且还初步揭示了不定积分与定积分之间的关系，因此，它为我们提供了一条通过原函数来计算定积分的途径．

例 6.3.1 求下列函数的导数：

(1) $\int_1^x \ln(1+t^2)\,dt$；　　(2) $\int_0^{x^3} \frac{1}{\sqrt{1+t^2}}dt$；

(3) $\int_{x^2+1}^x \sin t^2\,dt$；　　(4) $\int_1^2 \arctan t dt$.

解 (1) 由 (6.3.2) 式，有

$$\frac{d}{dx}\int_1^x \ln(1+t^2)\,dt = \ln(1+x^2)$$

(2) 由 (6.3.3) 式，有

$$\frac{d}{dx}\int_0^{x^3}\frac{1}{\sqrt{1+t^2}}dt = \frac{1}{\sqrt{1+x^6}}\cdot 3x^2 = \frac{3x^2}{\sqrt{1+x^6}}$$

(3) 由 (6.3.4) 式，有

$$\frac{d}{dx}\int_{x^2+1}^x \sin t^2\,dt = \sin x^2 - \sin(x^2+1)^2\cdot(x^2+1)'$$

$$= \sin x^2 - 2x\sin(x^2+1)^2$$

(4) 由定积分定义 6.1.1 知，$\int_1^2 \arctan t dt$ 是一个常数，则

$$\frac{d}{dx}\int_1^2 \arctan t dt = 0$$

例 6.3.2 求 $\lim\limits_{x\to 0}\dfrac{\left(\int_0^x e^{t^2}dt\right)^2}{\int_0^x te^{2t^2}dt}$.

解 当 $x\to 0$ 时,原式是一个 $\frac{0}{0}$ 型的极限,则由洛必达法则,有

$$\lim_{x\to 0}\frac{\left(\int_0^x e^{t^2}dt\right)^2}{\int_0^x te^{2t^2}dt}=\lim_{x\to 0}\frac{2\int_0^x e^{t^2}dt\cdot e^{x^2}}{xe^{2x^2}}=\lim_{x\to 0}\frac{2\int_0^x e^{t^2}dt}{xe^{x^2}}$$

$$=\lim_{x\to 0}\frac{2e^{x^2}}{e^{x^2}+xe^{x^2}\cdot 2x}=\lim_{x\to 0}\frac{2}{1+2x^2}=2$$

例 6.3.3 求函数 $f(x)=\int_0^x te^{-t^2}dt$ 的极值.

解 因为 $f'(x)=xe^{-x^2}$, $f''(x)=(1-2x^2)e^{-x^2}$

令 $f'(x)=xe^{-x^2}=0$,得驻点 $x=0$.

又因为 $f''(0)=1>0$,于是 $f(x)$ 在 $x=0$ 处取得极小值 $f(0)=0$.

6.3.3 牛顿——莱布尼兹公式

现在,我们借助于定理 6.3.2 来证明一个重要的定理. 这个定理,不仅给出了计算定积分的方法,而且还揭示了不定积分与定积分在计算方法上的关系.

定理 6.3.3(微积分基本定理) 若函数 $f(x)$ 在区间 $[a,b]$ 上是连续函数,$F(x)$ 是 $f(x)$ 的一个原函数,则

$$\int_a^b f(x)dx=F(b)-F(a) \tag{6.3.5}$$

证明 已知函数 $F(x)$ 是连续函数 $f(x)$ 在区间 $[a,b]$ 上的一个原函数,又由定理 6.3.1 知

$$\Phi(x)=\int_a^x f(t)dt$$

也是 $f(x)$ 在区间 $[a,b]$ 上的一个原函数,所以由定理 5.1.3 知,$\Phi(x)$ 与 $F(x)$ 之差在 $[a,b]$ 上是一个常数 C,即

$$\Phi(x)=\int_a^x f(t)dt=F(x)+C.$$

在上式中令 $x=a$,得

$$\Phi(a)=\int_a^a f(t)dt=F(a)+C$$

而 $\int_a^a f(t)dt=0$,可得 $C=-F(a)$,因此

$$\int_a^x f(t)dt=F(x)-F(a)$$

在上式中令 $x=b$,得

$$\int_a^b f(t)dt=F(b)-F(a)$$

再把上式左端的积分变量写成 x,得

$$\int_a^b f(x)dx = F(b) - F(a)$$

这个公式叫做**牛顿——莱布尼兹公式**(*Newton - Leibniz*),也称为**微积分基本公式**.

根据(6.3.5)式,要计算连续函数 $f(x)$ 在 $[a,b]$ 上的定积分 $\int_a^b f(x)dx$,只需要先求 $f(x)$ 在 $[a,b]$ 上的一个原函数 $F(x)$,再计算 $F(x)$ 在 $[a,b]$ 上的增量 $F(b)-F(a)$ 即可. 我们把此增量记为 $F(b)-F(a)=F(x)\Big|_a^b$,即

$$\int_a^b f(x)dx = F(x)\Big|_a^b = F(b) - F(a)$$

例 6.3.4 计算下列定积分:

(1) $\int_a^b x^3 dx$;　　(2) $\int_0^1 \frac{1}{1+x^2}dx$;

(3) $\int_0^2 |x-1|dx$;　　(4) $\int_{-\pi}^{\pi} \sqrt{1-\cos 2}dx$.

解 (1) $\int_a^b x^3 dx = \frac{x^4}{4}\Big|_a^b = \frac{1}{4}(b^4 - a^4)$

(2) $\int_0^1 \frac{1}{1+x^2}dx = \arctan x\Big|_0^1 = \arctan 1 - \arctan 0 = \frac{\pi}{4}$

(3)因为

$$|x-1| = \begin{cases} 1-x, & 0\leqslant x\leqslant 1 \\ x-1, & 1\leqslant x\leqslant 2 \end{cases}$$

所以

$$\begin{aligned}\int_0^2 |x-1|dx &= \int_0^1 (1-x)dx + \int_1^2 (x-1)dx \\ &= (x - \frac{1}{2}x^2)\Big|_0^1 + (\frac{1}{2}x^2 - x)\Big|_1^2 = 1\end{aligned}$$

(4) $$\begin{aligned}\int_{-\pi}^{\pi} \sqrt{1-\cos 2x}dx &= \int_{-\pi}^{\pi} \sqrt{2\sin^2 x}dx = \sqrt{2}\int_{-\pi}^{\pi} |\sin x|dx \\ &= \sqrt{2}\int_{-\pi}^{0}(-\sin x)dx + \sqrt{2}\int_0^{\pi}\sin x dx \\ &= \sqrt{2}\cos x\Big|_{-\pi}^{0} - \sqrt{2}\cos x\Big|_0^{\pi} = 4\sqrt{2}\end{aligned}$$

例 6.3.5 求 $\int_{-2}^{-1} \frac{1}{x}dx$.

解 $\int_{-2}^{-1} \frac{1}{x}dx = \ln|x|\Big|_{-2}^{-1} = -\ln 2$

注 利用牛顿—莱布尼兹公式计算定积分时,要求被积函数在积分区间上是连

续的．例如，下面的计算

$$\int_{-1}^{1}\frac{1}{x^2}dx=-\frac{1}{x}\Big|_{-1}^{1}=-2$$

是错误的．这是因为被积函数 $f(x)=\frac{1}{x}$ 在 $[-1,1]$ 上不连续，$x=0$ 是被积函数 $f(x)$ 的无穷间断点，不满足函数可积的条件．

例 6.3.6 设函数 $f(x)=\begin{cases}x+1, & x\leqslant 1\\ 2x^2, & x>1\end{cases}$，求 $\int_0^2 f(x)dx$.

解 由于被积函数 $f(x)$ 在 $[0,2]$ 上是分段函数，不能直接积分，但是利用定积分的区间可加性，可把积分区间分成 $[0,1]$ 与 $[1,2]$ 两段，被积函数 $f(x)$ 在 $[0,1]$ 与 $[1,2]$ 上分别都是连续的，积分得

$$\begin{aligned}\int_0^2 f(x)dx&=\int_0^1(x+1)dx+\int_1^2\frac{1}{2}x^2dx\\&=\left(\frac{1}{2}x^2+x\right)\Big|_0^1+\frac{1}{6}x^3\Big|_1^2=\frac{8}{3}\end{aligned}$$

例 6.3.7 设 $f(x)$ 在 $[0,1]$ 上连续，且满足

$$f(x)=x^2\int_0^1 f(x)dx-1$$

求 $\int_0^1 f(x)dx$ 与 $f(x)$.

解 令 $A=\int_0^1 f(x)dx$，则

$$f(x)=x^2A-1$$

对上式两端求区间 $[0,1]$ 上的积分，得

$$A=\int_0^1 f(x)dx=\int_0^1(x^2A-1)dx=\frac{1}{3}A-1$$

解之，得 $A=-\frac{3}{2}$. 于是

$$f(x)=-\frac{3}{2}x^2-1$$

习题 6.3

1. 已知 $y=\int_0^x \sin x dx$，求当 $x=0$ 及 $x=\frac{\pi}{4}$ 的导数．

2. 求由 $\int_0^y e^t dt+\int_0^x \cos t dt=0$ 决定的隐函数 y 对 x 的导数．

3. 求下列函数的导数：

(1) $\int_0^{x^2}\sqrt{1+t^2}dt$;　　(2) $\int_{x^2}^{x^3}\frac{1}{\sqrt{1+t^4}}dt$;

(3) $\int_{x^2}^{0}t\cos t^2dt$;　　(4) $\int_2^3\frac{\ln x}{x}dt$.

4. 求下列极限:

(1) $\lim\limits_{x\to 0}\frac{1}{x}\int_0^x(1+\sin 2t)dt$;　　(2) $\lim\limits_{x\to 0}\frac{1}{x^2}\int_0^x\arctan tdt$;

(3) $\lim\limits_{x\to 0}\frac{1}{x\sqrt{x}}\int_0^{x^2}x\cos t^2dt$;　　(4) $\lim\limits_{x\to 0}\frac{\left(\int_0^x\sin t^2dt\right)^2}{\int_0^x t^2\sin t^3dt}$.

5. 计算下列定积分:

(1) $\int_1^2\left(x^2+\frac{4}{x}+t\right)dx$;　　(2) $\int_0^{\sqrt{3}a}\frac{dx}{a^2+x^2}$;

(3) $\int_0^1\frac{dx}{\sqrt{4-x^2}}$;　　(4) $\int_{-1}^0\frac{3x^4+3x^2+1}{x^2+1}dx$;

(5) $\int_0^5|x^2-3x+2|dx$;　　(6) $\int_0^2|t(t-1)|dt$.

6. 设 $f(x)=\begin{cases}x^2, & 0\leqslant x\leqslant 1\\ x^3, & 1\leqslant x\leqslant 2\end{cases}$,求 $\Phi(x)=\int_0^x f(t)dt$ 在$[0,2]$上的表达式,并且讨论 $\Phi(x)$在$(0,2)$上的连续性与可导性.

7. 求函数 $f(x)=\int_0^x(t-1)e^{-t^2}dt$ 的极值点.

8. 设$f(x)$在$[a,b]$上连续,在(a,b)内可导,且$f'(x)\leqslant 0$,若

$$F(x)=\frac{1}{x-a}\int_a^x f(t)dt$$

证明在(a,b)内满足 $F'(x)\leqslant 0$.

6.4 定积分的计算方法

由牛顿—莱布尼兹公式计算定积分 $\int_a^b f(x)dx$ 的关键,在于求出被积函数 $f(x)$在$[a,b]$上的一个原函数 $F(x)$,而求原函数的常用方法是换元积分法和分部积分法. 本节讨论在一定的条件下,如何利用换元积分法和分部积分法计算定积分.

6.4.1 换元积分法

定理 6.4.1　若函数$f(x)$在区间$[a,b]$上连续,函数 $x=\varphi(t)$满足条件:

(1)$\varphi(\alpha)=a,\varphi(\beta)=b$;

(2)$\varphi(t)$在$[\alpha,\beta]$(或$[\beta,\alpha]$)上单调且有连续导数;

(3)当 t 在$[\alpha,\beta]$(或$[\beta,\alpha]$)上变化时,对应 $x=\varphi(t)$ 值在$[a,b]$上变化,则

$$\int_a^b f(x)dx=\int_\alpha^\beta f[\varphi(t)]\varphi'(t)dt \tag{6.4.1}$$

证明 因为(6.4.1)式两端的被积函数都在各自的区间上连续,所以它们的原函数也都存在.若设 $F(x)$ 是 $f(x)$ 的一个原函数,则

$$\int_a^b f(x)dx=F(b)-F(a)$$

由于当 $x=\varphi(t)$ 时,有

$$F(x)=F[\varphi(t)]$$

而

$$\frac{d}{dt}F[\varphi(t)]=F'[\varphi(t)]\cdot\varphi'(t)=f[\varphi(t)]\cdot\varphi'(t)$$

所以 $F[\varphi(t)]$ 是 $f[\varphi(t)]\cdot\varphi'(t)$ 的一个原函数.

于是

$$\begin{aligned}\int_\alpha^\beta f[\varphi(t)]\varphi'(t)dt&=F[\varphi(t)]\Big|_\alpha^\beta\\&=F[\varphi(\beta)]-F[\varphi(\alpha)]=F(b)-F(a)\end{aligned}$$

由此,得

$$\int_a^b f(x)dx=\int_\alpha^\beta f[\varphi(t)]\varphi'(t)dt$$

(6.4.1)式称为定积分的换元公式.在应用换元公式时要注意:

(1)用变换 $x=\varphi(t)$ 把原来的积分变量 x 换为新变量 t 时,原积分限也要相应换成新变量 t 的积分限,也就是说,换元的同时也要换限.原积分上限对应新积分上限,原积分下限对应新积分下限.

(2)在用换元法计算定积分时,求出 $f[\varphi(t)]\varphi'(t)$ 的一个原函数 $F[\varphi(t)]$ 后,不必像求不定积分那样,还要把 $F[\varphi(t)]$ 还原成 x 的函数,而只须直接将新变量 t 的上、下限代入,即可.

例 6.4.1 计算 $\int_0^1\frac{1}{1+\sqrt{1-x}}dx$.

解 令 $\sqrt{1-x}=t,x=1-t^2,dx=-2tdt$,且

当 $x=0$ 时,$t=1$,当 $x=1$ 时,$t=0$,则

$$\begin{aligned}\int_0^1\frac{1}{1+\sqrt{1-x}}dx&=\int_1^0\frac{1}{1+t}d(1-t^2)=-2\int_1^0\frac{t}{1+t}dt\\&=-2\int_1^0(1-\frac{1}{1+t})dt=-2(t-\ln|1+t|)\Big|_1^0\\&=2(1-\ln2)\end{aligned}$$

例 6.4.2 计算 $\int_0^a \sqrt{a^2-x^2}dx \quad (a>0)$.

解 令 $x=a\sin t$,则有 $t=\arcsin\frac{x}{a}, dx=a\cos tdt$,且

当 $x=0$ 时, $t=0$,当 $x=a$ 时, $t=\frac{\pi}{2}$,则

$$\int_0^a \sqrt{a^2-x^2}dx = \int_0^{\frac{\pi}{2}} a^2\cos^2 tdt$$

$$= a^2\int_0^{\frac{\pi}{2}}\cos^2 tdt = a^2\int_0^{\frac{\pi}{2}}\frac{1+\cos 2t}{2}dt$$

$$= \frac{a^2}{4}(2t+\sin 2t)\Big|_0^{\frac{\pi}{2}} = \frac{1}{4}\pi a^2$$

从几何上看,此积分值即为圆 $x^2+y^2=a^2$ 与 x 轴和 y 轴围成的平面图形在第一象限的面积(如图 6-5).

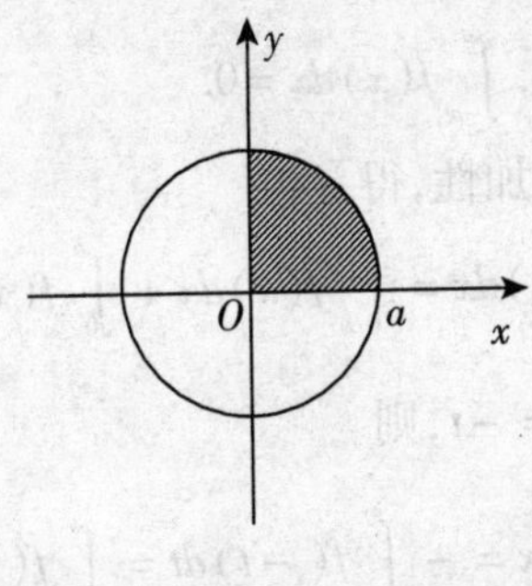

图 6-5

例 6.4.3 计算 $\int_0^1 \frac{x}{1+x^2}dx$.

解 令 $t=1+x^2$, $dt=2xdx$,且

当 $x=0$ 时, $t=1$;当 $x=1$ 时, $t=2$,则

$$\int_0^1 \frac{x}{1+x^2}dx = \frac{1}{2}\int_1^2 \frac{1}{t}dt = \frac{1}{2}\ln|t|\Big|_1^2 = \frac{1}{2}\ln 2$$

注 在计算这个定积分时,我们也可不引入新的积分变量,不改变定积分的限,有

$$\int_0^1 \frac{x}{1+x^2}dx = \frac{1}{2}\int_0^1 \frac{1}{1+x^2}d(x^2+1)$$

$$= \frac{1}{2}\ln|1+x^2|\Big|_0^1 = \frac{1}{2}\ln 2$$

例 6.4.4 计算 $I=\int_0^{\pi}\sqrt{\sin^3 x-\sin^5 x}dx$.

解 因为$\sqrt{\sin^3 x-\sin^5 x}=\sqrt{\sin^3 x(1-\sin^2 x)}$

$$=|\cos x|\cdot\sin^{\frac{3}{2}}x$$

$$=\begin{cases}\cos x\cdot\sin^{\frac{3}{2}}x, & 0\leqslant x<\dfrac{\pi}{2}\\ -\cos x\cdot\sin^{\frac{3}{2}}x, & \dfrac{\pi}{2}\leqslant x<\pi\end{cases}$$

所以

$$I=\int_0^{\frac{\pi}{2}}\sin^{\frac{3}{2}}x d\sin x-\int_{\frac{\pi}{2}}^{\pi}\sin^{\frac{3}{2}}x d\sin x$$

$$=\frac{2}{5}\sin^{\frac{5}{2}}x\Big|_0^{\frac{\pi}{2}}-\frac{2}{5}\sin^{\frac{5}{2}}x\Big|_{\frac{\pi}{2}}^{\pi}=\frac{2}{5}-(-\frac{2}{5})=\frac{4}{5}$$

例6.4.5 设$f(x)$在$[-a,a]$上连续,求证:

(1)当$f(x)$是偶函数时,$\int_{-a}^{a}f(x)dx=2\int_0^a f(x)dx$;

(2)当$f(x)$是奇函数时,$\int_{-a}^{a}f(x)dx=0$.

证明 由积分区间的可加性,得

$$\int_{-a}^{a}f(x)dx=\int_{-a}^{0}f(x)dx+\int_0^a f(x)dx$$

对积分$\int_{-a}^{0}f(x)dx$作代换$x=-t$,则

$$\int_{-a}^{0}f(x)dx=-\int_a^0 f(-t)dt=\int_0^a f(-x)dx$$

于是

$$\int_{-a}^{a}f(x)dx=\int_0^a f(-x)dx+\int_0^a f(x)dx$$

$$=\int_0^a[f(-x)+f(x)]dx$$

(1)当$f(x)$是偶函数时,则$f(-x)+f(x)=2f(x)$,于是

$$\int_{-a}^{a}f(x)dx=2\int_0^a f(x)dx$$

(2)当$f(x)$是奇函数时,则$f(-x)+f(x)=0$,于是

$$\int_{-a}^{a}f(x)dx=0$$

注 利用此结论,可以简化奇、偶函数在对称区间上定积分的计算.

例6.4.6 设$f(x)=\begin{cases}xe^{x^2}, & -\dfrac{1}{2}\leqslant x<\dfrac{1}{2}\\ -1, & x\geqslant\dfrac{1}{2}\end{cases}$,求$\int_{\frac{1}{2}}^{2}f(x-1)dx$.

解 令 $x-1=t$，得 $dx=dt$，则

$$\int_{\frac{1}{2}}^{2} f(x-1)\,dx=\int_{-\frac{1}{2}}^{1} f(t)\,dt=\int_{-\frac{1}{2}}^{1} f(x)\,dx$$

$$=\int_{-\frac{1}{2}}^{\frac{1}{2}} xe^{x^2}dx+\int_{\frac{1}{2}}^{1}(-1)\,dx=0+(-\frac{1}{2})=-\frac{1}{2}$$

例 6.4.7 设 $f(x)$ 在 $(-\infty,+\infty)$ 连续，如果 $f(x)$ 为单调增加的函数，证明

$$F(x)=\int_0^x (2t-x)f(x-t)\,dt$$

是单调减少的函数．

解 令 $x-t=u$，得 $dt=-du$，则

$$F(x)=\int_x^0 (2x-2u-x)f(u)\,d(x-u)$$

$$=x\int_0^x f(u)\,du-2\int_0^x uf(u)\,du$$

在上式两端求导数，得

$$F'(x)=\int_0^x f(u)\,du+xf(x)-2xf(x)$$

$$=\int_0^x f(u)\,du-xf(x)$$

又由已知 $f(x)$ 在 $(-\infty,+\infty)$ 连续且单调增加，则 $f(x)$ 在 $(0,x)$ 或 $(x,0)$ 内也是连续且单调增加，则由积分中值定理，至少存在一点 ξ（ξ 介于 0 与 x 之间），使得

$$F'(x)=xf(\xi)-xf(x)=x[f(\xi)-f(x)]<0$$

故 $F(x)$ 在 $(-\infty,+\infty)$ 为单调减少的函数．

6.4.2 分部积分法

定理 6.4.2 若 $u=u(x)$ 及 $v=v(x)$ 在 $[a,b]$ 上有连续的导数，则：

$$\int_a^b uv'dx=uv\Big|_a^b-\int_a^b vu'dx \tag{6.4.2}$$

证明 由求导公式，得

$$(uv)'=uv'+vu'$$

对上式两端从 a 到 b 积分，得

$$\int_a^b (uv)'dx=\int_a^b uv'dx+\int_a^b u'vdx$$

移项得

$$\int_a^b uv'dx=\int_a^b (uv)'dx-\int_a^b u'vdx=uv\Big|_a^b-\int_a^b vu'dx$$

通常称(6.4.2)式为定积分的**分部积分公式**．它也可表示为：

$$\int_a^b u(x)dv(x) = u(x)v(x)\Big|_a^b - \int_a^b v(x)du(x) \tag{6.4.3}$$

必须指出,由于分部积分法计算定积分时,没有引入新变量,所以在计算的过程中,定积分的积分限不变,而且选择 u 与 v' 的方法也和不定积分的分部积分法相同.

例 6.4.8 计算定积分:

(1) $\int_0^1 \arctan x dx$; (2) $\int_{-1}^1 (|x| + x)e^{-|x|} dx$;

(3) $\int_0^{\frac{\pi}{2}} e^x \sin x dx$; (4) $\int_0^{\pi^2} \sin\sqrt{x} dx$.

解 (1) $\int_0^1 \arctan x dx = x\arctan x\Big|_0^1 - \int_0^1 \frac{x}{1+x^2}dx$

$$= \frac{\pi}{4} - \frac{1}{2}\ln(1+x^2)\Big|_0^1 = \frac{\pi}{4} - \frac{1}{2}\ln 2$$

(2) $\int_{-1}^1 (|x| + x)e^{-|x|} dx = \int_{-1}^1 |x|e^{-|x|} dx + \int_{-1}^1 xe^{-|x|} dx$

$$= \int_{-1}^1 |x|e^{-|x|} dx = 2\int_0^1 xe^{-x} dx = -2\int_0^1 xde^{-x}$$

$$= -2\left[xe^{-x}\Big|_0^1 - \int_0^1 e^{-x}dx\right] = 2(1-2e^{-1})$$

(3) $\int_0^{\frac{\pi}{2}} e^x \sin x dx = \int_0^{\frac{\pi}{2}} \sin x de^x$

$$= \sin x e^x\Big|_0^{\frac{\pi}{2}} - \int_0^{\frac{\pi}{2}} e^x \cos x dx = e^{\frac{\pi}{2}} - \int_0^{\frac{\pi}{2}} \cos x de^x$$

$$= e^{\frac{\pi}{2}} - \left[e^x \cos x\Big|_0^{\frac{\pi}{2}} + \int_0^{\frac{\pi}{2}} e^x \sin x dx\right]$$

$$= e^{\frac{\pi}{2}} + 1 - \int_0^{\frac{\pi}{2}} e^x \sin x dx$$

移项整理,得

$$\int_0^{\frac{\pi}{2}} e^x \sin x dx = \frac{1}{2}(e^{\frac{\pi}{2}} + 1)$$

(4)令 $t = \sqrt{x}, x = t^2, dx = 2tdt$,且

当 $x = 0$ 时,$t = 0$;当 $x = \pi^2$ 时,$t = \pi$,则

$$\int_0^{\pi^2} \sin\sqrt{x} dx = \int_0^{\pi} 2t\sin t dt = -2t\cos t\Big|_0^{\pi} + \int_0^{\pi} 2\cos t dt$$

$$= 2\pi + 2\sin t\Big|_0^{\pi} = 2\pi$$

例 6.4.9 设 $f'(x)$ 在 $[0,1]$ 上连续,求 $\int_0^1 [1 + xf'(x)]e^{f(x)} dx$.

解 $$\int_0^1 [1+xf'(x)]e^{f(x)}dx = \int_0^1 e^{f(x)}dx + \int_0^1 xf'(x)e^{f(x)}dx$$

而

$$\int_0^1 xf'(x)e^{f(x)}dx = \int_0^1 xde^{f(x)} = xe^{f(x)}\Big|_0^1 - \int_0^1 e^{f(x)}dx$$

所以

$$\int_0^1 [1+xf'(x)]e^{f(x)}dx = \int_0^1 e^{f(x)}dx + xe^{f(x)}\Big|_0^1 - \int_0^1 e^{f(x)}dx = e^{f(1)}$$

习题 6.4

1. 计算下列定积分：

(1) $\int_0^{\pi}(1-\sin^3 x)dx$；　(2) $\int_{\frac{1}{\sqrt{2}}}^{1}\frac{\sqrt{1-x^2}}{x^2}dx$；

(3) $\int_0^{\sqrt{2}a}\frac{xdx}{\sqrt{3a^2-x^2}}$；　(4) $\int_0^1 xe^{-\frac{x^2}{2}}dx$；

(5) $\int_1^e \frac{1+\ln x}{x}dx$；　(6) $\int_{-\frac{\pi}{2}}^{\frac{\pi}{2}}\cos x\cos 2xdx$；

(7) $\int_{-\frac{\pi}{2}}^{\frac{\pi}{2}}\sqrt{\cos x-\cos^3 x}dx$；　(8) $\int_0^{\pi}\sqrt{1+\cos 2x}dx$.

2. 利用函数的奇偶性计算下列定积分：

(1) $\int_{-\pi}^{\pi}\sin xdx$；　(2) $\int_{-\frac{\pi}{2}}^{\frac{\pi}{2}}\sin^4 xdx$；

(3) $\int_{-\frac{1}{2}}^{\frac{1}{2}}\frac{(\arcsin x)^2}{\sqrt{1-x^2}}dx$；　(4) $\int_{-1}^{1}\frac{x^3\tan^2 x}{x^4+2x^2+1}dx$.

3. 证明下列等式成立：

(1) $\int_1^x \frac{dx}{1+x^2} = \int_{\frac{1}{x}}^{1}\frac{dx}{1+x^2}\quad (x>0)$；

(2) $\int_0^1 x^m(1-x)^n dx = \int_0^1 x^n(1-x)^m dx$；

(3) $\int_0^{\pi}\sin^n xdx = 2\int_0^{\frac{\pi}{2}}\sin^n xdx$.

4. 设 $f(x)$ 在 $[0,1]$ 上连续单调减少，求证：对任何 $\alpha\in(0,1)$ 均有

$$\int_0^{\alpha} f(x)dx > \alpha\int_0^1 f(x)dx.$$

5. 计算下列定积分：

(1) $\int_0^1 xe^{-x}dx$；　(2) $\int_1^4 \frac{\ln x}{\sqrt{x}}dx$；

(3) $\int_0^1 x\arctan x dx$； (4) $\int_0^{\frac{\pi}{2}} e^{2x}\cos x dx$；

(5) $\int_{\frac{1}{e}}^{e^2} x|\ln x|dx$； (6) $\int_1^{e^{\frac{\pi}{2}}} \cos\ln x dx$.

6. 设$f(x)$在$[0,1]$上连续，求证：

$$\int_0^{\frac{\pi}{2}} f(\sin x)dx = \int_0^{\frac{\pi}{2}} f(\cos x)dx$$

7. 设$f(x)$是以T为周期的连续函数，且a为任意常数，求证：

$$\int_a^{a+T} f(x)dx = \int_0^T f(x)dx$$

8. 设$f(x)$是$(-\infty,+\infty)$内的连续函数，且满足，

$$\int_0^{\pi} f(x-t)tdt = e^x - x - 1$$

求$f(x)$.

9. 设$f(2)=\frac{1}{2}$，$f'(2)=0$，$\int_0^2 f(x)dx=1$，求$\int_0^1 x^2 f''(2x)dx$.

6.5 广义积分

由定积分的定义知，计算定积分不仅要求积分区间$[a,b]$有限，而且还要求被积函数$f(x)$在$[a,b]$上有界，但是在一些实际的问题中，我们常碰到积分区间无限，或者被积函数无界的积分，这两类积分都不属于定积分的范围，我们把前者称为**无穷积分**，后者称为**瑕积分**，它们统称为**广义积分**(或称为**反常积分**). 本节主要解决广义积分的定义与计算.

6.5.1 无穷积分

定义 6.5.1 设函数$f(x)$在$[a,+\infty)$上连续，若极限

$$\lim_{b\to+\infty}\int_a^b f(x)dx$$

存在，称此极限值为函数$f(x)$在$[a,+\infty)$上的无穷积分，记为$\int_a^{+\infty} f(x)dx$，并称无穷积分$\int_a^{+\infty} f(x)dx$收敛，即

$$\int_a^{+\infty} f(x)dx = \lim_{b\to+\infty}\int_a^b f(x)dx \tag{6.5.1}$$

若极限不存在，就称无穷积分$\int_a^{+\infty} f(x)dx$发散.

类似地，可定义

$$\int_{-\infty}^{b} f(x)dx = \lim_{a\to-\infty}\int_{a}^{b} f(x)dx \tag{6.5.2}$$

并称$f(x)$在$(-\infty,b]$上的无穷积分$\int_{-\infty}^{b} f(x)dx$收敛；

如果函数$f(x)$在$(-\infty,+\infty)$上连续，当给定一个常数$c\in(-\infty,+\infty)$，无穷积分

$$\int_{-\infty}^{c} f(x)dx \text{ 与 } \int_{c}^{+\infty} f(x)dx$$

都收敛，则称无穷积分$\int_{-\infty}^{+\infty} f(x)dx$收敛，且

$$\int_{-\infty}^{+\infty} f(x)dx = \int_{-\infty}^{c} f(x)dx + \int_{c}^{+\infty} f(x)dx \tag{6.5.3}$$

例 6.5.1 计算无穷积分$\int_{0}^{+\infty} xe^{-x^2}dx$.

解
$$\begin{aligned}\int_{0}^{+\infty} xe^{-x^2}dx &= \lim_{b\to+\infty}\int_{0}^{b} xe^{-x^2}dx\\ &= -\frac{1}{2}\lim_{b\to+\infty}\int_{0}^{b} e^{-x^2}d(-x^2)\\ &= -\frac{1}{2}\lim_{b\to+\infty} e^{-x^2}\Big|_{0}^{b} = -\frac{1}{2}\lim_{b\to+\infty}(e^{-b^2}-1) = \frac{1}{2}\end{aligned}$$

为了简便起见，把极限$\lim\limits_{b\to+\infty} F(x)\Big|_{a}^{b}$与$\lim\limits_{a\to-\infty} F(x)\Big|_{a}^{b}$分别简记为$F(x)\Big|_{a}^{+\infty}$与$F(x)\Big|_{-\infty}^{b}$.

例 6.5.2 计算无穷积分$\int_{-\infty}^{+\infty}\frac{1}{1+x^2}dx$.

解
$$\begin{aligned}\int_{-\infty}^{+\infty}\frac{1}{1+x^2}dx &= \int_{-\infty}^{0}\frac{1}{1+x^2}dx + \int_{0}^{+\infty}\frac{1}{1+x^2}dx\\ &= \arctan x\Big|_{-\infty}^{0} + \arctan x\Big|_{0}^{+\infty} = \frac{\pi}{2}+\frac{\pi}{2} = \pi\end{aligned}$$

例 6.5.3 讨论无穷积分$\int_{a}^{+\infty}\frac{1}{x^p}dx\ (a>0)$，当$p$取何值时收敛，当$p$取何值时发散.

解 当$p=1$时，有

$$\int_{a}^{+\infty}\frac{1}{x^p}dx = \int_{a}^{+\infty}\frac{1}{x}dx = \ln|x|\Big|_{a}^{+\infty} = +\infty$$

当$p\neq1$时，取$b>a$有

$$\int_{a}^{b}\frac{1}{x^p}dx = \frac{x^{1-p}}{1-p}\Big|_{a}^{b} = \frac{1}{1-p}[b^{1-p}-a^{1-p}]$$

于是

$$\int_a^{+\infty} \frac{1}{x^p}dx = \lim_{b\to+\infty}\int_a^b \frac{1}{x^p}dx = \lim_{b\to+\infty}\frac{1}{1-p}[b^{1-p}-a^{1-p}]$$

$$=\begin{cases}+\infty, & p<1\\ \dfrac{a^{1-p}}{p-1}, & p>1\end{cases}$$

综上所述,当 $p>1$ 时,无穷积分 $\int_a^{+\infty}\frac{1}{x^p}dx=\frac{a^{1-p}}{p-1}$ 收敛,当 $p\leqslant 1$ 时,无穷积分 $\int_a^{+\infty}\frac{1}{x^p}dx$ 发散.

6.5.2 瑕积分

定义 6.5.2 如果函数 $f(x)$ 对某一点 x_0 满足

$$\lim_{x\to x_0^-}f(x)=\infty \quad 或 \quad \lim_{x\to x_0^+}f(x)=\infty$$

则称 $x=x_0$ 为 $f(x)$ 的**瑕点**.

定义 6.5.3 设函数 $f(x)$ 在 $[a,b)$ 上连续,$x=b$ 是 $f(x)$ 的瑕点. 若极限

$$\lim_{\varepsilon\to 0^+}\int_a^{b-\varepsilon}f(x)dx$$

存在,则称此极限值为函数 $f(x)$ 在 $[a,b)$ 上的瑕积分,记为 $\int_a^b f(x)dx$,并称瑕积分 $\int_a^b f(x)dx$ 收敛,即

$$\int_a^b f(x)dx=\lim_{\varepsilon\to 0^+}\int_a^{b-\varepsilon}f(x)dx \tag{6.5.4}$$

若极限不存在,就称瑕积分 $\int_a^b f(x)dx$ 发散.

类似地,可定义

$$\int_a^b f(x)dx=\lim_{\varepsilon\to 0^+}\int_{a+\varepsilon}^b f(x)dx \tag{6.5.5}$$

其中 $x=a$ 为 $f(x)$ 的瑕点,若极限存在,就称瑕积分 $\int_a^b f(x)dx$ 收敛,否则发散.

如果 $x=c$ 为 $f(x)$ 在 (a,b) 内的唯一瑕点,则可定义

$$\begin{aligned}\int_a^b f(x)dx &= \int_a^c f(x)dx+\int_c^b f(x)dx\\ &= \lim_{\varepsilon_1\to 0^+}\int_a^{c-\varepsilon_1}f(x)dx+\lim_{\varepsilon_2\to 0^+}\int_{c+\varepsilon_2}^b f(x)dx\end{aligned} \tag{6.5.6}$$

当 $\lim_{\varepsilon_1\to 0^+}\int_a^{c-\varepsilon_1}f(x)dx$ 和 $\lim_{\varepsilon_2\to 0^+}\int_{c+\varepsilon_2}^b f(x)dx$ 都存在,则称瑕积分 $\int_a^b f(x)dx$ 收敛,否则称瑕积分 $\int_a^b f(x)dx$ 发散.

例6.5.4 计算积分$\int_0^2 \ln x dx.$

解 因为当$x \to 0^+$时,$f(x)=\ln x \to \infty$,$x=0$为瑕点,则

$$\begin{aligned}\int_0^2 \ln x dx &= \lim_{\varepsilon \to 0^+} \int_{0+\varepsilon}^2 \ln x dx = \lim_{\varepsilon \to 0^+} (x\ln x - x) \Big|_{\varepsilon}^2 \\ &= \lim_{\varepsilon \to 0^+} [2\ln 2 - 2 - \varepsilon \ln \varepsilon + \varepsilon] \\ &= 2\ln 2 - 2\end{aligned}$$

例6.5.5 计算积分$\int_{-1}^1 \frac{1}{x^2} dx.$

解 因为当$x \to 0$时,$f(x)=\frac{1}{x^2} \to \infty$,$x=0$为瑕点,则

$$\int_{-1}^1 \frac{1}{x^2} dx = \int_{-1}^0 \frac{1}{x^2} dx + \int_0^1 \frac{1}{x^2} dx$$

而

$$\begin{aligned}\int_{-1}^0 \frac{1}{x^2} dx &= \lim_{\varepsilon \to 0^+} \int_{-1}^{-\varepsilon} \frac{1}{x^2} dx = \lim_{\varepsilon \to 0^+} \left(-\frac{1}{x}\right) \Big|_{-1}^{-\varepsilon} \\ &= \lim_{\varepsilon \to 0^+} \left(\frac{1}{\varepsilon} - 1\right) = +\infty\end{aligned}$$

即瑕积分$\int_{-1}^0 \frac{1}{x^2} dx$发散,故瑕积分$\int_{-1}^1 \frac{1}{x^2} dx$发散.

例6.5.6 计算积分$\int_0^2 \frac{1}{\sqrt[3]{(x-1)^2}} dx.$

解 因为当$x \to 1$为,$f(x)=\frac{1}{\sqrt[3]{(x-1)^2}} \to \infty$,$x=1$为瑕点,则

$$\begin{aligned}\int_0^2 \frac{1}{\sqrt[3]{(x-1)^2}} dx &= \int_0^1 \frac{1}{\sqrt[3]{(x-1)^2}} dx + \int_1^2 \frac{1}{\sqrt[3]{(x-1)^2}} dx \\ &= \lim_{\varepsilon_1 \to 0^+} \int_0^{1-\varepsilon_1} \frac{1}{\sqrt[3]{(x-1)^2}} dx + \lim_{\varepsilon_2 \to 0^+} \int_{1+\varepsilon_2}^2 \frac{1}{\sqrt[3]{(x-1)^2}} dx \\ &= \lim_{\varepsilon_1 \to 0^+} 3\sqrt[3]{x-1} \Big|_0^{1-\varepsilon_1} + \lim_{\varepsilon_2 \to 0^+} 3\sqrt[3]{x-1} \Big|_{1+\varepsilon_2}^2 \\ &= 3\lim_{\varepsilon_1 \to 0^+} (-\sqrt[3]{\varepsilon_1} + 1) + 3\lim_{\varepsilon_2 \to 0^+} (1 - \sqrt[3]{\varepsilon_2}) = 6\end{aligned}$$

例6.5.7 讨论积分$\int_a^b \frac{dx}{(x-a)^p} (p>0, a<b)$,当$p$取何值时收敛,当$p$取何值时发散.

解 因为$x \to a^+$时,$f(x)=\frac{1}{(x-a)^p} \to \infty$,$x=a$为瑕点,所以

当$p=1$时,

$$\int_a^b \frac{dx}{(x-a)^p} = \int_a^b \frac{dx}{(x-a)} = \lim_{\varepsilon\to 0^+}\int_{a+\varepsilon}^b \frac{d(x-a)}{(x-a)}$$

$$= \lim_{\varepsilon\to 0^+} \ln|x-a| \Big|_{a+\varepsilon}^b = \lim_{\varepsilon\to 0^+}[\ln(b-a)-\ln\varepsilon] = +\infty$$

当 $p\neq 1$ 时,有

$$\int_a^b \frac{dx}{(x-a)^p} = \lim_{\varepsilon\to 0^+}\int_{a+\varepsilon}^b \frac{d(x-a)}{(x-a)^p} = \lim_{\varepsilon\to 0^+}\frac{(x-a)^{1-p}}{1-p}\Big|_{a+\varepsilon}^b$$

$$= \lim_{\varepsilon\to 0^+}\frac{1}{1-p}[(b-a)^{1-p}-(\varepsilon)^{1-p}]$$

$$= \begin{cases} \frac{1}{1-p}(b-a)^{1-p}, & 0<p<1 \\ +\infty, & p>1 \end{cases}$$

综上所述,当 $0<p<1$ 时,瑕积分 $\int_a^b \frac{dx}{(x-a)^p} = \frac{(b-a)^{1-p}}{1-p}$ 收敛;当 $p\geqslant 1$ 时,瑕积分 $\int_a^b \frac{dx}{(x-a)^p}$ 发散.

6.5.3 Γ 函数

定义 6.5.4 含参变量 $s(s>0)$ 的广义积分

$$\Gamma(s) = \int_0^{+\infty} x^{s-1}e^{-x}dx \tag{6.5.7}$$

称为 Γ 函数.

Γ 函数是无穷区间上的广义积分,同时当 $s<1$ 时,$x=0$ 是瑕点,Γ 函数也是一个无界函数的广义积分. 可以证明当 $s>0$ 时,Γ 函数是收敛的. 下面我们讨论 Γ 函数的几个性质:

(1)递推公式:若 $s>0$,则有

$$\Gamma(s+1) = s\Gamma(s) \tag{6.5.8}$$

证明 由分部积分公式,得

$$\Gamma(s+1) = \int_0^{+\infty} x^s e^{-x}dx = \int_0^{+\infty} x^s d(-e^{-x})$$

$$= -e^{-x}x^s\Big|_0^{+\infty} + s\int_0^{+\infty} x^{s-1}e^{-x}dx = s\Gamma(s)$$

其中 $\lim\limits_{x\to+\infty} x^s e^{-x} = 0$ 可由洛必达法则求得.

显然,当 $s=1$ 时,有

$$\Gamma(1) = \int_0^{+\infty} e^{-x}dx = 1$$

反复运用递推公式,便有

$$\Gamma(2) = 1\cdot\Gamma(1) = 1$$

$$\Gamma(3)=2\cdot\Gamma(2)=2!$$
$$\Gamma(4)=3\cdot\Gamma(3)=3!$$
$$\cdots\cdots\cdots$$

当 $s=n$ 为正整数时，便有
$$\Gamma(n+1)=n! \tag{6.5.9}$$
所以，我们可以把 Γ 函数看成是阶乘的推广．

（2）当 $s\to0^+$ 时，$\Gamma(s)\to+\infty$．

证明　因为
$$\Gamma(s)=\frac{\Gamma(1+s)}{s},\Gamma(1)=1$$
所以当 $s\to0^+$ 时，$\Gamma(s)\to+\infty$．

例 6.5.8　计算 $\frac{\Gamma(5)}{3\Gamma(3)}$.

解　$\frac{\Gamma(5)}{3\Gamma(3)}=\frac{4!}{3.2!}=4.$

例 6.5.9　计算积分 $\int_0^{+\infty}x^2e^{-x}dx.$

解　$\int_0^{+\infty}x^2e^{-x}dx=\int_0^{+\infty}x^{3-1}e^{-x}dx=\Gamma(3)=2!=2$

习题 6.5

1. 用定义判断下列广义积分的敛散性，如果收敛，计算其值．

（1）$\int_1^{+\infty}\frac{1}{\sqrt{x}}dx$；　（2）$\int_{-\infty}^{+\infty}\frac{dx}{x^2+2x+2}$；

（3）$\int_0^{+\infty}e^{-2x}dx$；　（4）$\int_0^{+\infty}(1+x)^a dx$；

（5）$\int_1^2\frac{x}{\sqrt{x-1}}dx$；　（6）$\int_1^e\frac{dx}{x\sqrt{1-(\ln x)^2}}$；

（7）$\int_0^2\frac{dx}{(x-1)^2}$；　（8）$\int_2^4(x-4)^p dx$.

2. 当 k 取什么值时，广义积分 $\int_2^{+\infty}\frac{dx}{x(\ln x)^k}$ 收敛？当 k 取什么值时，广义积分发散？当 k 取什么值时，广义积分取得最小值？

3. 已知 $\lim\limits_{x\to\infty}\left(\frac{x+c}{x-c}\right)^x=\int_{-\infty}^c te^{2t}dt$，求 c 值．

4. 求函数 $f(x)=\int_0^{x^2}(2-t)e^{-t}dt$ 在 $(-\infty,+\infty)$ 内的最大和最小值．

6.6 定积分的应用

定积分在实际问题中应用较多,本节主要介绍它在几何与经济上的应用.由于在定积分的应用中,经常采用所谓的微元法,所以我们先简单地介绍一下微元法的基本思想.

6.6.1 定积分的微元法

在6.1节中,我们曾经用定积分的方法解决了曲边梯形的面积、变速直线运动的路程等问题,而解决这些问题的特点是:

(1)所求量 S 与在一个有限区间$[a,b]$上的函数$f(x)$有关,当区间$[a,b]$给定后,S 就是一个确定的量,且它对区间$[a,b]$具有可加性,即如果将区间$[a,b]$分成 n 个部分区间$[x_{i-1},x_i]$$(i=1,2,\cdots,n)$,则所求量 S 相应地分成 n 个部分量ΔS_i(即 S 在$[x_{i-1},x_i]$上的增量),而整个区间$[a,b]$上的所求量 S 等于各个部分区间上的相应部分量 ΔS_i 之和,即

$$S=\sum_{i=1}^{n}\Delta S_i$$

这是所求量 S 能用定积分表示的前提;

(2)由于所求量 S 在区间$[a,b]$上的分布是不均匀的,一般说来,部分量 ΔS_i 在部分区间$[x_{i-1},x_i]$$(i=1,2,\cdots,n)$上的分布也是不均匀的,但我们能用"以直代曲"、"以常代变"的方法写出 ΔS_i 的近似表示式

$$\Delta S_i\approx f(\xi_i)\Delta x_i,i=1,2,\cdots,n$$

这是所求量 S 能用定积分表示的关键.

因为有了部分量 ΔS_i 的近似表达式,只要通过求和取极限的方法,就能得到定积分的表达式

$$S=\lim_{\Delta x\to 0}\sum_{i=1}^{n}f(\xi_i)\Delta x_i=\int_a^b f(x)\,dx$$

一般情况下,能利用定积分描述的量都应具备这些条件,它实际上是通过"化整为零,以常代变,积零为整,无限累加"的步骤而求得,经过以上分析,我们可将这四个步骤简化为两步:

(1)根据问题的具体情况选取一个积分变量,确定它的变化区间$[a,b]$,写出部分量的近似表达式,即将区间$[a,b]$分成 n 个小区间$[x_{i-1},x_i]$$(i=1,2,\cdots,n)$,在每个小区间上,求得部分量 ΔS_i 的近似值

$$\Delta S_i\approx f(\xi_i)\Delta x_i$$

为了简单起见,省略各个小区间的下标,把第 i 个小区间记为$[x,x+dx]$,取其左端 x 点为 ξ,则写出在区间$[x,x+dx]$上部分量 ΔS 的近似表达式

$$\Delta S \approx f(x)\,dx$$

称 $f(x)\,dx$ 为所求量的**微分元素**(简称**微元**),它是 ΔS 的线性主部;

(2)由于当 $\Delta x \to 0$ 时,将所有微元无限累加,并取极限可得到区间 $[a,b]$ 上的定积分. 所以我们以所求总量的微元 $f(x)\,dx$ 为被积表达式,在区间 $[a,b]$ 上作定积分,即

$$S = \int_a^b f(x)\,dx$$

就是所求总量 S 的积分表达式.

这种利用定积分表示具体问题的方法,我们通常称为定积分的**微元法**(或**元素法**).

6.6.2 平面图形的面积

根据 6.1 节中定积分的几何意义可知,在区间 $[a,b]$ 上当连续函数 $f(x) \geqslant 0$ 时,定积分 $\int_a^b f(x)\,dx$ 的值等于由连续曲线 $y=f(x)$、x 轴以及两条直线 $x=a$、$x=b$ 所围成的曲边梯形的面积. 即

$$S = \int_a^b f(x)\,dx$$

其中被积表达式 $f(x)\,dx$ 就是面积微元,它表示高为 $f(x)$、底为 dx 的一个矩形面积.

例 6.6.1 求曲线 $y=x^2$ 与 $y^2=x$ 所围成的平面图形的面积.

解 这两条抛物线所围成的图形如图 6-6.

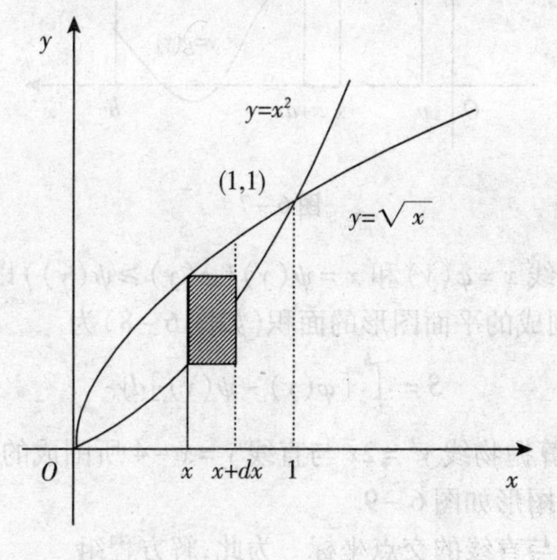

图 6-6

为了确定所求图形面积的范围,先求出两条抛物线的交点坐标. 为此,解

方程组

$$\begin{cases} y = x^2 \\ y^2 = x \end{cases}$$

得到两个解：$x=0, y=0$，及 $x=1, y=1$.

从而知道这个图形在直线 $x=0$ 及 $x=1$ 之间. 取横坐标 x 为积分变量，且 $x \in [0,1]$，在区间 $[0,1]$ 上的任一小区间 $[x, x+dx]$ 上图形的面积，近似于高为 $\sqrt{x}-x^2$、底为 dx 的小矩形的面积，从而得到面积微元为

$$dS = (\sqrt{x}-x^2)\,dx$$

则由微元法知，所求面积为

$$S = \int_0^1 (\sqrt{x}-x^2)\,dx = \left[\frac{2}{3}x^{\frac{3}{2}} - \frac{x^3}{3}\right]\Big|_0^1 = \frac{1}{3}$$

一般地，由两条连续曲线 $y=f(x)$ 和 $y=g(x)$ $(f(x) \geqslant g(x))$ 以及两条直线 $x=a$ 与 $x=b$ $(a<b)$ 所围成的平面图形的面积（如图 6-7）为

$$S = \int_a^b [f(x)-g(x)]\,dx \tag{6.6.2}$$

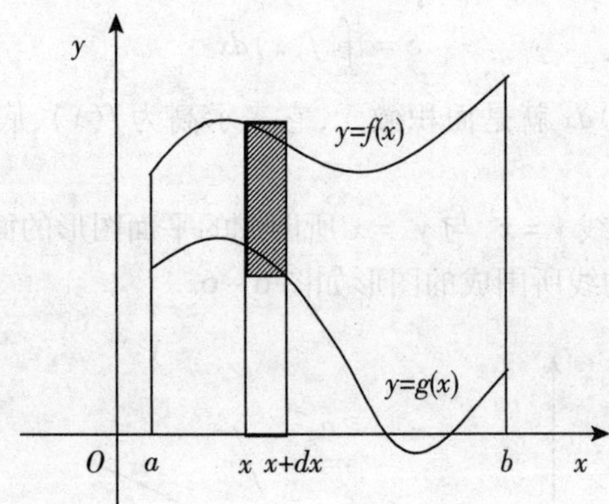

图 6-7

由两条连续曲线 $x=\varphi(y)$ 和 $x=\psi(y)$ $(\varphi(y) \geqslant \psi(y))$ 以及两条直线 $y=c$ 与 $y=d$ $(c<d)$ 所围成的平面图形的面积（如图 6-8）为

$$S = \int_c^b [\varphi(y)-\psi(y)]\,dy \tag{6.6.3}$$

例 6.6.2 计算抛物线 $y^2=2x$ 与直线 $y=x-4$ 所围成的平面图形的面积.

解 所围成的图形如图 6-9.

先求出抛物线与直线的交点坐标. 为此，解方程组

$$\begin{cases} y^2 = 2x \\ y = x-4 \end{cases}$$

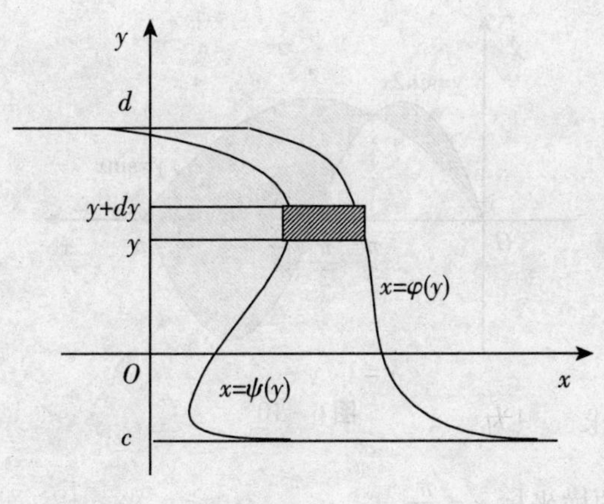

图 6－8

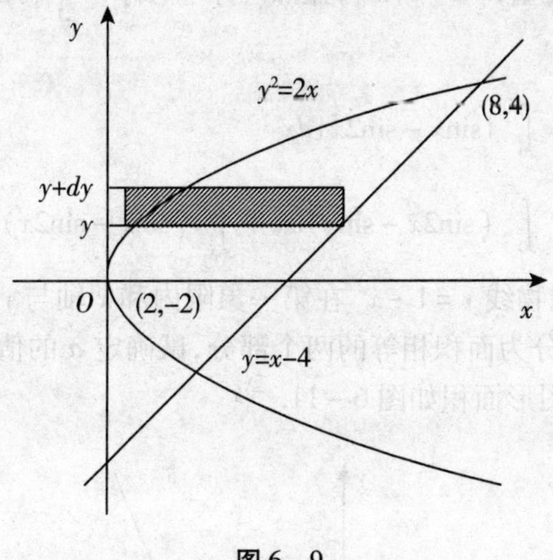

图 6－9

得交点为(2，-2)，(8,4).

由图 6－9 知，围成图形的左、右边界线是曲线 $y^2=2x$ 和直线 $y=x-4$，因此选取纵坐标 y 为积分变量，且 $y\in[-2,4]$，则由公式(6.6.3)，所求面积为

$$\int_{-2}^{4}\left[(y+4)-\frac{y^2}{2}\right]dy=\frac{y^2}{2}+4y-\frac{y^3}{6}\Big|_{-2}^{4}=18$$

熟悉以后可以直接代公式(6.6.2)或公式(6.6.3)计算平面图形的面积.

例 6.6.3 求由曲线 $y=\sin x$，$y=\sin 2x$ 在 $x=0$ 与 $x=\pi$ 之间所围成的平面图形的面积.

解 所围成的图形面积如图 6－10.

先求出两条曲线的交点坐标. 为此，解方程组

$$\begin{cases}y=\sin x\\ y=\sin 2x\end{cases}$$

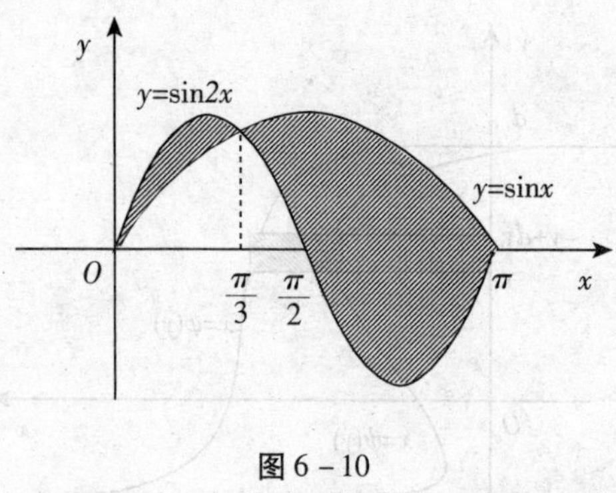

图 6－10

得两条曲线交点的横坐标 $x=\dfrac{\pi}{3}$.

选取 x 为积分变量，$x\in[0,\pi]$，显然应用直线 $x=\dfrac{\pi}{3}$ 将图形分成两部分，所求面积为

$$S=\int_0^{\pi}|\sin x-\sin 2x|\,dx$$

$$=\int_0^{\frac{\pi}{3}}(\sin 2x-\sin x)\,dx+\int_{\frac{\pi}{3}}^{\pi}(\sin x-\sin 2x)\,dx=\frac{5}{2}$$

例 6.6.4 设抛物线 $y=1-x^2$ 在第一象限内和 x 轴与 y 轴所围成的图形被曲线 $y=ax^2(a>0)$ 分为面积相等的两个部分，试确定 a 的值.

解 所围成的图形面积如图 6－11.

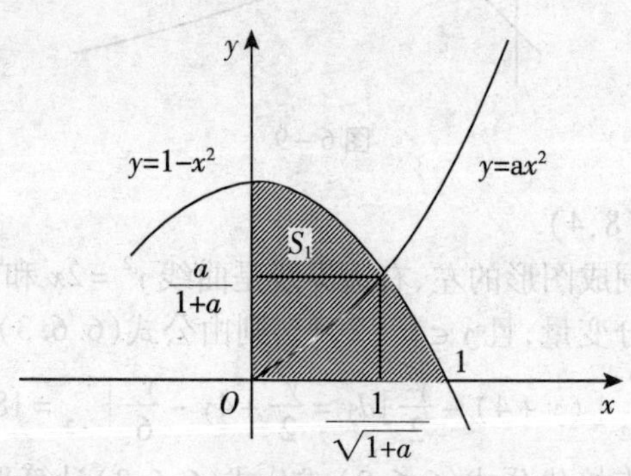

图 6－11

先求出两条抛物线的交点坐标. 为此，解方程组

$$\begin{cases}y=1-x^2\\ y=ax^2\end{cases}$$

得两条曲线的交点坐标$\left(\frac{1}{\sqrt{1+a}},\frac{a}{1+a}\right)$.

若记 S_1 为抛物线 $y=1-x^2$ 与 $y=ax^2$ 和 y 轴所围成图形的面积，S 为抛物线 $y=1-x^2$ 与 x 轴和 y 轴所围成图形的面积，则由题意和(6.6.3)式，得

$$S_1=\int_0^{\frac{1}{\sqrt{1+a}}}[(1-x^2)-ax^2]dx$$

$$=\left[x-\frac{1}{3}(1+a)x^3\right]\Big|_0^{\frac{1}{\sqrt{1+a}}}=\frac{2}{3\sqrt{1+a}}$$

再由 $S_1=\frac{1}{2}S$ 与(6.6.3)式，得

$$\frac{2}{3\sqrt{1+a}}=\frac{1}{2}\int_0^1(1-x^2)dx=\frac{1}{3}$$

解得 $a=3$.

6.6.3 立体的体积

1. 平行截面面积已知的立体的体积

设某一空间立体位于垂直于 x 轴的两个平面 $x=a$ 与 $x=b(a<b)$ 之间，该立体被垂直于 x 轴的平面所截，其截面面积 $S(x)$ 是 x 的已知连续函数(图 6－12)，则该立体的体积 V，也可用微元法求得.

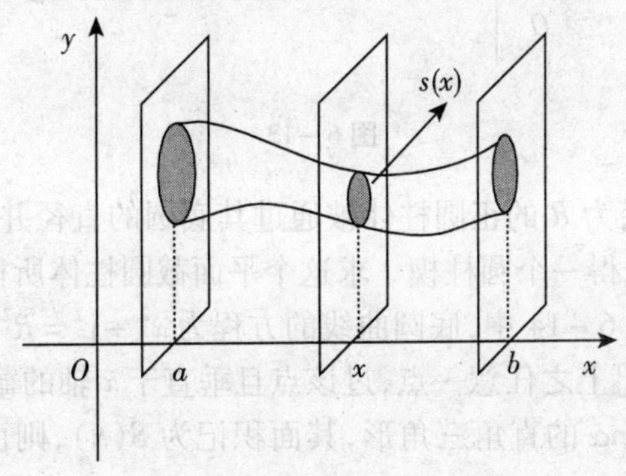

图 6－12

取 x 为积分变量，在区间$[a,b]$上任取一个小区间$[x,x+dx]$，可得一个小的薄片立体，小的薄片立体的体积可近似地看成是以面积 $S(x)$ 为底，dx 为高的小直柱体的体积，即体积 V 的微元

$$dV=S(x)dx$$

于是，所求立体的体积可表示为

$$V=\int_a^b S(x)dx \tag{6.6.4}$$

一般地,若某立体位于垂直于轴的两个平面 $y=c$ 与 $y=d(c<d)$ 之间,该立体被垂直于 y 轴的平面所截,其截面面积 $S(y)$ 是 y 的已知连续函数(图 6-13),则该立体的体积 V 也可表示为

$$V=\int_c^d S(y)dy \tag{6.6.5}$$

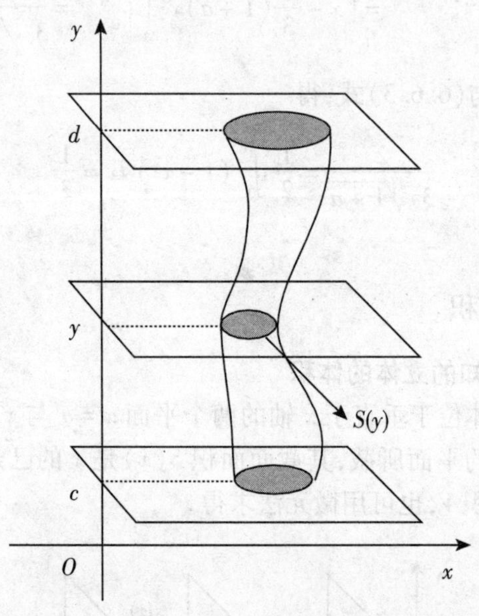

图 6-13

例 6.6.5 半径为 R 的正圆柱体被通过其底圆的直径并与底面成 α 角(图 6-14)的平面所截,得一个圆柱楔.求这个平面截圆柱体所得立体的体积.

解 显然,在图 6-14 中,底圆曲线的方程为 $x^2+y^2=R^2$.

设 x 为 $[-R,R]$ 上之任意一点,过该点且垂直于 x 轴的截面是一个直角边,边长分别为 y 及 $y\tan\alpha$ 的直角三角形,其面积记为 $S(x)$,则由三角形的面积公式,得

$$S(x)=\frac{1}{2}\cdot y\cdot y\tan\alpha=\frac{1}{2}y^2\tan\alpha=\frac{1}{2}(R^2-x^2)\tan\alpha$$

于是,由(6.6.4)式知,所求立体的体积为

$$V=\int_{-R}^{R}S(x)dx=\frac{1}{2}\int_{-R}^{R}(R^2-x^2)\tan\alpha dx=\frac{2}{3}R^3\tan\alpha$$

2. 旋转体的体积

旋转体是由一个平面图形绕这平面上的一条直线旋转一周所成的空间立体.这条直线称为**旋转轴**.现在,我们也可以用定积分的微元法来计算旋转体

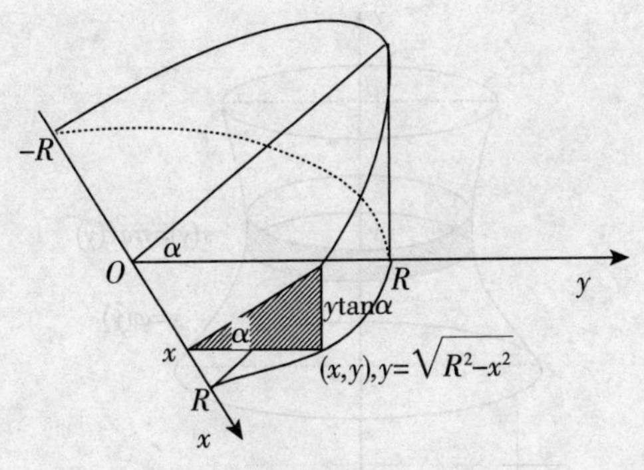

图 6－14

的体积.

下面求连续曲线 $y=f(x)\,(f(x)\geqslant 0)$ 和直线 $x=a, x=b\,(a<b)$, 及 $y=0$ 所围成的平面图形, 绕 x 轴旋转一周所成旋转体的体积 V_x(如图 6－15).

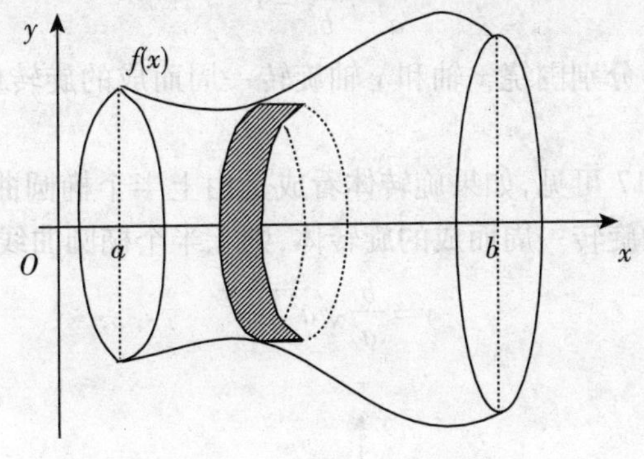

图 6－15

根据微元法, 在区间 $[a,b]$ 上任意取一个小区间 $[x,x+dx]$ 则此小区间上小曲边梯形绕 x 轴旋转而成的小薄片体积近似于底面积为 $\pi f^2(x)$, 高为 dx 的小直柱体的体积, 其近似值 $\pi f^2(x)dx$ 就是旋转体的体积微元 dV_x, 即

$$dV_x=\pi f^2(x)dx$$

于是, 在区间 $[a,b]$ 上对上式两边求定积分, 得

$$V_x=\pi\int_a^b f^2(x)dx \tag{6.6.6}$$

类似地, 由连续曲线 $x=\varphi(y)\,(\varphi(y)\geqslant 0)$ 以及直线 $y=c, y=d\,(c<d)$, $x=0$ 所围成的平面图形, 绕 y 轴旋转所成旋转体的体积 V_y(如图 6－16)为:

$$V_y=\pi\int_c^d \varphi^2(y)dy \tag{6.6.7}$$

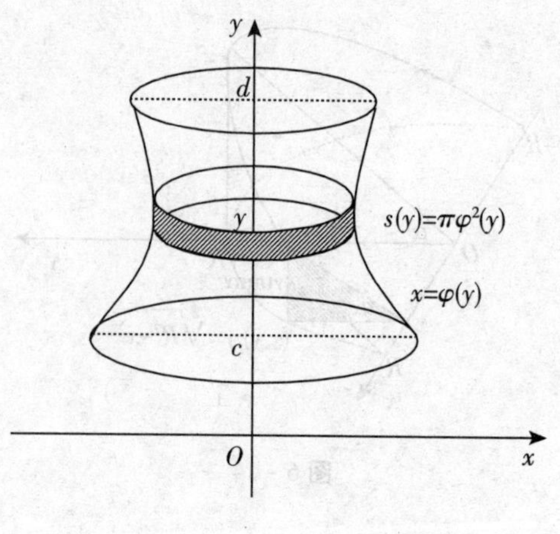

图 6－16

例 6.6.6　计算由椭圆曲线

$$\frac{x^2}{a^2}+\frac{y^2}{b^2}=1$$

所围成的平面图形分别围绕 x 轴和 y 轴旋转一周而成的旋转体(叫做旋转椭球体)的体积.

解　由图 6－17 可见,如果旋转体看成是由上半个椭圆曲线与 x 轴所围成的平面图形绕 x 轴旋转一周而成的旋转体,则上半个椭圆曲线的方程为

$$y=\frac{b}{a}\sqrt{a^2-x^2}$$

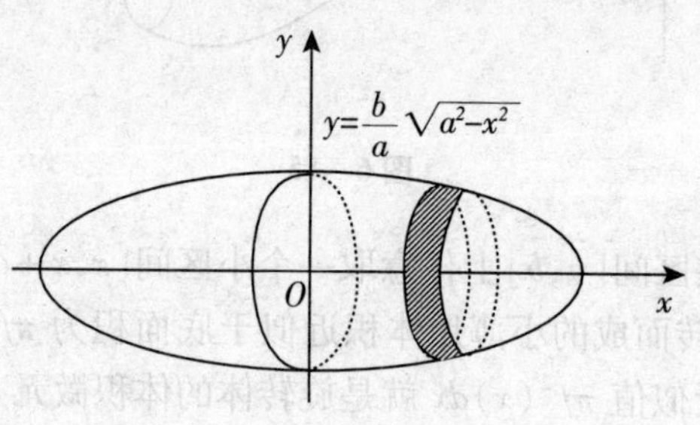

图 6－17

选取 x 为积分变量,根据椭圆的对称性,绕 x 轴旋转的旋转体由公式(6.6.6)得

$$V_x=2\int_0^a \pi y^2 dx=2\pi\frac{b^2}{a^2}\int_0^a(a^2-x^2)dx=\frac{4}{3}\pi ab^2$$

同样,右半个椭圆曲线的方程为

$$x = \frac{a}{b}\sqrt{b^2 - y^2}$$

绕 y 轴旋转的旋转体由公式(6.6.7)得

$$V_y = 2\int_0^b \pi x^2 dy = 2\pi \frac{a^2}{b^2}\int_0^b (b^2 - y^2)dy = \frac{4}{3}\pi a^2 b$$

显然,当 $a = b$ 时,就是半径为 a 的球的体积 $V = \frac{4}{3}\pi a^3$.

例 6.6.7　过曲线 $y = \sqrt[3]{x}(x \geqslant 0)$ 上的点 A 作切线,使该切线与曲线及 x 轴所围成的平面图形的面积 $S = \frac{3}{4}$,求:(1)A 点坐标;(2)该平面图形绕 x 轴旋转所得旋转体的体积.

解　首先作出平面图形(如图 6－18).

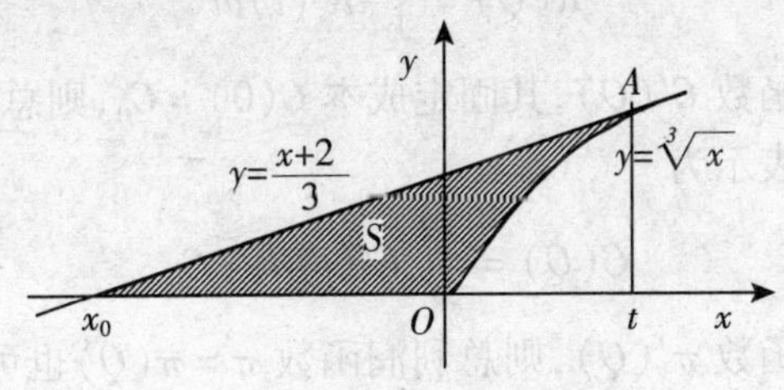

图 6－18

(1)设切点坐标为$(t,\sqrt[3]{t})$,则曲线过 A 点的切线方程为

$$y - \sqrt[3]{t} = \frac{1}{3\sqrt[3]{t^2}}(x - t)$$

令 $y = 0$,由上式可得切线与 x 轴交点的横坐标 $x_0 = -2t$.

因为,平面图形的面积为

$$S = \Delta Ax_0 t \text{ 的面积} - \text{曲边梯形 } otA \text{ 的面积}$$

即

$$S = \frac{1}{2}\sqrt[3]{t} \cdot 3t - \int_0^t \sqrt[3]{x}dx$$

再由已知条件 $S = \frac{3}{4}$,得

$$S = \frac{3}{4}t\sqrt[3]{t} = \frac{3}{4}$$

解得 $t = 1$. 于是 A 点坐标为(1,1).

(2)因为平面图形绕 x 轴旋转所得旋转体的体积为

$$V_x = \text{圆锥体的体积} - \text{曲边梯形 } otA \text{ 绕 } x \text{ 轴旋转所成旋转体的体积}$$

所以

$$V_x = \frac{\pi}{3} \cdot 1 \cdot 3 - \pi \int_0^1 (\sqrt[3]{x})^2 dx = \pi - \frac{3}{5}\pi = \frac{2}{5}\pi.$$

6.6.4 经济应用

1. 已知边际函数求总函数

在经济问题中，如果已知各种经济量的总量（比如，总收益函数 $R=R(Q)$，总成本函数 $C=C(Q)$，总利润函数 $\pi=\pi(Q)$ 等，其中 Q 表示产量），由微分法可得这些总量的边际函数，反之如果已知边际函数，也可以通过积分来计算其总量函数.

例如，已知边际收益函数 $R'(Q)$，则总收益函数 $R=R(Q)$ 可由变上限定积分表示为

$$R(Q) = \int_0^Q R'(t)\,dt \tag{6.6.8}$$

已知边际成本函数 $C'(Q)$，其固定成本 $C(0)=C_0$，则总成本函数 $C=C(Q)$ 可由变上限定积分表示为

$$C(Q) = \int_0^Q C'(t)\,dt + C_0 \tag{6.6.9}$$

已知边际利润函数 $\pi'(Q)$，则总利润函数 $\pi=\pi(Q)$ 也可表示为

$$\pi(Q) = \int_0^Q \pi'(t)\,dt \tag{6.6.10}$$

当产量 Q 从 a 个单位变到 b 个单位时，以上这些总量的改变量就可以表示为

$$\Delta R = R(b) - R(a) = \int_a^b R'(t)\,dt \tag{6.6.11}$$

$$\Delta C = C(b) - C(a) = \int_a^b C'(t)\,dt \tag{6.6.12}$$

$$\Delta \pi = \pi(b) - \pi(a) = \int_a^b \pi'(t)\,dt \tag{6.6.13}$$

例 6.6.8 设某种产品生产 Q 个单位时的边际成本和边际收益分别为

$$C'(Q) = 3 + \frac{1}{2}Q \text{ 与 } R'(Q) = 6 - Q$$

(1) 当固定成本 $C(0)=2$ 时，求出总成本，总收益，总利润函数；

(2) 当产量从 10 增加到 100 时，求总成本的增量；

(3) 当产量为多少时总利润可以达到最大？最大利润又是多少？

解 (1) $C(Q) = \int_0^Q C'(t)\,dt + C(0) = \int_0^Q \left(3 + \frac{t}{2}\right)dt + 2$

$$= 3Q + \frac{Q^2}{4} + 2$$

$$R(Q)=\int_0^Q R'(t)dt=\int_0^Q(6-t)dt=6Q-\frac{Q^2}{2}$$

$$\pi(Q)=R(Q)-C(Q)=3Q-\frac{3}{4}Q^2-2$$

(2) $\Delta C=\int_{10}^{100}C'(t)dt=\int_{10}^{100}(3+\frac{t}{2})dx=(3t+\frac{t^2}{4})\Big|_{10}^{100}=2745$

(3)由 $\pi'(Q)=R'(Q)-C'(Q)=3-\frac{3}{2}Q=0$,得 $Q=2$

因为 $\pi''(Q)=-\frac{3}{2}<0$ 且驻点唯一,所以当 $Q=2$ 时,利润达到最大,且

$$\max\pi(Q)=L(2)=1$$

2. 已知净投资函数(流量)求资本总量.

由于资本的形成过程就是一定资本总量增加的过程,而资本总量增加的过程又可看成是随着时间的变化而变化的,所以资本总量 K 是时间 t 的函数 $K=K(t)$,称为**资本函数**. 从而资本的形成率(资本的形成速度)就是资本对时间的导数$\frac{dK(t)}{dt}$. 又按照经济学的观点,资本总量的新增加的部分称为**净投资**,若净投资是一个关于 t 的连续函数记为 $I=I(t)$,则在时刻 t 处的净投资(资本在时刻 t 时的增量)与资本形成率是相同的,则有

$$I(t)=\frac{dK(t)}{dt}$$

对上式两端在时间区间$[0,t]$上求积分,由于初始($t=0$ 时)资本是 $K_0=K(0)$,则由净投资得到的资本函数也可用变上限的定积分表示

$$K(t)=\int_0^t I(x)dx+K_0 \tag{6.6.14}$$

这个公式的经济意义就是,任意时刻 t 的资本总量 $K(t)$ 等于时间$[0,t]$内的新增资本 $\int_0^t I(x)dx$ 与初始时刻 $t=0$ 时的资本(即初始资本)K_0 之和.

存量与流量是经济学中的两个概念,存量是一定时间点上存在的变量的数值,流量是一定时期内发生的变量变动的数值. 按照这种意义,资本 K 可视为存量,$K(t)$表示在时间点 t 处的资本总量,而净投资 I 应视为流量,$I(t)$则表示在时间点 t 资本积累的数量.

在时间间隔$[a,b]$上资本形成的总量,即资本存量所追加的部分,自然就是在$[a,b]$上的净投资流量而得,因而资本形成的总量也可用定积分表示为

$$\int_a^b I(x)dx=K(b)-K(a) \tag{6.6.15}$$

即资本存量在时刻 b 与时刻 a 的数量之差.

例 6.6.9 设净投资函数 $I(t)=10t^{\frac{1}{2}}$(百万元/年)且当 $t=0$ 时的总资本量

为 100(百万元),试求:

(1)资本函数 $K(t)$ 的表达式;

(2)第 9 年末的资本总量;

(3)从第 4 年末到第 9 年末这段时间间隔内总资本的追加部分的数量.

解 (1)由(6.6.14)式,得

$$K(t)=\int_0^t 10x^{\frac{1}{2}}dx+K(0)=\frac{20}{3}t^{\frac{3}{2}}+100$$

(2)将 $t=9$ 代入上式,得

$$K(9)=\frac{20}{3}\cdot 9^{\frac{3}{2}}+100=280(\text{百万元})$$

(3)由(6.6.15)式,得

$$\int_4^9 I(t)dt=K(9)-K(4)=280-\frac{160}{3}-100=126\frac{2}{3}(\text{百万元})$$

3. 求收益流的现值和将来值

若某公司的收益是连续地获得,则其收益可看作是一种随时间连续变化的**收益流函数**,而收益流对时间 t 的变化率称为**收益流量**. 收益流量实际上是一种速率,用 $R(t)$ 表示,若时间 t 以年为单位,则收益流量的单位为元/年,时间 t 一般从现在开始计算,若 $R(t)$ 为常数,则称该收益流具有常数收益流量.

收益流(或支出)和单笔款项一样,收益流的将来值定义为将其存入银行并加上利息之后的存款值,而收益流的现值是这样一笔款项,若把它存入可获利息的银行,将来从收益流中获得的总收益,与包括利息在内的银行存款值,有相同的价值,若以连续利率 r 记息,一笔 P 元人民币从现在起存入银行,t 年以后的将来值为

$$R=Pe^{rt}$$

若 t 年以后得到 R 人民币,则现值(现在需要存入银行的金额)为

$$P=Re^{-rt}$$

若有一笔收益流的收益流量为 $R(t)$(元/年),假设以连续利率 r 记息,可用元素法计算收益流的现值以及将来值.

考虑从现在($t=0$)开始到 T 年后这段时间段,在一个很短的时间 $[t,t+dt]$ 内,收益流的总量的近似值是

$$R(t)dt$$

由于 $R(t)dt$ 这笔金额是在 t 年后的将来才获得,因此按连续利率 r 计算,其现在值应是

$$R(t)e^{-rt}dt$$

从而到 T 年后收益流量的总量的现在总值是

$$\int_0^T R(t)e^{-rt}dt \tag{6.6.16}$$

特别地，当收益流量 $R(t)$ 是常量 A（每年的收益不变，这称为均匀流），则到 T 年后收益流量的总量的现在总值是

$$A\int_0^T e^{-rt}dt=\frac{A}{r}(1-e^{-rT}) \tag{6.6.17}$$

若收益流量是常量 A 长久持续下去，则这种流量的总现值是

$$A\int_0^{+\infty} e^{-rt}dt=A\lim_{T\to+\infty}\int_0^T e^{-rt}dt=\frac{A}{r} \tag{6.6.18}$$

其中 r 是连续利率．

例 6.6.10 某栋别墅现售价 500 万元，首付 20%，剩下部分可分期付款，10 年付清，每年付款相同．若连续利率 r 是 6%，求每年应付款多少万元？

解 每年付款相同，这是均匀流．设每年付款 A（单位：万元），因全部付款的总现值是已知的，即现售价扣除首付的部分

$$(500-20\%\times500)\text{万元}=400\text{ 万元}$$

于是有

$$400=A\int_0^{10} e^{-0.06t}dt=\frac{A}{0.06}(1-e^{-0.06\times10})$$

即

$$24=A(1-0.5488),A=53.19\text{ 万元}$$

故每年应付款 53.19 万元．

例 6.6.11 设某项投资计划在 $t=0$ 时需要投入 1000 万元购置设备，在 10 年中每年收益为 200 万元，若连续利率为 5%，购置的设备 10 年后完全失去价值，求收益资本价值 W.

解 因为，收益资本价值 W = 收益流的现值 − 投入资金的现值

所以

$$\begin{aligned}W&=\int_0^{10} 200e^{-0.05t}dt-1000=\left(\frac{-200}{0.05}e^{-0.05t}\right)\Big|_0^{10}-1000\\&=4000(1-e^{-0.5})-1000=573.88(\text{万元})\end{aligned}$$

习题 6.6

1. 求下列各题中平面图形的面积：

(1) 曲线 $y=x^2+3$ 在区间 $[0,1]$ 上的曲边梯形；

(2) 求曲线 $y=4-x^2$ 与 $y=x^2-4x-2$ 所围成的平面图形的面积；

(3) 在 $[0,\frac{\pi}{2}]$ 上，由曲线 $y=\sin x$ 与直线 $x=0,y=1$ 所围成的图形；

(4) 曲线 $y=\frac{1}{x}$ 与直线 $x=2,y=x$ 所围成的图形；

(5)曲线 $y=x^2-8$ 与直线 $2x+y+8=0, y=-4$ 所围成的图形.

(6)求在直线 $x=0$ 与 $x=4$ 之间,由曲线 $y=x^2-2$ 与 $y=2$ 所围成的图形的面积.

2. 求下列平面图形分别绕 x 轴与 y 轴旋转产生的立体的体积:

(1)曲线 $y=\sqrt{x}$ 与直线 $x=1, x=4, y=0$ 所围成的平面图形;

(2)在 $[0,\frac{\pi}{2}]$ 上,曲线 $y=\sin x$ 与直线 $x=\frac{\pi}{2}, y=0$ 所围成的平面图形;

(3)曲线 $y=x^3$ 与直线 $x=2, y=0$ 所围成的平面图形;

(4)直线 $y=2x, y=x, x=2, x=4$ 所围成的平面图形;

(5)曲线 $x=2y-y^2$ 和直线 $x=0$ 所围成的平面图形.

3. 设直线 $y=ax$ 与抛物线 $y=x^2$ 所围成的图形的面积为 S_1,它们与直线 $x=1$ 所围成的图形的面积为 S_2,且 $a<1$.

(1)确定 a 的值,使 S_1+S_2 达到最小,并且求出最小值;

(2)求该最小值所对应的平面图形绕 x 轴旋转一周所成的体积.

4. 过曲线 $y=x^2(x\geqslant 0)$ 上某一点 A 作一切线,使之与曲线以及 x 轴所围成图形的面积为 $\frac{1}{12}$.

试求(1)切点 A 的坐标;(2)过切点 A 的曲线的切线方程.

5. 设商品的需求函数 $Q=100-5P$(其中:Q 为需求,p 为单价),边际成本函数

$$C'(Q)=15-0.05Q \text{ 且 } C(0)=12.5$$

问:当 p 为何值时,工厂的利润达到最大?试求出最大利润.

6. 某厂生产的某一产品的边际成本函数

$$C'(Q)=3Q^2-18Q+33$$

且当产量为 3 个单位时,成本为 55 个单位,求:

(1)总成本函数与平均成本函数;

(2)当产量由 2 个单位增加到 10 个单位时,成本的增量是多少?

7. 假设年连续利率 $r=0.05$. 连续收益流量 10 000 元,按连续复利计算,为期 8 年,求现值是多少?

8. 某公司按利率 10%(连续利率)贷款 100 万元购买设备,该设备使用 10 年后报废,公司每年可收入 b 元.(1)b 为何值时公司不会亏本?(2)当 $b=20$ 万元时,求收益的资本价值.

9. 假设年连续利率为 6%,借款 500 万元,15 年还清,每月还款数相同,按连续利率计算,每月应还债为多少万元?

总习题6

1. 填空题(请将正确答案直接填在题中横线上):

(1)若 $a\int_0^1 xf(x^2)dx = \int_0^1 f(x)dx$,则 $a =$ ________.

(2)设函数 $f(x)$ 连续,$\int_0^{x^3-1} f(t)dx = x-1$,则 $f(7) =$ ________.

(3)若 $y = \int_0^x (t-1)dt$,则 y 的极小值________.

(4)设 $f(x)$ 是连续函数,且 $f(x) = x + 2\int_0^1 f(t)dt$,则 $f(x) =$ ________.

(5)若函数 $f(x)$ 的一个原函数为 $\sin\frac{x}{2}$,则 $\int_0^{\pi} f(x)dx =$ ________.

2. 选择题(请在每小题的四个备选答案中,选出一个正确的答案,并将其号码填在题中的括号内):

(1)下列积分中,其值为零的是(　　).

(A) $\int_{-1}^{1} x\cos x dx$　　(B) $\int_{-1}^{1} x^2 dx$

(C) $\int_{-\pi}^{\pi} x\sin x dx$　　(D) $\int_{-2}^{2} \sqrt{1-x^2}dx$

(2) $\int_0^1 (2x+k)dx = 2$,则 $k =$(　　).

(A)2　　(B)0

(C)1　　(D) −1

(3)若 $\int_0^x f(t)dt = \frac{1}{2}f(x) - \frac{1}{2}$ 且 $f(0) = 1$,则 $f(x) =$(　　).

(A) $e^{\frac{x}{2}}$　　(B) $\frac{1}{2}e^x$

(C) e^{2x}　　(D) $\frac{1}{2}e^{2x}$

(4)设 $f(x)$ 在区间 $[a,b]$ 上连续,且 $f(x) > 0$,则方程 $\int_a^x f(t)dt + \int_b^x \frac{dt}{f(t)} = 0$ 在开区间 (a,b) 内的根为(　　).

(A)0 个　　(B)1 个

(C)2 个　　(D)3 个

(5)下列各式错误的是(　　).

(A) $\int_{-\frac{\pi}{2}}^{\frac{\pi}{2}} \sin x dx = 0$　　(B) $\int_{-1}^{1} \sqrt{1-x^2}dx = \frac{\pi}{2}$

(C) $\int_{-1}^{1}\frac{1}{x^2}dx=-\frac{1}{x}\Big|_{-1}^{1}=-2$　(D) $\int_{-2}^{2}x\sqrt{4-x^2}dx=0$

(6)根据定积分几何意义,下列各式中正确的是(　　).

(A) $\int_{-\frac{\pi}{2}}^{0}\cos x dx<\int_{0}^{\frac{\pi}{2}}\cos x dx$　(B) $\int_{-\frac{\pi}{2}}^{0}\cos x dx>\int_{0}^{\frac{\pi}{2}}\cos x dx$

(C) $\int_{0}^{\pi}\sin x dx=0$　(D) $\int_{0}^{2\pi}\sin x dx=0$

(7)设半径为 a,圆心在原点的圆的面积为 S,则 $\int_{0}^{a}\sqrt{a^2-x^2}dx=$(　　).

(A) $\frac{1}{8}S$　(B) $\frac{1}{2}S$

(C) $\frac{1}{4}S$　(D) S

(8)下列广义积分收敛的是(　　).

(A) $\int_{t}^{2}\frac{dt}{\sqrt{x-1}}$　(B) $\int_{-2}^{4}\frac{dx}{\sqrt{(x+2)^3}}$

(C) $\int_{1}^{e}\frac{dx}{x\ln x}$　(D) $\int_{0}^{1}\frac{dx}{\sqrt{x^2}}$

(9)当(　　)时,广义积分 $\int_{-\infty}^{0}e^{kx}dx$ 收敛.

(A) $K\leqslant 0$　(B) $k<0$

(C) $k\geqslant 0$　(D) $k>0$

(10)设 $f'(x)$ 在 $[1,2]$ 上可积,且 $f(1)=1,f(2)=-4,\int_{1}^{2}f(x)dx=-2$,则 $\int_{1}^{2}xf'(x)dx=$(　　).

(A) -7　(B) 5

(C) 1　(D) -1

3. 求下列极限:

(1) $\lim\limits_{x\to a}\frac{x}{x-a}\int_{a}^{x}f(t)dt$ ($f(x)$ 连续);　(2) $\lim\limits_{x\to+\infty}\frac{\int_{0}^{x}(\arctan t)^2dt}{\sqrt{1+x^2}}$.

4. 若 $\lim\limits_{x\to 0}\frac{ax-\sin x}{\int_{b}^{x}\frac{\ln(1+t^3)}{t}dt}=c\ (c\neq 0)$,试确定常数 a,b,c.

5. 计算下列积分:

(1) $\int_{-2}^{2}\frac{x+|x|}{2+x^2}dx$;　(2) $\int_{-\frac{1}{2}}^{\frac{1}{2}}\frac{(\arcsin x)^2}{\sqrt{1-x^2}}dx$;

(3) $\int_{-2}^{0}\frac{dx}{x^2+2x+2}$;　　(4) $\int_{1}^{\sqrt{3}}\frac{dx}{x^2\sqrt{1+x^2}}$;

(5) $\int_{0}^{\pi}(x\sin x)^2dx$;　　(6) $\int_{-1}^{1}(\arcsin x)^2dx$.

6. 计算下列广义积分：

(1) $\int_{1}^{+\infty}\frac{x\ln x}{(1+x^2)^2}dx$;　　(2) $\int_{1}^{+\infty}\frac{dx}{x\sqrt{x-1}}$;

(3) $\int_{0}^{+\infty}\frac{\arctan x}{(1+x^2)^{3/2}}dx$;　　(4) $\int_{0}^{1}\frac{dx}{(2-x)\sqrt{1-x}}$.

7. 已知$f(x)=\begin{cases}\frac{1}{1+x}, & x\geqslant 0\\ \frac{1}{1+e^x}, & x<0\end{cases}$,求$\int_0^2 f(x-1)dx$.

8. 设$f(x)=x^2-\int_0^a f(x)dx(a\neq -1)$,证明：$\int_0^a f(x)dx=\frac{a^3}{3(a+1)}$.

9. 设$f(x)$在$[a,b]$上连续且$f(x)>0$,求证：

$$\int_a^b f(x)dx\cdot\int_a^b\frac{dx}{f(x)}\geqslant(b-a)^2.$$

10. 设$f(x)$在$[0,1]$上连续,求证：

(1) $\int_0^{\pi}xf(\sin x)dx=\frac{\pi}{2}\int_0^{\pi}f(\sin x)dx$;

(2) $\int_0^{\pi}xf(\sin x)dx=\pi\int_0^{\frac{\pi}{2}}f(\sin x)dx$.

11. 设$f(t)>0$且为连续的偶函数,又函数

$$F(x)=\int_{-a}^{a}|x-t|f(t)dt\qquad x\in[-a,a]$$

讨论下列问题：(1) $F'(x)$的增减性；(2)当x为何值时,$F(x)$取得最小值.

12. 已知$f(x)$连续,$\int_0^x tf(x-t)dt=1-\cos x$,求$\int_0^{\frac{\pi}{2}}f(x)dx$的值.

13. 过曲线$y=x^2(0\leqslant x\leqslant 1)$上某一点$A$作一条平行与$x$轴的直线,使之与直线$x=1$以及$y$轴所围成图形的两块面积相等．试求$A$的坐标.

14. 已知生产某产品的固定成本为6万元,边际收益与边际成本(单位:万元/百台)分别为：

$$R'(Q)=33-8Q,\quad C'(Q)=3Q^2-18Q+36$$

(1)求当产量由1百台增加到4百台时,总收益与总成本各增加多少？

(2)求产量为多少时,总利润最大？

(3)求最大总利润时的总收益、总成本、总利润.

习题参考答案

习题 1.1

1. (1) $\{x \mid x>3\}$；　(2) $\{x \mid 4<x<5\}$；　(3) $\{x \mid 3<x\leqslant 4\}$.
2. (1) $-2<x<2$；　(2) $-3<x<11$；　(3) $2<x<3$.
3. (1) $(-1,5)$；　(2) $(0,2),(2,4)$；
   (3) $(a-\delta,a+\delta)$；　(4) $(-\infty,-3),(1,+\infty)$.

习题 1.2

1. (1) $-3\leqslant x\leqslant 3$；　(2) $[-2,-1)\cup(-1,1)\cup(1,+\infty)$；
   (3) $[1,4]$；　(4) $(-\infty,-1]\cup[1,3]$；
   (5) $(0,+\infty)$；　(6) $[-3,3)$.
2. (1) 不同；　(2) 不同；　(3) 相同.
3. (1) 偶函数；　(2) 非奇非偶函数；
   (3) 奇函数；　(4) 奇函数；
   (5) 偶函数, 奇函数.
4. (1) 有界；　(2) 有界；　(3) 无界

习题 1.3

1. $f(0)=2, f(-x)=x^2+3x+2, f(\frac{1}{x})=\frac{1}{x^2}-\frac{3}{x}+2, f(x+1)=x^2-x$.
2. $f[f(x)]=\dfrac{x}{1-2x}(x\neq 1, x\neq \dfrac{1}{2})$，

   $f\{f[f(x)]\}=\dfrac{x}{1-3x}(x\neq 1, x\neq \dfrac{1}{2}, x\neq \dfrac{1}{3})$.
3. $f[f(x)]=1$.　4. $f(x)=x^2-2$.
5. (1) $y=\dfrac{2(x+1)}{x-1}$；　(2) $y=\sqrt[3]{x-2}$；

(3) $y=\frac{1}{3}\arcsin\frac{x}{2}(-2\leqslant x\leqslant 2)$； (4) $y=\log_2\frac{x}{1-x}(0<x<1)$；

(5) $y=\begin{cases}x, & x<1\\ \sqrt{x}, & 1\leqslant x\leqslant 16.\\ \log_2 x, & x>16\end{cases}$

习题1.4

2. (1)是； (2)是； (3)不是； (4)是.

习题1.5

1. $y=\begin{cases}130x, & 0<x\leqslant 700\\ 9100+117(x-700), & 700<x\leqslant 1000\end{cases}$.

2. 400 只.

3. 固定成本 180 元/天,变动成本 2 元/个.

4. (1)32； (2)8.

总习题1

1. (1) $\frac{x^2}{1+x^2}$； (2) $[-1,0]$； (3) -3； (4) $[3,+\infty)$.

2. (1)(C)； (2)(D)； (3)(A).

3. (1) $[-1,1]$； (2) $[a,1-a](0<a\leqslant\frac{1}{2})$.

4. $g[f(x)]=\begin{cases}1, & x<0\\ 0, & x=0\\ -1, & x>0\end{cases}$, $f[g(x)]=\begin{cases}e, & |x|<1\\ 1, & |x|=1\\ \frac{1}{e}, & |x|>1\end{cases}$.

5. $\varphi(x)=\sqrt{1-\ln x}\quad(0<x<e)$.

6. $f(x)=\frac{c}{a^2-b^2}(\frac{a}{x}-bx)$,奇函数. 7. $y=\frac{1}{2}(3x+x^3)$.

8. $f[\varphi(x)]=\begin{cases}e^{x+2}, & x<-1\\ x+2, & -1\leqslant x<0\\ e^{x^2-1}, & 0\leqslant x<\sqrt{2}\\ x^2-1, & x\geqslant\sqrt{2}\end{cases}$. 9. 略.

习题 2.1

1. (1)存在,1；(2)存在,0；(3)不存在；(4)存在,1.

2. 略　3. 略　4. 略　5. 略

习题 2.2

2. (1)不存在；(2)$\lim\limits_{x\to 0}f(x)=0$.

3. (1)2；(2)$\frac{1}{4}$；(3)2；(4)$\frac{1}{4}$；(5)不存在.

4. $a=2$.

习题 2.3

1. (1)$x\to\infty$ 是为无穷小,$x\to 1$ 时为无穷大；
   (2)$x\to\infty$ 为无穷小,$x\to -1$ 时为无穷大；
   (3)$x\to 2$ 为无穷小,$x\to +\infty$ 或 $x\to 1^+$ 时为无穷大.

2. (1)0；(2)∞

习题 2.4

1. (1)$\frac{1}{3}$；(2)4；(3)0；(4)$\frac{4}{3}$；(5)$\frac{1}{2}$.

2. (1)1；(2)1；(3)$\frac{2}{3}\sqrt{2}$；(4)$\frac{1}{2}$；
   (5)∞；(6)$(\frac{3}{2})^{30}$；(7)$\frac{1}{2}$；(8)$-\frac{1}{x^2}$.

3. $a=2,b=-8$.　4. $a=1,b=-2$.　5. 0.

6. $-1,f(x)=x^2-2x$.

7. (1)数列$\{x_n\pm y_n\}$一定发散,数列$\{x_ny_n\}$不一定收敛；
   (2)数列$\{x_n\pm y_n\}$不一定发散,数列$\{x_ny_n\}$不一定发散.

习题 2.5

1. (1)$\frac{2}{5}$；(2)$\sqrt{2}$；(3)$\frac{2}{3}$；(4)x；(5)9.

2. (1) e；　(2) $\frac{1}{e}$；　(3) e^{-2}；　(4) $\frac{1}{e}$；　(5) e^2；　(6) e^3.

3. $c=2012$.

习题 2.6

1. 等价．　2. (1)同阶，但不等价；　(2)等价．

3. (1) $\frac{3}{2}$；(2) $\begin{cases}0, & m>n\\ 1, & m=n;\\ \infty, & m<n\end{cases}$　(3)2；　(4) $\frac{1}{3}$；

(5) $\frac{1}{2}$；　(6) $\frac{1}{2}$；　(7)4.

4. $k=-1$.

习题 2.7

1. (1) $x=0$ 为间断点；　(2) $a=e$ 时，$x=0$ 处连续；
   (3) $x=0$ 为间断点；　(4) $x=0$ 处连续；
   (5) $x=0$，间断点．
2. (1) $x=1$，无穷间断点；　(2) $x=0$ 为第一类间断点；
   (3) $x=1$ 第二类间断点，$x=0$ 第一类间断点．
3. $a=3-e^2, b=e^2-1$.
4. 连续区间为 $(-\infty,-3),(-3,2),(2,+\infty)$；$\frac{1}{2},-\frac{8}{5},\infty$.
5. (1) $f(x)=\begin{cases}1, & 0\leqslant x<1\\ \frac{1}{2}, & x=1\\ 0, & x>1\end{cases}$，$x=1$ 为间断点；

   (2) $f(x)=\begin{cases}x, & |x|<1\\ 0, & x=\pm1\\ -x, & |x|>1\end{cases}$，$x=\pm1$ 为间断点．
6. (1) $\cos\ln3$；　(2) e；　(3) $\frac{\pi}{4}$.

总习题 2

1. (1)3；　(2) a 任意实数，$b=1$；　(3) $-\frac{1}{2}$；　(4) $x=-1$；　(5) $\frac{1}{2}$.

2. (1)(C)； (2)(D)； (3)(C)； (4)(B)； (5)(D).

3. $a=\frac{1}{\sqrt{2}}, b=-1$.　　4. $a=\ln 2$.

5. $n=4$，本利和为 1126.49；$n=12$，本利和为 1127.15；$n=365$，1127.48；连续复利，1127.49.

6. 略.　　7. 略.　　8. 略.

习题 3.1

1. (1) -6；(2) 12.　　2. 略.

3. (1) $-f'(x_0)$；(2) $-2f'(x_0)$；(3) $(\alpha-\beta)f'(x_0)$；(4) $f'(0)$.

4. 切线方程为 $6x-y-9=0$.

5. 若两曲线的切线平行，$x_0=0$ 或 $\frac{2}{3}$；若两曲线的切线垂直，$x_0=-\sqrt[3]{\frac{1}{6}}$.

6. 略.

7. (1) 连续，不可导；(2) 连续，不可导；
(3) 连续，可导；(4) 不连续，不可导.

8. $a=2, b=-1$.　　9. $f(1)=0, f'(1)=2$.

10. (1) -3；(2) 0；(3) $-\frac{\sqrt{2}}{2}$；(4) $9\ln 3$.

11. (1) $\frac{1}{6}x^{-\frac{5}{6}}$；(2) $-5x^{-6}$；(3) $\frac{7}{8}x^{-\frac{1}{8}}$；(4) $(\ln 3+1)3^x e^x$；
(5) $\frac{1}{x\ln 10}$.

12. $f'(x)=\begin{cases}3x^2, & x<0\\ 2x, & x\geqslant 0\end{cases}$.

习题 3.2

1. (1) $6x^2-35x^{-8}$；(2) $-\sin x-3^x\ln 3+5e^x$；
(3) $3\sec^2 x+\sec x\cdot\tan x$；(4) $2x\ln x+x+\frac{1}{x\ln 3}$；
(5) $\frac{2}{(x+1)^2}$；(6) $\frac{\cos t+\sin t+1}{(1+\cos t)^2}$；
(7) $2^x\ln 2\cdot(x\sin x+\cos x)+2^x x\cos x$；
(8) $e^\theta\cot\theta+\theta(e^\theta\cot\theta-e^\theta\csc^2 x)$；
(9) $2x\cos x\ln x-x^2\sin x\cdot\ln x+x\cos x$；

(10) $-\frac{1}{(\arcsin x)^2\sqrt{1-x^2}}$.

2. (1) $1+\frac{5}{2}\sqrt{3}$; (2) 5;

3. (1) $12(3x-7)^3$; (2) $3\cos(2+3x)$;

(3) $-14xe^{-7x^2}$; (4) $\frac{3x^2}{1+x^3}$;

(5) $-\sin 2x$; (6) $\frac{x}{\sqrt{a^2+x^2}}$;

(7) $\frac{2\arctan x}{1+x^2}$; (8) $-\tan x$;

(9) $\frac{e^x}{1+e^{2x}}$; (10) $-3x^2\csc^2 x^3$;

(11) $x(1-x^2)^{-\frac{3}{2}}$; (12) $\frac{1}{|x|\sqrt{x^2-1}}$;

(13) $\frac{1}{\sqrt{a^2+x^2}}$; (14) $\frac{1}{2\sqrt{x}\sqrt{1-x}}$;

(15) $-\frac{1}{2}e^{-\frac{x}{2}}\sin 2x+2e^{-\frac{x}{2}}\cos 2x$.

4. (1) $\frac{6(\arctan\frac{x}{2})^2}{4+x^2}$; (2) $\csc x$;

(3) $n\cos nx\cdot\cos^n x-n\sin x\cdot\sin nx\cdot\cos^{n-1}x$;

(4) $-\frac{1}{x^2+1}$; (5) $\frac{1-\sqrt{1-x^2}}{x^2\sqrt{1-x^2}}$;

(6) $\frac{1}{x\ln x\cdot\ln\ln x}$; (7) $6x\cos x^2\cdot(\sin x^2)^2$;

(8) $\frac{\tan\frac{1}{x}}{x^2}$; (9) $-\frac{\sin\frac{2}{x}}{x^2}e^{-\cos^2\frac{1}{x}}$;

(10) $-\frac{2(1-x^2)}{(1+x^2)|1-x^2|}$.

5. (1) $\frac{1}{2\sqrt{x}}f'(2+\sqrt{x})$; (2) $f'(e^x)e^xe^{f(x)}+f(e^x)e^{f(x)}f'(x)$;

(3) $\frac{2e^xf(\arctan e^x)f'(\arctan e^x)}{1+e^{2x}}$;

(4) $\left(-\frac{1}{x^2}+\frac{x}{\sqrt{1+x^2}}\right)e^{f(\frac{1}{x}+\sqrt{1+x^2})}f'\left(\frac{1}{x}+\sqrt{1+x^2}\right)$.

6. 略.

7. (1)$x^7(2x^3+1)^3(x+3)^2(\frac{18x^2}{2x^3+1}+\frac{2}{x+3}+\frac{7}{x})$;

(2)$\frac{(3x+2)\sqrt[5]{(x-1)^3}}{\sqrt[3]{x+2}}[\frac{3}{3x+2}+\frac{3}{5(x-1)}-\frac{1}{3(x+2)}]$;

(3)$\frac{7}{8}x^{-\frac{1}{8}}+\frac{1}{7}[\frac{-12x^3}{1-x^4}+\frac{2x}{x^2+4}-\frac{6x-1}{3x^2-x+7}]$;

(4)$x^{\sin x}(\cos x.\ln x+\frac{\sin x}{x})$.

(5)$(1+\frac{1}{x})^x[\ln(1+\frac{1}{x})-\frac{1}{1+x}]$;

(6)$x^{x^x}[x^x(\ln x+1)\ln x+x^{x-1}]$.

习题 3.3

1. (1)$-2e^{-x^2}+4x^2e^{-x^2}$;　　(2)$\frac{2(1-x^2)}{(1+x^2)^2}$;

(3)$6x^{-4}\ln x-5x^{-4}$　　(4)$2\cos x-x\sin x$;

(5)$-2\cos 2x\cdot\ln x-\frac{\sin 2x}{x}-\frac{x\sin 2x+\cos^2 x}{x^2}$;

(6)$2\arctan x+\frac{2x}{1+x^2}$.

2. (1)$2f'(x^2)+4x^2f''(x^2)$;　　(2)$\frac{f''(x)f(x)-[f'(x)]^2}{f^2(x)}$;

(3)$-f''(x)e^{-f(x)}+[f'(x)]^2e^{-f(x)}$;

(4)$\frac{2}{x^3}f'(\frac{1}{x})+\frac{1}{x^4}f''(\frac{1}{x})$.

3. 略.　　4. 略.

5. (1)$(-1)^n n!\ [\frac{1}{(x+3)^{n+1}}+\frac{1}{(x-1)^{n+1}}]$;

(2)$2^{n-1}\sin[2x+(n-1)\frac{\pi}{2}]$;　　(3)$e^x(x+n)$.

6. (1)$(x^2+100x+2450)e^x$;

(2)$e^x\sum_{k=0}^{10}C_{10}^k(-1)^{10-k}(10-k)!\ x^{-(10-k+1)}$.

习题 3.4

1. (1) $-\frac{2x+y}{x+2y}$; (2) $\frac{\cos(x-y)+y\sin x}{\cos(x-y)+\cos x}$;

(3) $\frac{y^2-y\sin x}{1-xy}$; (4) $\frac{\cos(x+y)}{e^y-\cos(x+y)}$;

(5) $\frac{xy\ln y-y^2}{xy\ln x-x^2}$.

2. $-\frac{2(x^2+y^2)}{(x+y)^3}$.

习题 3.5

1. 略.

2. (1) $(e^x+e^{x+e^x}+e^{x+e^x+e^{e^x}})dx$; (2) $\frac{2e^{2x}}{e^{2x}+1}dx$; (3) $\frac{3[\ln(1+\sqrt{x})]^2}{2\sqrt{x}(1+\sqrt{x})}dx$.

3. (1) $4x+C$; (2) $2x^2+C$; (3) $\frac{1}{3}\sin 3x+C$;

(4) $-\frac{1}{2}e^{-2x}+C$; (5) $\frac{1}{3}\ln(2+3x)+C$; (6) $\frac{1}{3}\tan 3x+C$.

4. (1) $\frac{e^x-y}{x+e^y}dx$; (2) $-\frac{(x-y)^2}{2+(x-y)^2}dx$;

(3) $-\frac{y^2+\sin(x+y^2)}{2xy+e^y+2y\sin(x+y^2)}dx$.

5. (1) $\frac{dy}{dx}=1-\frac{1}{3t^2}$, $\frac{d^2y}{dx^2}=-\frac{2}{9t^5}$; (2) $\frac{dy}{dx}=\frac{1}{t-1}$, $\frac{d^2y}{dx^2}=\frac{e^t}{(t-1)^3}$.

6. (1) 切线方程 $x+y-\sqrt{2}=0$,法线方程 $x-y=0$;

(2) 切线方程 $4x+3y-12a=0$,法线方程 $3x-4y+6a=0$.

7. 略. 8. (1) 1.0067; (2) 0.003.

9. 体积增加的精确值为 3.003001,体积增加的近似值为 3.

习题 3.6

1. (1) 边际收益 $104-0.8Q$;

(2) $R'(50)=64$,它表示销售在 $Q=50$ 的基础上多销售一单位产品时,总收益将增加 64 个单位;

(3)0.375，它表示在销售量 $Q=100$ 的基础上，若销售量增加 1%，总收益将在 $R(100)=6400$ 的基础上增加 0.375%.

2. 边际成本 $7+\frac{5}{2\sqrt{Q}}$；

$C'(100)=7.25$，它表示在产量为 100 吨的基础上，若多生产一吨产品，总成本将增加 7.25 百元.

3. (1) $\frac{bP}{a-bP}$；

(2) 当需求价格弹性富于弹性时，$\frac{EQ}{EP}=\frac{bP}{a-bP}>1$，即 $P>\frac{a}{2b}$

当需求价格弹性缺乏弹性时，$\frac{EQ}{EP}=\frac{bP}{a-bP}<1$，即 $0<P<\frac{a}{2b}$

当需求价格弹性等于 1 时，$\frac{EQ}{EP}=\frac{bP}{a-bP}=1$，即 $P=\frac{a}{2b}$.

4. 略.　　5. 略.　　6. $E_I=\frac{b}{I}$.

总习题 3

1. (1) ①充分，必要；　②充分必要；　③充分必要.

(2) 1.　　(3) $-3+\frac{a}{2x}$，$x-2a$.　　(4) $2e^3$.

(5) $[\frac{f'(\ln x)e^{f(x)}}{x}+f(\ln x)e^{f(x)}f'(x)]dx$.

2. (1)(D)；　(2)(C)；　(3)(D)；　(4)(B)；　(5)(B).

3. 略.　　4. $f'(0)=100!$，　$f^{(101)}(x)=101!$.

5. (1) 1；　(2) $-1-\ln 2$.

6. (1) $n\geqslant 1$；　(2) $n\geqslant 2$；　(3) $n\geqslant 3$.

7. (1) $\frac{1}{1+[1+f(x)+f(x)^{g(x)}]^2}\{f'(x)+f(x)^{g(x)}[g'(x)\ln f(x)+\frac{g(x)f'(x)}{f(x)}]\}$；

(2) $\frac{f'(x)g(x)\ln g(x)-g'(x)f(x)\ln f(x)}{f(x)g(x)[\ln g(x)]^2}$.

习题 4.1

1. (1) 不满足；　(2) 不满足；　(3) 不满足；　(4) 满足，$\xi=\pm\frac{\pi}{2}$.

2. 略．　3. $\xi=\frac{14}{9}$.　4. 略．　5. 略．　6. 略．　7. 略．　8. 略．

习题4.2

1. (1)2；　(2)极限不存在；　(3)$\frac{1}{2}$；

 (4)1；　(5) −1；　(6)1.

2. (1)0；　(2)1；　(3)$\frac{1}{2}$；　(4)$\frac{1}{2}$；　(5)$\frac{1}{\sqrt{e}}$；

 (6)1；　(7)1；　(8)1；　(9)1；　(10)e.

3. (1)1；　(2)1；　(3)1.

4. 1.　5. $a=1, b=-\frac{5}{2}$.

习题4.3

1. (1)$y=\arctan x-x$ 在$(-\infty,+\infty)$内是单调减少的．

(2)

x	$(-\infty,-1)$	$(-1,1)$	$(1,+\infty)$
$f'(x)$	+	−	+
$f(x)$	↗	↘	↗

(3)

x	$(-\infty,0)$	$(0,1)$	$(1,+\infty)$
$f'(x)$	+	+	−
$f(x)$	↗	↗	↘

(4)

x	$(0,\frac{1}{\sqrt{2}})$	$(\frac{1}{\sqrt{2}},+\infty)$
$f'(x)$	−	+
$f(x)$	↘	↗

2. 略．

3. (1)极大值，$f(0)=1$；极小值，$f(1)=0$；　　(2)无极值；

(3)极小值，$f(\frac{3}{4})=-\frac{3}{4}\sqrt[3]{\frac{1}{4}}$；

(4)极大值，$f(2)=4e^{-2}$；极小值，$f(0)=0$

4. 略.

5. (1)极大值，$f(-1)=7$；极小值，$f(3)=-25$；

(2)极小值，$f(1)=2-2\ln 4$.

6. 略.　　7. $a=2$，取得极大值.

习题4.4

1. (1)上凸区间，$(-\infty,\frac{5}{3})$；下凸区间，$(\frac{5}{3},+\infty)$；拐点，$(\frac{5}{3},-\frac{20}{27})$；

(2)上凸区间，$(-\infty,2)$；下凸区间，$(2,+\infty)$；拐点，$(2,2e^{-2})$；

(3)上凸区间，$(-\infty,+\infty)$；无拐点；

(4)上凸区间，$(-\frac{1}{4},0)$；下凸区间，$(-\infty,-\frac{1}{4})$、$(0,+\infty)$；

拐点，$(0,0)$、$(-\frac{1}{4},\frac{5}{4}\cdot 4^{-\frac{3}{5}})$.

2. 略.　　3. $a=-1.5,b=4.5$.

4. $a=1,b=-3,c=-24,d=16$.　　5. $k=\pm\frac{\sqrt{2}}{8}$.

6. 略.　　7. 是.

8. (1)无水平渐近线，铅垂渐近线 $x=\frac{1}{2}$，斜渐近线 $y=\frac{x}{2}+\frac{1}{4}$；

(2)无水平渐近线，铅垂渐近线 $x=-\frac{1}{e}$，斜渐近线 $y=x+\frac{1}{e}$.

习题4.5

1. 略.　　2. 略.

习题4.6

1. (1)最大值，$f(0)=50$；最小值，$f(-2)=22$；

(2)最大值，$f(2)=2e^2$；最小值为 $f(0)=0$；

(3)最大值，$f(2)=\sqrt[3]{4}$；最小值为 $f(-1)=-2$；

(4)最大值,$f(-\frac{1}{2})=f(1)=\frac{1}{2}$;最小值为$f(0)=0$.

2. (1)$f(x)=x^2-2x-1$在$(-\infty,+\infty)$上有最小值$f(1)=-2$,无最大值;

(2)$f(x)=\frac{x}{1+x^2}$在$(0,+\infty)$内有最大值$f(1)=\frac{1}{2}$,无最小值;

(3)$f(x)=x^2-\frac{54}{x}$在$(-\infty,0)$内有最小值$f(-3)=27$,无最大值.

3. 产量为$Q=20$时利润最大,最大利润为2346元.

4. 每年产量为$Q=3$百台时,利润最大,最大利润为2.5万元.

5. (1)当产量为$Q^*=\frac{50-t}{4}$时,企业利润最大;

(2)政府对每件商品征收销售税为$t=25$时,在企业获得最大利润的情况下,总税额最大.

6. 价格为$P=9$时,总收益最大;总收益最大时,总收益的价格弹性为0.

7. $(\frac{\ln 2}{2r})^2$.　　8. $\sqrt{\frac{DC_2}{2C_1}}$.

习题 4.7

1. $5-13(x+1)+11(x+1)^2-2(x+1)^3$.

2. $x-x^2+\frac{x^3}{2!}+\cdots+(-1)^{n-1}\cdot\frac{x^n}{(n-1)!}+o(x^n)$.

3. $-x^3-\frac{x^5}{2}-\frac{x^7}{3}-\cdots-\frac{x^{2n+1}}{n}+o(x^{2n+1})$.

4. (1) $-\frac{1}{6}$;　(2) $-\frac{1}{12}$;　(3) $-\frac{1}{16}$.

总习题 4

1. (1)2;　(2)1;　(3) $-\alpha/\beta$;　(4)$\frac{2}{\sqrt{3}}$, 小;

(5)$f(x_0)+f'(x_0)(x-x_0)+\frac{f''(\xi)}{2!}(x-x_0)^2$.

2. (1)(C);　(2)(D);　(3)(A);　(4)(D);　(5)(C).

3. 0　4. 略.

5. (1) $f'(x)=\begin{cases}\frac{xg'(x)-g(x)+(1+x)e^{-x}}{x^2}, & x\neq 0\\ \frac{g''(0)-1}{2}, & x=0\end{cases}$;　(2)连续.

6. 略.　　7. 略. 提示, $e^{\eta}[f(\eta)+f'(\eta)]=e^{\xi}$.　　8. 略

9. $P_0=\frac{ab}{b-1}$,　$Q_0=\frac{c}{1-b}$.

10. (1) $\frac{\alpha-b}{2}$;　(2) $\frac{dQ^*}{dt}=-\frac{1}{2(a+\beta)}<0$,　$\frac{dP^*}{dt}=\frac{\beta}{2(a+\beta)}>0$.

习题5.1

1. 略;　2. 略;　3. $f(x)=\arcsin x+\pi$.　4. $y=\frac{1}{3}x^3-\frac{1}{3}$.

5. $f(x)=\sin x+1$ 与 $f(x)=\sin x-1$.　6. $k=-\frac{4}{3}$.　7. $f(x)=xe^x$.　8. 略.

习题5.2

1. (1) $x^2+\frac{3}{4}x^{\frac{4}{3}}-x+C$;　(2) $-2x^{-\frac{1}{2}}+C$;　(3) $2x^{\frac{1}{2}}-\frac{2}{3}x^{\frac{3}{2}}+C$;

(4) $\ln|x|+\frac{4}{x}-\frac{2}{x^2}+C$;　(5) $x-\arctan x+C$;　(6) $x^3+\arctan x+C$;

(7) $e^x-\frac{1}{1+\ln3}(3^x\cdot e^x)+C$;　(8) $\frac{2^x}{\ln2}-\frac{1}{\ln2-\ln3}(\frac{2}{3})^x+C$;

(9) $\frac{1}{2}x+\frac{1}{2}\sin x+C$;　(10) $\sin x+\cos x+C$;

(11) $-\cot x+\cos x+C$;　(12) $-\csc x-\sin x+C$;

(13) $\frac{4}{7}x^{\frac{7}{4}}+4x^{-\frac{1}{4}}+C$;　(14) $\frac{1}{2}x+\frac{1}{2}\tan x+C$.

2. $R(Q)=100Q-0.005Q^2$.　3. $Q(p)=1000(\frac{1}{3})^p$.

习题5.3

1. (1) $\frac{1}{3}$;　(2) $-\frac{1}{7}$;　(3) $\frac{1}{2}$;　(4) $\frac{1}{4}$;　(5) $\frac{1}{9}x$;　(6) $\frac{1}{2}$;

(7) $\frac{1}{2}$;　(8) -3;　(9) $-\frac{1}{2}$;　(10) $-\frac{1}{3}$;　(11) $\frac{1}{2}$;　(12) 2.

2. (1) $-\frac{2}{15}(2-5x)^{\frac{1}{2}}+C$;　(2) $\frac{1}{5}\sin(5x+1)+C$;

(3) $\frac{1}{4}\tan^2(2x+1)+C$;　(4) $\frac{1}{3}\arctan\frac{x}{3}+C$;

(5) $\frac{1}{12}\ln\left|\frac{3+2x}{3-2x}\right|+C$;　(6) $\frac{1}{2}e^{2x}-\frac{1}{2}\cdot\frac{1}{1+\ln3}(3e)^{2x}+C$;

(7) $\ln|x^2-5x+2|+C$;　(8) $2\arctan\sqrt{x}+C$;

(9) $\frac{2}{3}(3e^x+2)^{\frac{1}{2}}+C$;　(10) $\arctan e^x+C$;

(11) $2\sqrt{2}(\frac{1}{3}x^{\frac{3}{2}}+x^{-\frac{1}{2}})+C$;　(12) $2\sqrt{x}-2\cos\sqrt{x}+C$;

(13) $-(1+2\cos x)^{\frac{1}{2}}+C$;　(14) $\frac{1}{3}(1+\ln x)^3+C$;

(15) $\ln|\ln x|+C$;　(16) $-\frac{1}{3}(2-3x^2)^{\frac{1}{2}}+C$;

(17) $-\sin\frac{1}{x}+C$;　(18) $-\frac{1}{3}e^{-x^3}+C$;

(19) $\frac{1}{2}\arctan^2x+C$;　(20) $\frac{1}{3}\sec^3x-\sec x+C$;

(21) $\arctan^2\sqrt{x}+C$;　(22) $\frac{1}{2}\arctan\frac{x-1}{2}+C$;

(23) $-\cos x+\frac{1}{3}\cos^3x+C$;　(24) $-\ln(e^{-x}+1)+C$.

3. (1) $2\sqrt{x}-2\ln(1+\sqrt{x})+C$;　(2) $-6(3-x)^{\frac{1}{2}}+\frac{2}{3}(3-x)^{\frac{3}{2}}+C$;

(3) $2x^{\frac{1}{2}}-3x^{\frac{1}{3}}+6x^{\frac{1}{6}}-6\ln(x^{\frac{1}{6}}+1)+C$;

(4) $\arcsin x+\frac{\sqrt{1-x^2}}{x}-\frac{1}{x}+C$;

(5) $\frac{a^2}{2}\arcsin\frac{x}{a}-\frac{x}{2}\sqrt{a^2-x^2}+C$;　(6) $\sqrt{x^2-4}-2\arccos\frac{2}{x}+C$;

(7) $\frac{x}{\sqrt{x^2+1}}+C$;　(8) $\frac{1}{3}\arccos\frac{3}{x}+C$;

(9) $\frac{1}{2}\ln\left|\frac{\sqrt{1+e^{2x}}}{\sqrt{1+e^{2x}}+1}\right|+C$;

(10) $-8(2-x)^{\frac{1}{2}}+\frac{8}{3}(2-x)^{\frac{3}{2}}-\frac{2}{5}(2-x)^{\frac{5}{2}}+C$;

(11) $-\frac{\sqrt{x^2+1}}{x}+C$;　(12) $\ln|x(\sqrt{x}+1)^2|+C$.

4. (1) $\frac{1}{a}F(ax+b)+C$;　(2) $-\frac{1}{2}F(e^{-2x})+C$;

(3) $\frac{1}{3}F(\sin3x)+C$;　(4) $2\sqrt{f(\ln x)}+C$.

习题 5.4

1. (1) $\frac{1}{2}x^2\ln x-\frac{1}{4}x^2+C$; (2) $x\ln(1+x^2)-2(x-\arctan x)+C$;

(3) $\ln x\cdot\ln\ln x-\ln x+C$; (4) $x\ln^2 x-2x\ln x+2x+C$;

(5) $x\arcsin x+(1-x^2)^{\frac{1}{2}}+C$; (6) $x\arctan\sqrt{x}-\sqrt{x}+\arctan\sqrt{x}+C$;

(7) $-x^2\cos x+2x\sin x+2\cos x+C$; (8) $\frac{1}{2}x^2\sin x^2+\frac{1}{2}\cos x^2+C$;

(9) $-\frac{1}{2}xe^{-2x}-\frac{1}{4}e^{-2x}+C$; (10) $(3\sqrt[3]{x^2}-6\sqrt[3]{x}+6)e^{\sqrt[3]{x}}+C$;

(11) $\frac{e^x}{5}(\sin 2x-2\cos 2x)+C$; (12) $\frac{1}{2}e^{-x}(\sin x-\cos x)+C$;

(13) $2\sqrt{1+x}\arcsin x+4\sqrt{1-x}+C$;

(14) $\frac{1}{6}x^3+\frac{1}{2}x^2\sin x+x\cos x-\sin x+C$.

2. $x\cos x-\sin x+C$. 3. $f(x)=x\ln x+C$. 4. $-\ln x+C$.

习题 5.5

1. $\ln\left|\frac{(x-2)^2}{x-1}\right|+C$. 2. $2\ln|x-1|-3\frac{1}{x-1}+C$.

3. $\frac{1}{2}\ln|x^2-2x+5|+\arctan\frac{x-1}{2}+C$.

4. $\frac{5}{27}\ln\left|\frac{x+1}{x+4}\right|+\frac{1}{9}(\frac{1}{x+1}+\frac{4}{x+4})+C$.

5. $\frac{1}{2}x^2+\frac{1}{3}\ln|x+1|-\frac{1}{6}\ln|x^2-x+1|-\frac{1}{\sqrt{3}}\arctan\frac{2x-1}{\sqrt{3}}+C$.

6. $\frac{1}{2}x^2+\ln|x-1|+C$. 7. $\ln\left|\frac{x}{x-1}\right|-\frac{1}{x-1}+C$.

总习题 5

1. (1) $(1+2x-x^2)e^{-x}$; (2) $\ln x+x+\frac{1}{2}\ln^2 x+C$;

(3) $x+\frac{1}{2}\ln x+C$; (4) $x+e^x+C$; (5) $\frac{1}{x}-\frac{2\ln x}{x}+C$.

2. (1)(A); (2)(C); (3)(B); (4)(D); (5)(A).

3. (1) $-\arcsin\frac{1}{x}+C$； (2) $\frac{3}{8}x+\frac{1}{4}\sin 2x+\frac{1}{32}\sin 4x+C$；

(3) $\arcsin\frac{x+1}{\sqrt{6}}+C$； (4) $x(\arcsin x)^2+2\arcsin x\sqrt{1-x^2}-2x+C$；

(5) $-\frac{\sqrt{1+x^2}}{x}+C$； (6) $\frac{1}{2}x^2e^{x^2}+C$；

(7) $x\ln(x+\sqrt{1+x^2})-\sqrt{1+x^2}+C$；

(8) $\frac{1}{10}[\ln\frac{x^{10}}{x^{10}+1}+\frac{1}{x^{10}+1}]+C$.

4. $\frac{x\cos x-2\sin x}{x}+C$. 5. $f(x)=\frac{\sqrt{2}xe^{x^2}}{2\sqrt{e^{x^2}+1}}$. 6. $f(x)=\tan x$.

7. $(4x^4-2x^2+2)e^{x^2}+C$. 8. $-2\sqrt{1-x}\arcsin\sqrt{x}+2\sqrt{x}+C$.

习题 6.1

1. (1) $\frac{1}{2}$； (2) $e-1$； 2. (1) $\frac{\pi}{4}$； (2) 0； (3) 0； (4) $\frac{\pi}{4}$.

习题 6.2

1. (1) $\int_1^2 x\ln x dx>0$； (2) $\int_0^{\frac{\pi}{4}}\frac{1-\cos^4 x}{2}dx>0$；

(3) $\int_0^1\frac{\sin x-x\cos x}{\cos x+x\sin x}dx>0$； (4) $\int_{-1}^1|x|dx>0$.

2. (1) $\int_0^1 x^2dx\geqslant\int_0^1 x^3dx$； (2) $\int_0^1 x^2dx\leqslant\int_0^1 x^2dx$；

(3) $\int_1^2\ln x dx\geqslant\int_1^2\ln^2 x dx$； (4) $\int_3^4\ln x dx<\int_3^4\ln^2 x dx$.

3. (1) $6\leqslant\int_1^4(x^2+1)dx\leqslant 51$； (2) $\frac{2}{5}\leqslant\int_1^2\frac{x}{1+x^2}dx\leqslant\frac{1}{2}$；

(3) $0\leqslant\int_{-1}^2\ln(1+x^2)dx\leqslant 3\ln 5$； (4) $-2e^2\leqslant\int_2^0 e^{x^2-x}dx\leqslant-2e^{-\frac{1}{4}}$.

4. (1) 略. (2) 略. 5. 略.

习题 6.3

1. 0, $\frac{\sqrt{2}}{2}$. 2. $-e^{-y}\cos x$.

3. (1) $2x\sqrt{1+x^4}$； (2) $\dfrac{3x^2}{\sqrt{1+x^{12}}}-\dfrac{2x}{\sqrt{1+x^8}}$； (3) $-2x^3\cos x^4$；

(4) $\dfrac{1-\ln x}{x^2}$.

4. (1) 1； (2) $\dfrac{1}{2}$； (3) 0； (4) $\dfrac{2}{3}$.

5. (1) $\dfrac{7}{3}+4\ln 2+t$； (2) $\dfrac{\pi}{3a}$； (3) $\dfrac{\pi}{6}$； (4) $\dfrac{\pi}{4}+1$； (5) $14\dfrac{1}{2}$； (6) 1.

6. $\Phi(x)=\begin{cases}\dfrac{x^3}{3}, & 0\leqslant x<1\\ \dfrac{x^4}{4}+\dfrac{1}{12}, & 1\leqslant x\leqslant 2\end{cases}$,连续,可导. 7. 极小值点 $x=1$. 8. 略.

习题6.4

1. (1) $\pi-\dfrac{4}{3}$； (2) $1-\dfrac{\pi}{4}$； (3) $(\sqrt{3}-1)|a|$； (4) $1-e^{-\frac{1}{2}}$；

(5) $\dfrac{3}{2}$； (6) $\dfrac{2}{3}$； (7) $\dfrac{4}{3}$； (8) $2\sqrt{2}$.

2. (1) 0； (2) $\dfrac{3\pi}{8}$； (3) $\dfrac{\pi^3}{324}$； (4) 0. 3. 略. 4. 略.

5. (1) $1-\dfrac{2}{e}$； (2) $4(2\ln 2-1)$； (3) $\dfrac{\pi}{4}-\dfrac{1}{2}$； (4) $\dfrac{1}{5}(e^{\pi}-2)$；

(5) $\dfrac{1}{2}-\dfrac{3}{4e^2}+\dfrac{3}{4}e^4$； (6) $\dfrac{1}{2}(e^{\frac{\pi}{2}}-1)$.

6. 略. 7. 略. 8. 略. 9. 0.

习题6.5

1. (1) 发散； (2) 收敛于 π； (3) 收敛于 $\dfrac{1}{2}$；

(4) 当 $a<-1$ 时,收敛于 $-\dfrac{1}{1+a}$；当 $a\geqslant -1$ 时,发散；

(5) 收敛于 $\dfrac{8}{3}$； (6) 收敛于 $\dfrac{\pi}{2}$； (7) 发散；

(8) 当 $p\leqslant -1$ 时,发散；当 $p>-1$ 时,收敛于 $-\dfrac{(-2)^{p+1}}{p+1}$.

2. 当 $k\leqslant 1$ 时,发散；当 $k>1$ 时,收敛于 $\dfrac{1}{(k-1)(\ln 2)^{k-1}}$. 当 $k=1-\dfrac{1}{\ln(\ln 2)}$

时，广义积分取得最小值．

3. $c=\frac{5}{2}$.　4. 最大值 $1+e^{-2}$，最小值 0.

习题 6.6

1. (1) $\frac{10}{3}$；　(2) $\frac{64}{3}$；　(3) $\frac{\pi}{2}-1$；　(4) $\frac{3}{2}-\ln 2$；　(5) $\frac{28}{3}$；　(6) 4.

2. (1) $V_x=7.5\pi, V_y=\frac{124}{5}\pi$；　(2) $V_x=\frac{\pi^2}{4}, V_y=2\pi$；

(3) $V_x=\frac{128\pi}{7}, V_y=\frac{64}{5}\pi$；　(4) $V_x=56\pi, V_y=\frac{112\pi}{3}$；

(5) $V_x=\frac{4}{3}\pi, V_y=\frac{16}{15}\pi$.

3. (1) $a=\frac{\sqrt{2}}{2}$，最小值 $=\frac{2-\sqrt{2}}{6}$；　(2) $V_x=\frac{\sqrt{2}+1}{30}\pi$.

4. (1) (1,1)；　(2) $y=2x-1$.

5. $p=\frac{120}{7}$，最大利润 $=23.12$

6. (1) $C=Q^3-9Q^2+33Q+10, \bar{C}(Q)=Q^2-9Q+33+\frac{10}{Q}$；

(2) 392.

7. 65940.　8. (1) $b=\frac{10}{1-e^{-1}}$；　(2) $100-200e^{-1}$.　9. 4.213

总习题 6

1. (1) 2；　(2) $\frac{1}{12}$；　(3) $-\frac{1}{12}$；　(4) $x-1$；　(5) 0.

2. (1) (A)；(2) (C)；(3) (C)；(4) (B)；(5) (C)；
(6) (D)；(7) (C)；(8) (A)；(9) (D)；(10) (A).

3. (1) $af(a)$；　(2) $\frac{\pi^2}{4}$.　　4. $a=1, b=0, c=\frac{1}{2}$.

5. (1) $\ln 3$；　(2) $\frac{\pi^3}{324}$；　(3) $\frac{\pi}{2}$；　(4) $-\frac{2}{\sqrt{3}}+\sqrt{2}$；　(5) $\frac{\pi^3}{6}-\frac{\pi}{4}$；

(6) $2(\frac{\pi^2}{4}-2)$.

6. (1) $\frac{1}{4}\ln 2$；　(2) π；　(3) $\frac{\pi}{2}-1$；　(4) $\frac{\pi}{2}$.

7. $1+\ln(e^{-1}+1)$.　　8. 略.　　9. 略.　　10. 略.

11. (1) $F'(x)$ 单调增加； (2) $F(0)=2\int_0^a tf(t)\,dt$ 是最小值；

(3) $f(t)=2e^{t^2}-1$.

12. 1.　　13. $(\frac{\sqrt{3}}{3},\frac{1}{3})$.

14. (1)39(万元),36(万元)； (2)3(百台)； (3)3(万元).

参考文献

1. 同济大学应用数学系. 高等数学(第5版). 北京:高等教育出版社,2001

2. 龚德恩. 微积分. 成都:四川人民出版社,2001

3. 刘书田. 微积分. 北京:北京大学出版社,2006

4. 吴传生. 经济数学——微积分. 北京:高等教育出版社,2003

5. 李辉来. 微积分. 北京:清华大学出版社,2006

6. 刘桂茹,孙永华. 微积分. 北京:高等教育出版社,2008

7. 复旦大学数学系. 数学分析(第2版). 北京:高等教育出版社,2002

8. 菲赫金哥尔茨. 微积分教程. 北京:人民教育出版社,1979

9. Knut Sydaeter. *Further Mathematics for Economic Analysis*. Englewood Cliffs, NJ: Prentice Hall,2005

10. James Stewart. *Calculus* (5*e*). Thomson,2003

11. Jeffrey Baldani. *Mathematical Economics* (2*e*). Thomson,2005

12. 蒋中一. 数理经济学中的基本方法(第4版). 北京:北京大学出版社,2006

13. N. G. Mankiw. *Principles of Economics* (3*e*). Thomson,2004

14. 周惠中. 微观经济学. 上海:上海人民出版社,1996

15. 朱善利. 微观经济学(第2版). 北京:北京大学出版社,2001